U0260042

<u>尺寸</u>
千里远景，如在尺寸之间。

蒙古与唐古特地区

[俄]尼·米·普尔热瓦尔斯基 著

王嘎 译

1870—1873年
中国高原纪行

Н. М. Пржевальский

Монголия

и

страна

тангутов

中国工人出版社

行走在中国的高原上

——普尔热瓦尔斯基其人其书

张昊琦

　　15 世纪的地理大发现开启了世界地理探险的新时代。在欧洲资本主义的全球性展开以及近代的殖民拓展中，地理探险发挥了先驱作用。作为一个后起的资本主义国家，俄国在世界探险事业中不甘其后，从 16 世纪对西伯利亚的探险与征服开始，俄国人的足迹逐渐延伸到远东和北极，直至美洲。仅仅在 19 世纪上半期，俄国人就组织了四十多次环球航行，并且在发现南极大陆中厥功至伟。在世界地理探险史上，俄国毫无疑义地占据着重要位置，诞生了像克鲁逊什特恩、戈洛夫宁、别林斯高晋、拉扎列夫、米克鲁霍－马克莱、谢苗诺夫这样载入史册的探险家。而普尔热瓦尔斯基也是其中的一个闪亮的名字，甚至俄国文化史也为他留有一席之地。

　　普尔热瓦尔斯基的探险活动集中在中亚地区。他既是近代中亚科学探险中成就最大者之一，也是一个引领其后探险的先驱者。他全面系统地采集了亚洲腹地的动植物标本，数量之巨，前所未有，以其名字命名的动植物有数十种之多。欧洲人以为早就灭绝的珍稀蒙古野马，因他的发现而被称为"普氏野马"。普尔热瓦尔斯基最早突破青藏高原北境阿尔金山脉并详绘了地图，而且还对黄河水源进行了系统勘察。他是深入罗布泊的首位欧洲人，他对罗布泊位置的看法引发了世纪争论，作为其景仰者和论敌的斯文·赫定为了反驳他的观点，顺着他的足迹，意外发现了在大漠中隐匿了千年的楼兰古城。他的后继者和学生科兹洛夫，则发现了黑水城，揭开了西夏王朝的面纱。

近代以来的探险家们，或为明确的军事政治目的所支使，或为强烈的经济利益所驱动，或为忘我的文化使命所牵引，但他们在探求真理的路上忍受煎熬与孤独，在严酷的大自然中经常与死神为伴，显示了人类生生不息的进取精神。普尔热瓦尔斯基的崇拜者、伟大作家契诃夫曾这样写道："一个普尔热瓦尔斯基或者一个斯坦利就抵得上几十个学术机构和几百本好书。他们的思想原则，基于国家和科学之荣誉的崇高抱负，他们对既定目标的顽强追求，不为任何艰险和个人幸福所动的态度，他们对炎热和饥渴的克服，对思念故土的忍耐，对折磨人的热病的习以为常，他们对基督教文明、对科学的狂热信心，使得他们在人们的心目中成为体现最高道德力量的建功立业者。"

——

普尔热瓦尔斯基（1839—1888）诞生于俄国西部斯摩棱斯克省的一个退役军人家庭，自幼酷爱大自然，性好打猎。1855 年他从斯摩棱斯克普通中学毕业，受塞瓦斯托波尔保卫战的鼓舞，怀着去前线建功立业的抱负，到俄国军队服役。但是五年"混日子"的军旅生活没有让他随波逐流，而是在军中刻苦自修，并以优异成绩考入总参谋部尼古拉耶夫学院学习。1863 年，普尔热瓦尔斯基自愿前往当时发生暴动的波兰，被提升为中尉，并被委以团参谋官一职。次年，他因《阿穆尔边区军事统计概述》一文受到俄国皇家地理学会的关注，以高票当选为学会的正式成员，同时进入华沙士官学校担任教官。普尔热瓦尔斯基自言，华沙使他"完全成熟了"，他可以完全致力于自己所喜好的课业。在这段时间里，他广泛学习地理学和博物学知识，并且初步拟定了游历中亚的计划。

1867 年，在上级的推荐下，普尔热瓦尔斯基奉调总参谋部，被派往东西伯利亚军区就职。途经彼得堡时，他以会员身份拜谒了皇家地理学会副主席谢苗诺夫，向其汇报了自己的中亚旅行计划，请求学会予以帮助。鉴于他当时在科学界还是个默默无闻的人，谢苗诺夫鼓励他并向他保证，如果他自己筹款对乌苏里边区进行一次有意义的考察，以此证明"旅行的本事和地理勘查的才能"，那么以后有望通过学会组织一支由他率领的中亚探险队。

这一年的 5 月，普尔热瓦尔斯基接到命令，被派往乌苏里边区，其主要任务，一是视察驻扎在当地的两个边防营的部署；二是搜集当地俄罗斯人、满洲人和朝鲜人居民点的情况；三是探明通往满洲和朝鲜边境的道路；四是修正军事路线图，将勘查的新地点记录进去；五是从事其他科学考察。此外，地理学会西伯利亚分会还委托他尽可能将这个无人知晓的地区的动植物系谱记录下来，并搜集标本。

显然，这项对乌苏里边区的考察主要是出于军事政治目的，而纯粹的科学考察则在其次。1860 年 11 月签署的《中俄北京条约》将乌苏里江以东包括库页岛在内约 40 万平方公里的中国领土割让给俄国。在此背景下，对这块"新"土地的全面了解和勘查便成了俄国当局的一项重要任务。这种考察，在普尔热瓦尔斯基之前就已经开始，在他之后也没有停止。1865 年夏天，格里梅尔塞曾对这些边区进行了考察。1870 年，著名汉学家、当时驻北京使团的东正教大司祭巴拉第受地理学会之邀，对南乌苏里地区进行了包括考古学、民族学、经济学、地理学和地质学等方面的全方位考察。十余年后，纳达罗夫对北乌苏里地区进行了考察。这些考察都留下了详细的考察报告。普尔热瓦尔斯基的报告在考察结束后不久（1870 年）即出版，题为《1867—1869 年乌苏里边区旅行记》。

为把握这次在学术界"崭露头角"的机会，普尔热瓦尔斯基进行了精心准备。在行前的时间里，他几乎成天地泡在地理学会西伯利亚分会图书馆，查找和翻阅所有关于乌苏里边区的手稿和书籍，请朋友为他寄递新版动物图集。他自己说："我通晓植物学、鸟类学等，还藏有大量与之相关的图书。"自 1867 年 5 月底前往乌苏里边区，至 1869 年 10 月初返回伊尔库茨克，普尔热瓦尔斯基的这次考察历时两年，成果丰硕。除了完成所交给他的军事政治任务之外，他还收集并带回了大量无人知晓的动植物标本，其中三百余件鸟类标本；三百种草本植物，共两千件；四十多种鸟卵，共五百余枚；八十多种各类植物种子；十五个月中每天三次的气象观测数据，等等。他本想继续行程，进入满洲境内考察，但与中国边民的冲突使他打消了念头。1870 年 1 月，普尔热瓦尔斯基返回彼得堡，受到了科学院和皇家地理学会的热情欢迎，乌苏里边区之行为他带来了巨大的声誉，也为他之后不久的中国之行获得了官方直接或间接的支持。

中国之行一直是他梦寐以求之事。乌苏里边区考察之后，普尔热瓦尔斯基向地理学会提出申请，要求去中国北部边疆，主要是去少为人知的黄河上游地带、鄂尔多斯和青海等地，并且预期至少三年。他的申请得到了地理学会的积极回应，当时俄国驻中国公使弗兰加利将军也表示赞同："黄河上游、鄂尔多斯、青海以及其他与西藏北部毗连的地方，至今未经考察……我们不能把这些考察让与他人，也不能让别人在亚洲的这个地区超过我们。"同时，公使提到了当时中国西北的战乱以及交通的困难，指出考察成功与否取决于旅行家本人。地理学会决定提请陆军部协助普尔热瓦尔斯基完成考察，希望从普尔热瓦尔斯基的考察中得到人种学和历史学方面的材料，同时亦希望获得中国西北战事方面的信息。

普尔热瓦尔斯基的中国之行就这样开启。他一生的成就也完全系于他与中国的因缘，每次自中国归来，不论在俄国国内还是在欧洲，迎接他的都是荣誉和奖章。因为在中国的探险，他被推为柏林地理学会通讯会员，分别获得巴黎地理学会金质奖章和柏林地理学会洪堡大金质奖章，被选为俄国科学院名誉院士、德国皇家哈雷自然和医学科学院院士。

普尔热瓦尔斯基的中国之行共有四次。第一次是在 1870—1873 年。1870 年 11 月，普尔热瓦尔斯基一行四人自恰克图经库伦、张家口到北京，然后自东向西穿越内蒙古高原，进入阿拉善沙漠，并到达王公驻地定远营。由于经费不足以及通行证件不齐，只好返回北京。1872 年春，他们重走前路，至阿拉善，然后继续南下，穿过腾格里沙漠，越过祁连山，登上青藏高原。在抵达并踏勘了青海湖之后，普尔热瓦尔斯基西行进入柴达木盆地，向南翻越布尔汗布达山，进入可可西里地区，即他所谓的藏北高原。这是欧洲人首次深入黄河和长江上游。本来他还想翻越唐古拉山前去拉萨，由于钱款无多，于是原路返回。1873 年 9 月普尔热瓦尔斯基回到此行的出发点恰克图。此次考察历时三年，行程一万多公里。

第二次中国之行是在 1876—1877 年，又可称为罗布泊和准噶尔之行。此次探险原定计划是从俄属中亚进入新疆，沿路考察天山东部、塔里木盆地、罗布泊，然后择道前往拉萨。1876 年 8 月，普尔热瓦尔斯基到达伊宁，沿伊犁河－巩乃斯河－开都河河谷行进，抵达当时被阿古柏政权所控制的库尔勒，然后沿塔里木河到达今天的若羌。他首先前去阿尔金山，对其北麓进行了四十天时间的考察，然后前往罗布泊，停留了五十天左右，对罗布泊湖区的水文及动植物情况进行了详细调查。后来他发表的关于罗布泊的考察报告，因为其位置比清政府绘制的实测地图南移了 100 多公里，而引发了世纪之争。普尔热瓦尔斯基没有就近前往西藏，而是于 1877 年 7 月回到伊宁。9 月准备再次前往时，由于当时左宗棠正统率清军平定阿古柏之乱，此次旅行遂告中止，一行返回斋桑。这次行程只有四千多公里。

　　第三次中国之行是在 1879—1880 年，普尔热瓦尔斯基称其为"前往西藏的首次之行"。1879 年 4 月，普尔热瓦尔斯基一行从斋桑出发，穿过准噶尔盆地到达巴里坤湖。在准噶尔盆地，他发现了举世闻名、后来以其名字命名的蒙古野马。其后普尔热瓦尔斯基一行翻过天山来到哈密，再穿越大戈壁到达沙州（敦煌）。从沙州翻越祁连山脉，到达柴达木盆地的哈拉湖，再翻过布尔汗布达山抵达长江源头，接着自唐古拉山进入西藏。但自此不断遭到藏民的袭击，最后受阻于离拉萨 220 公里的那曲。普尔热瓦尔斯基派人向达赖喇嘛陈情，请求允许前往拉萨，但被坚拒。1880 年 2 月，普尔热瓦尔斯基一行返回柴达木盆地，最后沿当年的老路，取道青海湖、定远营、库伦，于 11 月到达恰克图。

　　第四次中国之行是在 1883—1885 年。1883 年 11 月，普尔热瓦尔斯基一行再次从恰克图出发，循上次返回的路线，经库伦、定远营、青海湖到达柴达木盆地，重新登上青藏高原。这一次，他找到了黄河源头并进行了系统考察。但是进入西藏的梦想依然没有实现，因为藏民的阻击而不得不折回柴达木。普尔热瓦尔斯基一行沿柴达木盆地南缘辗转西行，对尕斯地区的祁漫塔格山及南北峡谷进行了考察，然后经过阿尔金山山口，重新来到罗布泊。普尔热瓦尔斯基希望自新疆南部进入西藏，但是在昆仑山北坡寻找了一个月，始终没有找到翻越的道路，只好彻底放弃。他们从和阗顺和田河而下，向北到达阿克苏，最后穿过别迭里山口，于 1885 年 11 月回到伊塞克湖边的卡拉科尔。

　　没能进入西藏令普尔热瓦尔斯基一直于心耿耿，虽然他说第三次旅行是"前往西藏的首次之行"，其实四次中国之行的目的地都是西藏，但是都没有成功。到达拉萨成了他心中的执念，这也许是可以理解的。不仅是因为西藏的地理环境恶劣，还因为它当时是一个禁地，在他之前少有探险家进入这个绝域。1844 年 8月，法国传教士古伯察在秦神父的陪同下，从直隶北部出发，历经 18 个月，穿越大半个中国，于 1846 年 1 月到达拉萨。在那里停留了将近两月后，被当时的驻藏大臣琦善驱逐出藏。古伯察是最早从那里活着出来的几个欧洲人之一，后来为此行出版了《鞑靼西藏旅行记》。这本书，普尔热瓦尔斯基读得滚瓜烂熟，在自己的考察报告中不断提及，但却加以严厉驳斥。在库伦的一次宴会上他根据古伯察书中的错误，甚至断言古伯察从未到过拉萨。也许这是普尔热瓦尔斯基的西藏心结所在，一些学者在他身上发现了"一种由另一个人在自己的地盘完成了一项巨大事业而他本人却未能如此行事的遗憾心情"，不过这种"嫉妒"是可以理解的，这也是召唤他的动力所在。

怀着去西藏的渴望，普尔热瓦尔斯基策划了他的第五次中国之行。但是在出发前夕，他因病在伊塞克湖边的卡拉科尔去世，时年 49 岁。这是在 1888 年 11月。根据其遗嘱，他被安葬在伊塞克湖边。两年后，1891 年 1 月，同是中亚探险家的斯文·赫定自喀什返回吉尔吉斯，专门前往普尔热瓦尔斯基的墓地，凭吊这位中亚探险的前辈。

普尔热瓦尔斯基是一个天生的探险家，终生未婚。他曾说，"我要重新奔向荒漠，在那里，有绝对的自由和我热爱的事业，在那里比结婚住在华丽的殿堂里要幸福一百倍。"与他同样的是，后来的中亚探险家中，斯文·赫定、斯坦因等人也都终生未婚。

二

《蒙古与唐古特地区》一书记载的是普尔热瓦尔斯基的第一次中国之行，出版于1875—1876年，被列入当时的"环球旅行丛书"。在这部书里，普尔热瓦尔斯基详细记述了自己的旅行经过，并公布了探险所获得的材料。这部书给他带来了世界性的声誉，被译为欧洲多国文字，并且多次印刷出版。对于这次旅行，普尔热瓦尔斯基本人也非常看重。按说，第二次探险深入罗布泊是他一生中最大的成就之一，但是他并不满意，认为那次"旅行远非过去的蒙古之行那样凯旋"。

需要指出的是，普尔热瓦尔斯基的四次中国之行在俄罗斯和西方都被称为"中亚之行"，这与"中亚"概念的涵义及其使用有关。美国学者加文·汉布里在其著名的《中亚史纲要》一书中表示："作为地理概念，'中亚'一词很难有一个精确的定义。"法国学界长期以来习惯于使用"高地亚洲"这个术语，德国和俄国的学者则经常使用"中央亚洲"（中央亚细亚）和"中部亚洲"（中部亚细亚）这两个涵义接近又有所区别的概念。作为最早关注中亚的近代大学者之一，德国地理学家洪堡曾到中亚游历，将其界定为西起里海、东至大兴安岭、北接西伯利亚、南迄伊朗和阿富汗北部边界的区域。德国的另一位地理学家、"丝绸之路"名称的提出者李希霍芬则把"中央亚洲"界定为中国整个西北内流水系地区。俄国和西方学者在中亚概念的使用上一直纠缠不清，莫衷一是。俄国地理学家穆什克托夫甚至提出了"内陆亚洲"（即内亚）以指称中亚，得到了一些西方学者的赞同；现在"内亚"概念广泛流行，但其涵义已经发生了很大变化。1980年联合国教科文组织成立一个专门的国际科学委员会，筹划出版六卷本中亚文明史，这里的"中亚"指的是包括阿富汗、伊朗东北部、巴基斯坦、印度北部、中国西部、蒙古和原苏联各中亚共和国在内的广大地区。可见，这是一个"大中亚"概念，同时也是一个地理和文明概念，与当前狭义的指称中亚五国的政治概念不同。

正如前面所列的行踪，普尔热瓦尔斯基的首次中国之行主要往返于两大高原——内蒙古高原和青藏高原——之间，他的行程分为两个阶段。第一阶段自北京西行穿越内蒙古高原到达阿拉善沙漠，然后原路返回北京，此次行程约三千七百公里。第二阶段，自北京重新回到阿拉善后，普尔热瓦尔斯基一行与一支唐古特人商队结伴来到西宁，随后抵达梦寐以求的青海湖，再经柴达木盆地向南登上藏北高原。普尔热瓦尔斯基书中所说的唐古特地区，也就是青藏高原北部一带。唐古特也称唐古忒，元时蒙古人称党项人及其所建的西夏政权为唐兀或唐兀惕，后用以泛称青藏地区及当地藏族诸部。清代文献中沿用此称，作唐古特。清末陈渠珍随清军入藏平乱，后在记述其入藏经历的《艽野尘梦》一书三次提及唐古特。普尔热瓦尔斯基在本书的第十章，专门从人类学和民族学的角度对唐古特人进行了详细的考察。

对于自己的首次中国之行，普尔热瓦尔斯基确定的任务是："首先是对自然地理的考察，以及对哺乳动物和鸟类的动物学研究；民族学的考察则尽可能地进行。"其实他的四次中国之行，都遵循了这样一个统一"体例"，而正是因为考察的"科学性"才使他扬名于世。古伯察的《鞑靼西藏旅行记》在法国出版后起初反响不大，一方面是因为名气不够，更重要的是作为一个普通的传教士而非科学考察者，他的书中有一些夸张之处，以致人们以为是"有趣"的虚构和臆想。普尔热瓦尔斯基的首次中国之行大致上重复了古伯察走过的道路，但显而易见的是，他的行程更富有科学成果，而这是建立在认真的勘测和记录的基础之上的。

每到一处，普尔热瓦尔斯基首先进行地形测量，绘制地形图，并千方百计地避免引起当地居民的怀疑。他引以为自豪的是，在将近三年的考察期间，从来没有被人在测绘现场抓住过，也无人知道他把一路上的地形都描绘了下来。

在测绘过程中，我使用罗盘仪来确定方位。我们知道，这种仪表通常需要放置在一根插入地面的支架上，以便观测，而我却不能堂而皇之地使用支架，以免招来怀疑。观测的时候，我只能用两手将罗盘仪托举到眼前，直至仪表盘上的磁针完全静止。如果磁针长时间摇摆不定，那么我就从它左右两边的刻度中选定一个均值。绘图采用的比例尺为1:420000。

我一边观察，一边把沿途地形绘入随身的小笔记本中。对于任何一个考察者，这种严谨态度都不可或缺。无论如何不能单凭记忆行事。我每天都把当天记下的内容抄进日记本，用专门的方格绘图纸复制地形图，再把本子和图纸小心翼翼地藏进一只箱子里。

普尔热瓦尔斯基在图纸上标明的内容有：考察路线、大小居民点（城镇、乡村、屋舍、寺庙、永久性的蒙古包）、水泉、湖泊、河流、小溪、山脉、丘陵，以及根据目测观察到的地形走势。对于那些来自沿途问询但没有经过亲自验证的内容，他用虚线或文字加以标注。为了使图表更为精确，他还使用通用仪测定了许多重要地点的经纬度。他的亲身体验是，绘图工作看似十分简单，实际上却是整个考察期间最难的一项。

在自然地理的考察方面，普尔热瓦尔斯基此次旅行的一项重大收获，是确定了布尔汗布达山脉是柴达木盆地和藏北高原的分界线，并在这条山脉的附近发现了阿尼玛卿山脉、巴颜喀拉山脉以及巴颜喀拉山脉以西的可可西里山脉，并断定巴颜喀拉山脉是该山脉两侧水系的分水岭。1873 年 1 月，普尔热瓦尔斯基越过巴颜喀拉山脉，抵达长江畔。他也成为深入藏北高原、进抵长江上游的第一个欧洲人。

自然地理考察之外，对于沿路动植物的考察是普尔热瓦尔斯基此行的一个重点。每经一处，他都详细记录所见到的各种动物和植物，采集标本。在携带的物品中，准备了大量用于制作动植物标本的用具，例如吸水纸、模压板、填充动物体腔的麻絮、石膏、明矾等，这些东西"把骆驼压得够呛"。在库布齐沙漠，他采集到了珍稀的沙芥，这种十字花科植物当时在世界上仅有两件标本，是德国植物学家约翰·格梅林在 18 世纪采到的，分别收藏在伦敦和斯图加特的两座博物馆。在阿拉善，虽然王公禁止捕猎马鹿，但是普尔热瓦尔斯基和同伴"按捺不住打猎的欲念"，从凌晨到深夜一直在山上追寻着这种机警的动物，结果好不容易捕杀了一头，把鹿皮填制成标本，收藏起来。在藏北地区，普尔热瓦尔斯基见到了野耗牛、白腹盘羊、岩羊、羚羊 (藏羚羊和普通羚羊)、藏狼和沙狐等当地典型的动物。除了用于制作标本外，他们"纯粹是出于猎人的嗜杀之心"而大开杀戒，一个冬天总共猎杀了三十二头牦牛。在却藏寺，普尔热瓦尔斯基注意到了欧洲人尚未研究过的植物——药用大黄，这是千年丝绸之路上的珍贵药材和紧俏商品。当时药用大黄在西宁集散，冬天经陆路，夏天经水路，沿黄河运抵北京、天津和其他港口，再销往欧洲。通过研究药用大黄的生长条件，普尔热瓦尔斯基认为俄国很多地方也可种植，例如阿穆尔边疆、贝加尔湖山区、乌拉尔山和高加索山。为了进行实验，他采集了足够多的种子，并交给了俄国皇家植物园。

这次中国之行，普尔热瓦尔斯基收集鸟类二百多种，标本一千余件；各种哺乳动物四十余种，标本一百三十件；昆虫标本三千多件；植物五百多种，标本四千件。

人类学、民族学以及经济状况的考察，是当时俄国探险的一个薄弱之处。俄国地理学会副会长谢苗诺夫曾表示，地理学会所派出的考察队做到还很不够。一方面，旅行者为避免与当地居民和官吏发生冲突，往往绕道而行，更重于自然地理的考察；另一方面，探险队中需要精通土著民族语言和相关知识的专门人才。这两方面的局限，也在普尔热瓦尔斯基此行中体现出来。进入中国境内伊始，他们就受到了那些"好奇"的蒙古人的围观，后来一路上类似的"围观"不断发生，令他们困扰不已，因此他们总是尽量避开。而他们与唐古特人交往时，更感觉到沟通的不易，只能跟极少数懂蒙语的唐古特人交流，或者需要两个翻译辗转传话，而且唐古特人对他们"极度猜疑"。

尽管人类学和民族学研究并非普尔热瓦尔斯基的强项，但他此行的考察记载也相当精彩。关于中国境内的民族情况，普尔热瓦尔斯基参考了当时的各种著述，尤其是大量征引了俄国汉学家如比丘林、巴拉第的相关成果。更重要的是，他行经之处，对当地的居民都有记录和描述。与此书的书名相呼应，普尔热瓦尔斯基专门辟出两章，从人类学和民族学的角度对蒙古人和唐古特人进行了集中考察。这种记载非常细碎，但是又条理分明，从外貌、语言、服饰、饮食、居所、日常生活、性格、风俗、信仰以及行业等一直到行政区划和管理，凡是他了解到的，基本上都记录下来。这种记录虽然有时带有个人的偏见，但却反映了考察的"在场感"。有时候他的记载也非常有趣，例如在介绍到茶时，说茶是蒙古人最普遍的饮食，一个蒙古少女一天喝十几碗，成年男子则能喝上二三十碗，甚至会因喝茶而贻误战事。

此外，普尔热瓦尔斯基在自己的书中还记录了大量的故事和传说，例如关于成吉思汗的传说，关于青海湖来历的传说，关于"哈喇唐古特人"来历的传说。这些传说某种程度上增强了该书的文化"厚度"和历史的沧桑感，也增加了读者对风土人情的了解。普尔热瓦尔斯基的人类学和民族学考察，虽不如后来的探险家波兹德涅耶夫所著的《蒙古及蒙古人》那样内容丰富，但是在文字叙述和表达方面并不逊色，似乎还要胜出一筹。

对自己的首次中国之行，普尔热瓦尔斯基是相当满意的。在第一阶段结束后，他写道："一点一滴累积的成果，现在看来确实喜人。我们尽可问心无愧地说，第一阶段的任务已经出色地完成了。"而在书末，他由衷地写道："我们的旅行终于结束了！收获远远超过初次跨越蒙古边境时的期望。"

三

普尔热瓦尔斯基的著述还有很多，俄文本《蒙古与唐古特地区》一书之后附列了他的著述清单，达一百一十多种。在俄国的中亚探险家中，这并非特例，与他同时代、之前和之后的探险家也留下了大量著述，大都洋洋洒洒，而且不乏上千页的探险著作。

19世纪下半叶以来，随着俄国因克里米亚战争失败而"转向东方"，东方成为俄国人失之东隅、收之桑榆之地。中亚的布哈拉、希瓦、浩罕三汗国相继被俄国攻陷，中国一百四十多万平方公里的土地被俄国掠夺，英俄两大殖民势力为争夺中亚而展开了"大博弈"。在此过程中，由俄国皇家地理学会出面组织的探险队接踵而至，而这些探险均得到了俄国外交部、陆军部和沙皇本人的支持。例如，普尔热瓦尔斯基的四次中国之行，所需经费越来越多，规模也越来越大，都是经由沙皇亚历山大二世和亚历山大三世亲自批准的。在不到五十年的时间里，有三四十支俄国考察队进入中国的蒙古、新疆、青海和西藏等地，进行有目的的考察。这些探险家，除了普尔热瓦尔斯基，主要的还有谢苗诺夫、瓦里汉诺夫、波塔宁、佩夫佐夫、波兹德涅耶夫、科兹洛夫、罗布罗夫斯基、奥布鲁切夫、格鲁姆－格尔日迈洛、克列缅茨，等等。

这是帝国的"触角"，他们怀抱着探索未知土地的使命与渴望，行走在高山和大漠之中。1876 年，在俄国皇家地理学会讨论普尔热瓦尔斯基第二次中国之行的申请过程中，外交大臣吉尔斯曾致信地理学会副主席谢苗诺夫："不管这些地区的地理条件和自然历史条件如何，我们感兴趣的是了解这些地区所处的政治状态，了解当地的人口、需求以及该地为俄国人的商业进取精神开放的前景。"因此，探险家们所从事的事业是帝国的事业，而沙皇本人也高度重视。普尔热瓦尔斯基在中国境内的行迹，基本上都在沙皇的掌握之中。斯文·赫定在回忆录中谈到了他觐见沙皇尼古拉二世的情景：

> 沙皇对于我的旅行兴趣高昂，并吐露他本人非常精通亚洲内陆的地理，他说着在桌上摊开一张巨大的中亚地图，让我在地图上重新模拟曾经走过的路线。他用红蜡笔在我重要的停驻点画上记号，例如喀什、叶尔羌河、和阗、塔克拉玛干、罗布泊等，他甚至详尽地比较我和普尔热瓦尔斯基探险区域的差异。沙皇特别感兴趣的是帕米尔的英俄边界委员会，也就是我曾停留数次的英俄双方的营区，他毫不掩饰的问我对"世界屋脊"上所画下的英俄界域有何看法。……他听说我有意深入亚洲心脏地带进行新的探险活动，便要求我下次出发前，务必向他说明详细的计划内容，因为，他希望尽可能帮助我完成壮举；后来证明沙皇的承诺并非只是空言。

作为一名自小渴望建功立业的帝俄军官，普尔热瓦尔斯基因在探险事业上的贡献而被沙皇擢升为少将。因此，他在著作中显示出的沙俄军人的粗鲁野蛮，流露出的欧洲人相对东方人的优越心理，以及潜藏的那种弱肉强食的帝国心理，都不足为怪。普尔热瓦尔斯基的书中，狂傲自得以及对中国的贬损言行不时可见，可能令我们难以释怀，但是却值得我们深思。在到达长城的时候，普尔热瓦尔斯基曾发表了一番看法：

> 长城在蒙古高原边缘的山岭上蜿蜒回转，遇到两峰夹峙的隘口，就有一座雄关将出入口封锁住。此外，险峻的群山本身也是阻挡来犯之敌的天然屏障。历史告诉我们，早在公元前，中国古代统治者就花费了两百多年时间修筑长城，以保护国家不受邻近游牧民族的侵扰。但历史也告诉我们，这道凭借千万人血汗筑起的人工屏障却从未有效抵御过外敌入侵。过去和现在，中国其实都缺乏另一种形式的坚不可摧的防御体系——整个民族的精神力量。

从普尔热瓦尔斯基的看法中，我们固然可以咀嚼到这位俄国军人对中国的蔑视，但这未尝不是苦口良药。其实，普尔热瓦尔斯基等帝国的"触角"，也是在以自己的身体力行，张扬俄国的民族精神和帝国精神——开拓、探索、忘我、献身。契诃夫对普尔热瓦尔斯基的高度评价，正是基于这种精神的"教育意义"。当时的俄国，是一个充斥着"多余人"的病态社会，"甚至最优秀的人也无所事事"，因缺乏明确的生活目标而随波逐流。普尔热瓦尔斯基以"建功立业"者的精神刺激了这个灰暗、阴沉的社会。也许是受他的激励，契诃夫于1890年夏天以衰病之躯穿越西伯利亚，前往萨哈林岛旅行，"探访被上帝遗忘的角落"，并留下他一生中唯一的长篇非虚构杰作——《萨哈林旅行记》。

普尔热瓦尔斯基以其传奇的经历，以及其著作中的探秘和发现，在俄国和西方赢得了巨大的声誉。这种传奇和探秘的吸引力和影响力，也是西方殖民主义和欧洲中心主义的另一种结果。打开世界地图，那些以欧洲人名字命名的地名，在"新世界"中触目皆是，这大多是西方探险家们"发现"的。"新世界"自有原居民，但他们没有"发现"的"能力"和"权利"，"在地"知识也没有成为共有知识。普尔热瓦尔斯基在后来的中国之行中，用"柴达木"、"哥伦布"和"莫斯科"命名祁漫塔格山的三条支脉，他认为自己是这个高寒山区的发现者。他还命名了其他一些中国地名。这些随意的地名后来并没有得到广泛采用。

斯文·赫定在觐见沙皇尼古拉二世之前，还"结识"了满清政府的权势人物李鸿章。李鸿章询问赫定为何要跨越大清的国土，赫定回答说，"为了探索还不为世人所知的处女地，并将它们绘制成地图，同时勘查其地理、地质和植物的分布"。而李鸿章关心的则是，能否从远处判断一座山中蕴含金矿。在他看来，那些地理探险和考察是"不需要技术"的事。可以想见，这其中存在何等差距！在帝国殖民时代，地理科学发展的意义不言而喻。继欧洲国家相继成立地理学会（法国 1821 年，德国 1828 年，英国 1830 年）之后，俄国也于 1845 年 8 月成立了皇家地理学会，其宗旨是"聚集优秀的年轻力量，对祖国的大地进行全面研究"。不过显而易见的是，研究的不仅仅是"祖国的大地"。

普尔热瓦尔斯基的书对我们来说，不仅有趣，而且有益。这是我们通过别人来认识自己的一面镜子。在当前中国不断推进"一带一路"倡议、积极构建人类命运共同体之时，我们需要把握时代的律动，需要积累更多的"在地"知识，需要更多的与外部世界的沟通与交流，需要更加强烈的开拓进取精神。将近一百年前，斯文·赫定在回顾自己的探险生涯时，曾经写下过这样的话："落后的亚洲也会再次进入文明和发展的新时代，中国政府若能使丝绸之路重新复苏，必将对人类有所贡献，同时也为自己竖起一座丰碑。"这座丰碑，首先是精神铸就的。

（作者系中国社会科学院俄罗斯东欧中亚研究所研究员）

前言

　　四年前，经由俄罗斯皇家地理学会倡议，并且在陆军部对科学事业的力促之下，本人受命前往北部中国进行考察。对于天朝帝国的封闭疆土，我们所知甚少，仅有一些零散的信息源于中国书籍，源于十三世纪伟大旅行家马可·波罗的描述，再就是曾经涉足于此的少数传教士之见闻。然而，从所有此类渠道获取的资料均极其肤浅，漏洞百出，以至于北起西伯利亚山地、南到喜马拉雅山脉、西迄帕米尔的整个东亚高原，如今依然像中部非洲或新荷兰岛 [1] 内陆一样鲜为人知。甚至关于这一宏大空间的山川形态，我们所拥有的数据也多为臆想；至于当地自然状况亦即地质构造、气候、动植物群落，我们同样一无所知。

　　这个有待发现的世界（terra incognita），位于地球上最大陆地的中心，其幅员之广超过东欧平原，其海拔之高并无任何区域能够企及，加之地貌多变，时而

---

[1] 澳大利亚的旧称，由荷兰人威廉姆·简士和塔斯曼于 17 世纪上半叶命名。脚注未标明为"译注"的地方，均为译者注。

为崇山峻岭所分割，时而是绵延不绝的荒漠——这一切无不引发科学探索的浓厚兴趣。这无疑是自然科学家和地理学家的开阔舞台，但这片秘境如何吸引旅行者，便如何以万般困苦令人畏惧。一方面是风暴、干旱、酷暑及严寒轮番肆虐的可怕荒原，另一方面则是通常对欧洲人怀有戒心乃至敌意的民众。

接连三年，我们行进在亚洲的荒野之地，历尽艰辛，幸亏非凡的运气才实现目标：不仅抵达库库淖尔（青海湖），还进入藏北高原，直至蓝河 [2] 上源。

我所说的幸运，归因于与我朝夕相伴的同行者。年轻的陆军少尉米哈伊尔·佩利佐夫，不愧是我的得力助手，他做事勤勉、精力充沛，在任何困难面前都不退缩。两位来自外贝加尔的哥萨克——潘菲尔·切波耶夫和顿多克·伊林奇诺夫，同我们一起完成了第二年和第三年的旅行，考察事业的信念及真实性，与这两位勇敢而忠实的伙伴密不可分 [3]。

与此同时，我还要向原任俄国驻北京公使亚历山大·弗兰格里少将表达同等的谢忱。此番考察的机缘，主要得益于他的倡议，而且始终受到他的热情鼓舞。

可是，如果说在关乎事业成败的人情方面我是幸运的，那么考察活动的物质条件则可谓贫乏之极，这一点再清楚不过地体现于旅途中。更不用说我们一路所经受的各种匮缺，特别是由于缺少资金，我们甚至无法配备性能足够良好的测量工具。例如，我手头仅有的一副沸点测高仪，上路没多久就摔碎了，于是只好使用常见的列式温度计，通过水的沸点测定海拔高度，由此得出的结果当然不会有多少准度；我们使用普通的罗盘仪观测地磁，而这种仪器其实只适合于北京天象台的工作。一句话，我们的装备极度简陋，就连科学研究所需的仪器也不例外。

---

[2] 俄国文献中对长江的别称之一。

[3] 在旅行的第一年，我们也曾有两名哥萨克帮手，但他们却很不可靠。——原注

将近三年期间，我们走过了蒙古、甘肃、青海和藏北荒原，行程达 11100 俄里（11842 公里）[4]，其中有 5300 俄里（5654 公里），即前半段里程，是借助罗盘仪以目测方式测得的。本书附带的比例尺（1:40 俄里），由我本人根据万用表在 18 个纬度点获取的数据绘制而成[5]。我们测定了 9 个点上的磁偏角和 7 个点上的垂直磁力。每天做四次气象观测，经常使用干湿球温度计测量土壤温度及水温，有时需要测量空气干湿度；使用无液气压表并根据水的沸点来测定海拔高度。

自然地理学研究及哺乳动物与鸟类的动物学研究是我们的主要课题，民族学调查根据实地情况而展开。

除此之外，我们还采集并制作了 238 种、总数近千件的鸟类标本；130 张大小不等的兽皮，分别属于 42 种哺乳动物；数十种爬行动物，约 70 只；11 种鱼及3000 多只昆虫。植物样本涵盖了我们所到各处的植物种群，共计五六百种，将近4000 株。在沿途的每个山区，都做了矿物质采样，但为数不多。

以上便是我们旅行的科学成果，无论皇家地理学会，还是为梳理这些资料提供专业知识的各方学者，均对这场旅行予以盛赞。

К.И. 马克西莫维奇院士承担了我们所采集植物的图谱绘制工作，由此构成这部旅行记的第三卷内容。第二卷包括我们途经内亚地区的气候研究、动物学研究，以及一部分矿物学记录，参与其中的人士有：圣彼得堡大学教授 А.А. 英诺斯特朗采夫和 К.Ф. 克斯勒、昆虫学家 А.Ф. 莫拉维茨、动物学家 Н.А. 谢韦尔佐

---

[4] 俄里系旧时期里程单位，1 俄里等于 1.06 公里。括号内数字为原编者按照公制单位换算的结果。在本书中，原文的里程、长度、日期等（例如正文里的日期采用俄国旧历，比公历早 12 天，括号内对应的是公历日期），绝大多数均有换算。下文不再另行说明。

[5] 遗憾的是，这些地点的经度却无法观测到，只能根据我以目测绘制的路线图做出大致的绘算；在确定的纬度点之间，同时也对磁偏角进行测算。——原注

夫、В.К.塔恰诺夫斯基及 А.А.施特劳院士。承蒙所有学者倾力相助，本书各章节提到的动植物及岩石种类才得以明确区分。

最后，我要向两位上校表示诚挚的谢意，他们是总参谋部的 О.Э.施图本多尔夫和地形测绘团的 А.А.波利谢夫，他们积极参与了旅行路线图的绘制；另外还要感谢北京天象台台长 Г.А.弗里特施[6]，在天文与地磁观测及相关运算方面，他向我提出了颇多建议。

这场旅行的第一卷亦即本书，既有沿途各地自然地理及民族状况的介绍，也有旅行进程本身的记述。如前所述，后两卷将涉及一些专业问题，正式出版的时间分别是：第二卷——于今年 12 月，第三卷则要再过一年，也就是到 1876 年 12 月方能问世[7]。

尼古拉·普尔热瓦尔斯基

1875 年 1 月 1（13）日，于圣彼得堡

---

[6] 自明朝末期至清道光年间，先后有多名欧洲传教士来到中国，任职于钦天监或担任监正（相当于国家天象台台长），主持天象观测与历法研究。1826 年，葡萄牙人高守谦（Vervissimo Monteiro da Serra）因病辞职回国，钦天监从此不再任用西洋人。作者在此提到的"北京天象台台长"Г.А.弗里特施，实际上应为俄国天文机构当时派驻北京的天文学家，而非钦天监官员。

[7] 本书是在作者所说第一卷和第二卷基础上由俄国学者于后期编辑整理而成。

尼·米·普尔热瓦尔斯基（1839—1888）

····● 目录

第一章 从恰克图至北京

【1870 年 11 月 17 日（29 日）—1871 年 1 月 2 日（14 日）】

出发前夕—俄中两国间的邮政事务—从恰克图启程—库伦（乌尔嘎）一带的自然特征—库伦城概览—戈壁荒漠—戈壁的特征—荒漠中的动植物—察哈尔人的疆土—蒙古高原边缘的山脉—卡尔干（张家口）—贩运茶叶的商队—长城—初识中国人—抵达北京

1870 年 11 月初，我和年轻旅伴米哈伊尔·佩利佐夫乘坐驿车，饱经颠簸，到达恰克图[1]。这是我们在蒙古和相邻的亚洲内陆旅行的起点。初次来到恰克图，便有一种置身异域之感。穿街过市的驼队，颧骨突起、晒得黝黑的蒙古人的脸庞，男人们拖在脑后的长辫子，还有怪腔怪调、不可理喻的陌生语言……所有这些全都预示着，我们即将远离故土，与我们珍爱的一切久别。很难摆脱这种凄恻的念头，但这也是我青春年少时的梦想。随着行期的临近，期待的愉悦渐渐化解了心

---

[1] 恰克图是位于俄蒙边界上的军事重镇，也是 19 世纪俄中两国经由蒙古进行通商往来必经的要地。

头的忧郁。

对于此次漫长旅程中可能遭遇的情况，我们一无所知，故而决定先去北京，等中国政府签发了通行护照之后，再向天朝帝国封闭而神秘的疆域进发。向我们提出建议的是时任俄国驻中国公使弗兰格里将军，他始终对我们关怀备至，考察的全部成果与他密不可分。后来，我们刚一走出北京地界，即刻感受到中国外交部[1]直接签发的护照比恰克图边防长官的通行证管用得多。每到一处，这种护照都让我们在当地居民眼中身价倍增，在中国境内旅行，这一点非常重要，坦率地说，甚至在中国以外也有用处。

欧洲人从恰克图到北京有两种交通方式：要么搭乘邮驿马车，要么和蒙古驼队的主人谈妥，骑骆驼穿越大戈壁。

俄中两国经由蒙古的邮政往来是由《天津条约》（1858 年）和《北京条约》（1860 年）确定的。根据这两项条约，俄国政府有权自行组织传送从恰克图到北京和天津的紧急邮件，轻重大小一概不论。邮件先由蒙古人运送到卡尔干[2]，接下来的事务交给中国汉人来完成。俄国在四个城市设立了邮政站点：乌尔嘎[3]、张家口、北京、天津。每一处的长官都是俄罗斯人，不但负责内部管理，而且监督邮件的运送。从恰克图至天津，小型邮包的传送每个月有三趟，用马匹驮运，每趟单程只需两个星期；大型邮包的传送，每月只有一趟，用骆驼驮运，同时须由两名事先在恰克图全副武装的哥萨克押运，二十到二十四天可抵达目的地。经蒙古运送的邮包价值约为 17000 卢布，沿途四个站点收取的费用不超过 3000 卢布。

---

[1] 这里所说的中国外交部即清政府设置的总理各国事务衙门。

[2] 卡尔干系蒙古人对张家口的称呼，意即"大门""屏障"，下文按通例称"张家口"。

[3] "乌尔嘎"在蒙语中意思是宫殿、官邸，即现今的蒙古国首都乌兰巴托。但当时的蒙古人几乎都不知道这一名称，只有欧洲人才使用它（参见阿·马·波兹德涅耶夫：《蒙古及蒙古人》，内蒙古人民出版社，1989 年）。下文使用库伦这一更通行的旧称。

此外，中国政府有责任满足俄国驻北京传教使团及外交使节的需求，每三个月承担一次恰克图至北京大型邮包的往返费用，每次重量不超过 80 普特[1]（1310公斤）。

俄国政府和驻北京使馆之间的紧要公文，由俄国公务人员充任信使进行传送。信使出发之前，俄中双方将预先得到通知，中国和蒙古之间所有驿站上须备好车马。俄国信使由中国政府提供双轮马车。遇有紧急情况，这种马车可在 9 到 10 昼夜内行驶 1500 俄里（1600 公里），完成从恰克图至北京的行程，俄方无须给付这类急件的运输费用。不过，信使每到一站，都会按照惯例，象征性地给上三个银卢布的小费。

从蒙古前往中国还有另一种选择：在恰克图找个过路的商队，租用他们的骆驼，由蒙古人带领穿越戈壁荒漠，抵达目的地。所有俄国商人，无论去中国还是从中国返回，都采用这种方式。旅行者通常搭乘中国的双轮驿车，车身像四方的匣子，封闭得严实，只在最前端设置一扇出入的小门。车身内部狭窄，人只能蜷缩成一团躺在里面。车轮行进中随便碰上一块石子或一个小坑，整个车身都会剧烈震荡，乘客免不了一番颠簸。不难想象，马车全速奔跑会是什么滋味。

我们决定在恰克图找个运输商，租用他的骆驼穿越蒙古前往张家口。恰好当时有个蒙古人，不久前运了一批茶叶回来，眼下正准备顺原路返回，再驮运新货到中国去。经过讨价还价，那人同意我们带上全部物品和一个哥萨克，随商队一起去张家口，我们为此付出了 70 两银子[2]。整个行程预计 40 天——这速度相当慢，因为在恰克图有的旅客搭蒙古驼队之便，只用 25 天即可抵达张家口，不过，

---

[1] 旧俄重量单位，1 普特等于 16.38 公斤。

[2] 一两银子约合两个俄国银卢布。——原注

这需要花更多的银子，而我打算尽量详细地沿途考察，路上走得慢点也没关系。

我们的蒙语翻译是从外贝加尔哥萨克军团差遣来的。他自幼在布里亚特[1]长大，蒙语讲得不错。可是在后来的艰难旅途中，每当碰到麻烦，这位出身富贵的哥萨克就不堪其苦，特别想家。我不得不在翌年春天就将他打发回恰克图了，并从那儿重新找来两个哥萨克代替他。

11 月 17 日，我们终于启程上路了。骆驼拉着大车，迈开了前行的脚步。车上乘客除了我和我的两位旅伴，还有我们共同的朋友——一只从俄国带来的塞特种猎犬，名叫"浮士德"。没过多久，恰克图就在我们身后隐没了，茫茫蒙古原野伸展在脚下。"别了，故乡！长久的别离！是否还能再见到你？从遥远的异乡，我们是否将永不复返？……"

从恰克图至库伦，方圆 300 俄里（320 公里）的自然景观与外贝加尔地区最优越地带相差无几。这里同样也有茂密的森林、充足的水源，平缓山丘上的牧草也很出色。总之，丝毫感觉不出广袤的荒原并不遥远。从恰克图到哈拉河一带，海拔约为 2500 英尺（760 米），随后地势有所升高，到库伦已升至海拔 4200 英尺（1280 米）。而库伦以南则是浩瀚无际的戈壁北缘。

总体来看，恰克图与库伦之间的区域具有高山特征。不过，这里的山只是中等高度，山势大都和缓，没有巍然耸起的山峰和峭拔险峻的巉岩，而是更接近峰低坡缓的丘陵——这正是本地区东西走向的山脉典型的共性。在去往库伦的路上，群山之中有三座较为巨大：其一是位于伊洛河北岸的汗泰努鲁山；其二为曼赫台山——处于中间地带；其三为穆呼尔山——就在库伦近旁。直到越过曼赫台山，前方的山势才变得陡峭高峻。

---

[1] 布里亚特位于贝加尔湖岸和外贝加尔地区，17 世纪中期被俄罗斯帝国吞并。布里亚特语属蒙古语族。

上述地区灌溉水源充足，主要河流为伊洛河与哈拉河，它们注入色楞格河[1]支流鄂尔浑河。河流所经之地到处是肥沃的黑土和栗钙土，非常适合耕种。不过，这片土地上几乎还没有农耕的迹象，只是距离恰克图大约150俄里才有几处由定居的汉人开垦的农田。

绵延于恰克图和库伦之间的山地森林茂盛，但这些分布在北坡的森林，无论面积、长势，还是树木种类都不及西伯利亚的森林。这里的主要树种有落叶松（Larix link）、赤松（Pinus silvestris L）、白桦（Betula L）、云杉（Picea dietr），而雪松（Cedrus deodara Lour）、山杨（Populus davidiana）、黑桦（Betula nigra L）则比较稀少。有些山崖被野桃（Persica mill）和一枝黄花（Solidago virgaurea L）覆盖。此外，从山谷到开阔的山坡，到处是茂密而丰美的牧草，蒙古人一年四季均可在山脚下的牧场放养牲畜。

冬季，这里的动物王国单调而贫乏。最常见的禽鸟当数灰色山鹑（Perdix barbata）、角百灵（Eremophila alpestris）和麇集于道旁的白腰朱顶雀（Fringilla linaria）。野兔（Lepus tolai）、鼠兔（Lagomys ogotono）则是小型哺乳动物的主角。快到库伦时，漂亮的红嘴山鸦（Fregilus graculus）多了起来，连俄国领事馆的房舍里都有它们搭建的窝巢。据当地居民说，森林中还栖息着许多狍子、马鹿、野猪和熊等大型哺乳动物。总之，这一地区的动物群落及其他自然特征都与西伯利亚相差不大。

从恰克图出发一星期后，我们随同商队抵达库伦，受到俄国驻库伦领事希什玛廖夫一家盛情款待，在该城停留了四天。

库伦——蒙古北部的重镇要驿，位于鄂尔浑河支流土拉河畔，在蒙古各部落

---

[1] 色楞格河为蒙古共和国最大的河流。

普尔热瓦尔斯基考察途中经过的哈拉河

鄂尔浑河上的浮冰（北蒙古）

伊洛河（色楞格河流域）

心目中占据着神圣的地位，该城系由"蒙古城"和"中国城"两部分组成，前者被称作"博格达库伦"以及"大库伦"[1]，后者叫作"买卖城"，也就是做生意的地方，彼此相距四俄里左右。在库伦城中离土拉河岸不远处，隆起着一块非常不错的高地，俄国领事馆的两层楼房及附属建筑就坐落于此。

整个库伦共有三万人口，中国城的土坯房主要居住着来自中国内地的公务人员和生意人。中国法令规定驻蒙人员不得有家眷偕从，更无永久定居的权利。可实际上，法令归法令，实施归实施——汉人照样娶纳蒙古女人为妾，满洲官员照样携家带口住在当地。

---

[1] "博格达库伦"（"博格多呼勒"）在蒙语中意为圣城、圣殿。"大库伦"（"大呼勒"）则是当地汉人的叫法。

在蒙古城，最醒目的建筑是几座带有金顶的佛寺和库伦呼图克图^[1]行宫。呼图克图被视为神佛在尘世的化身，从表面上看，他的行宫与普通佛寺别无二致。寺庙当中最精美、规模最宏大者要数弥勒寺，整座建筑方方正正，顶部平坦，被带雉堞的墙垣围绕。弥勒佛的坐像高踞大殿正中，只见这位未来世界的主宰者面含微笑，神态安详。这尊鎏金铜像高达 5 俄丈（16 米），据说重达 160 吨，是在多伦诺尔^[2]铸造完毕，又被分割成块运至库伦的。

佛像前的条桌上摆满五花八门的供品，一只普通的俄国造长颈玻璃瓶竟占据了最显著的位置。殿堂内壁四周供奉着许多小佛（罗汉）的塑像，连墙壁上也绘有形形色色的佛像。

除去佛寺和少数几座砖砌房屋，蒙古包和低矮的带围栏的汉式土坯房分布于蒙古城大部分区域。土坯房或是齐整地连成一线，形成街区，或是杂乱地挤作一堆，散布在各处。城中广场是交易的集市。这里有四五家俄国商人的店铺，小打小闹地经销一些俄国商品，同时向恰克图发售茶叶。

在库伦城乃至整个蒙古北部，砖茶是流通最广的等价交换物，通常分割成小块，用于集贸交易。商品的售价，不仅在集市上，甚至在店铺里，都是由砖茶数量来确定的。例如，一只羊的价值为 12 至 15 块砖茶，一峰骆驼为 120 至 150 块，一只中国产的烟斗为 2 至 5 块。俄国卢布，无论纸钞还是银币在这里均可通用。此外，北部的蒙古人还很乐意接受中国的银子。不过，砖茶的流通性是其他任何货币都难以替代的，尤其对平民百姓而言。要想在集市上买点什么，往往得扛上一口袋砖茶，有时竟要拉满满一车去。

---

[1] 呼图克图是藏语"朱必古"的蒙语表达形式，意为化身，是满清时授予蒙、藏地区喇嘛教上层大活佛的称号，其地位仅次于达赖和班禅。

[2] 该城位于蒙古东南边缘，系蒙古佛像的主要产地。——原注

在库伦的蒙古城里，主要居民是喇嘛，属于社会的宗教阶层，总人数多达一万。这个数字似乎有些夸大。不过，若是你了解到整个蒙古至少有三分之一的男人都是喇嘛这一事实，就一定不会大惊小怪了。库伦有一所很大的学堂，专门培养将来成为喇嘛的男孩。学堂里开设有佛学、医学和星相学等方面的课程。

对于蒙古人而言，库伦的宗教意义仅次于西藏的拉萨。像拉萨一样，这里也是佛家圣灵所在地。拉萨有达赖喇嘛及其助手班禅额尔德尼[1]，而库伦则有位列西藏教主之后的呼图克图。根据喇嘛教教义，这些圣人都是佛在尘世的化身，从来不会死去，只是通过死亡来更新生命。他们的灵魂寄寓于肉身之中，一旦肉身死去，便会转附在一个新生儿身上，以一种更年轻、更富于生命力的形象显现于世人面前。在西藏，要依据前世达赖喇嘛临终预言寻访其转世灵童；而寻访库伦呼图克图的后继者，亦要在一定程度上遵照达赖喇嘛的指示。呼图克图的转世灵童大都发现于西藏，达赖喇嘛通常赐给其三万两银子作为贺礼，有时甚至更多。

我们在库伦期间，呼图克图的宝座仍是虚位。前世活佛已于一两年前圆寂，尽管他的后继者已经在西藏找到，但由于东干人[2]起事，攻占了甘肃省，阻断了库伦通往拉萨的去路[3]，致使蒙古使者无法前往西藏，迎请转世呼图克图归位。

除了蒙古的库伦呼图克图，在别处许多寺庙以及北京都有地位较低的格根（蒙语，活佛）。他们觐见库伦呼图克图时，须以额触地，行俯身敬拜之大礼。

满清政府很清楚活佛和喇嘛在各部落间的巨大影响力，因而对蒙古僧侣阶层礼待有加，通过种种笼络手段巩固其势力，以缓和蒙古人对中国统治者的敌意。

---

[1] 作者在这里的说法不准确。事实上，达赖和班禅是分属藏传佛教格鲁派两大活佛转世系统的至尊无上者，很难说两者之间有地位高下之分。此外，班禅的驻地不在拉萨，而在西藏日喀则的扎什伦布寺。

[2] 东干人系突厥语、俄语等语言中对分布于中国西北及清末迁往中亚地区回民的称呼。

[3] 据史料记载，1869 年 8 月，西北回民攻入阿拉善、伊克昭盟境内。次年 4 月，进入外蒙古赛音诺颜、土谢图汗部地区，11 月，攻破乌里雅苏台。

历史上的库伦呼图克图，除了极少数之外，几乎都是些智慧贫乏的昏聩之徒，自幼受到身边喇嘛的监控，从来不涉足凡俗人世，也就无法身体力行地开启心智。这些大活佛，甚至包括一些大名鼎鼎者在内，所受的全部教育仅限于学习藏文和几部喇嘛教典籍。他们从幼年起便自视为神灵，深信前生为神，后世必将重生[1]。活佛身边的喇嘛正是利用他们的见识短浅，才得以维护自己的特权。而一旦发现才智出众，且已拥有呼图克图这一尊号者，就对其大加猜忌，甚至不惜毒死了事。不过，据说那种独立性稍强、有一定主见的呼图克图在更多情况下，则是被严于防范的中国政府施用离间计残害致死的。

库伦呼图克图拥有巨大的财富，虔诚的信徒敬奉的无数财物皆归其所有，另有库伦周围和蒙古北部大约十五万奴仆。

库伦的蒙古城脏得令人作呕。街上到处是垃圾和秽物。不管白天还是黑夜，都有人无所顾忌地随地便溺。给这类画面"增色添彩"的还有成群的乞丐，他们聚集在广场集市上，个个衣衫褴褛，面带菜色，其中许多人竟是城区里的长期住户，尤其是那些瘦骨嶙峋的老妇。在集市中央，我曾亲眼见过一个羸弱的残疾女人，身上盖着几块路人施舍的破毡片，躺卧在地上。她已无力走动，只能就地便溺，浑身长满了虱子。很快，死神就将以一副可怖的面目降临到她头上。当地人告诉我们，等这个女人快要断气时，马上就会窜出成群的饿狗，围聚在她身旁，一旦她临死前的呻吟归于寂静，群狗便扑上来，先把她的脸和身子嗅个遍，看看这可怜的女人是死是活。只要发现她还有一口气，或者还能动弹一下，狗就立刻跑回到原地，耐心等待一场盛宴的开始。到末了，女人终于咽了气，饿狗便快乐地分享她的尸体。同时马上会出现另一个病弱的老妇，像她一样穷，钻进她留下

---

[1]　我们旅行期间遇见的活佛，从来不说"当我死的时候"，而总是说"当我再次降生的时候"。——原注

的毡片里。在寒冷的冬夜，那些相对健康的乞丐，经常把无力的老人从栖身之所拖拽到雪地上，占据他们的破毡窝，以使自己躲过暴风雪中的死神。

然而，这一切都还算不上这座圣城里精神生活的全部景观。旅行者曾经在离库伦不远的空地上，目击过更令人惊恐的场面。在这里，死人的尸首不是归葬于土，而是直接抛给狗和猛禽分食。偌大一片空地到处是人骨，一群群专吃人肉的狗，像影子一样在骨堆间游荡。这种景象令人毛骨悚然。乌鸦、秃鹫和狗是这里的饕餮之徒。一具新鲜的尸首，要不了一两个钟头，就吃得连渣都不剩。佛教徒认为，尸首被吃得越快、越干净，就越是大吉大利，否则，人们会认为死者生前冒犯了神灵。库伦的狗已经习惯了这种美餐，死者亲属刚一抬出尸体，沿着街市走向城外，它们就闻风而动，成群结队，尾随不舍，其中甚至还可能有从死者帐中跑来的家狗。

对库伦以及喀尔喀[1]的土谢图汗部、车臣汗部的统辖权掌握在两名昂邦[2]手中。其中一名永远是北京派来的满洲人，另一名则出于当地的王公贵族。喀尔喀地区的札萨克汗部和赛音诺颜汗部则归乌里雅苏台将军管辖[3]。

尽管统辖喀尔喀各部的蒙古王公掌管着内部事务，但他们还是得听命于中国政府派驻蒙古的将军或办事大臣，后两者小心谨慎地维护着中国政府对蒙古各部的统治。

蒙古北缘的西伯利亚式地理特征自库伦迤南便逐渐减弱。涉过土拉河的滚滚

---

[1] 喀尔喀为蒙古北部历史地名（该地区蒙古牧民亦称喀尔喀人），包括现今蒙古大部分领土。满清时期，喀尔喀蒙古经多次编制建旗，至乾隆二十四年（1759），共编为86旗，分为土谢图汗部、赛音诺颜汗部、车臣汗部、札萨克汗部。各盟内实行会盟制度。

[2] 昂邦系满语词，原意为大臣，这里专指清代中央派驻蒙、藏及西北地区的办事大臣。

[3] 作者此言有误。据史料记载，清政府在喀尔喀四部实行会盟制。此外，还在该地区设将军和办事大臣，实行军府制统治。乌里雅苏台将军府于1733年设置，监控整个喀尔喀四部和唐努乌梁海蒙古各部政务。

波涛，前方的旅程中就再也看不见一条大河了。翻越了因康熙皇帝曾来巡猎而被视为圣山的博格达乌拉（蒙语，意即神圣的山），旅行者便要与最后一片森林作别了。接下来，在西起昆仑山，东至兴安岭，自北向南直抵中国内陆边缘的辽阔区域内，绵延着横贯东亚高原的广袤无际的戈壁荒漠。正是这片荒漠，将蒙古和满洲分割开来。

戈壁荒漠的西部，尤其是天山和昆仑山之间，至今仍然鲜为人知，而它的东部只因有一条从恰克图至张家口的斜向的商道才稍有点名气。1832 年，英国科学家福斯和布恩格首次测量了这里的气压。接着，俄国人吉姆科夫斯基、科瓦廖夫斯基以及其他一些通常兼有传教使命的考察者，也先后做过类似的测量，他们或多或少给后世留下了本地区地形测量及自然状况等方面的材料。此外，德国天文学家弗里奇不久前在戈壁东缘的旅行，以及我本人对东南部、南部和中部的考察，使科学界获取了并非揣测，而是依据科学观察的准确资料，从而促进了对中央亚细亚广阔荒原东半部地质构造、气候状况和动植物群落的研究。

先前的地质学家曾以为戈壁荒漠的海拔高达 8000 英尺（2000 米），而福斯和布恩格通过气压测量，证实这种说法是错误的，他们测得的实际高度为 4000 英尺（1200 米），这一结果远远低于人们原先的推测。这两位科学家随后几次测试表明：戈壁腹地的恰克图至张家口商道沿线海拔仅为 2400 英尺（732 米）。还需要指出的是：戈壁东部并不像其西部一样，有着类似阿拉善沙漠和罗布泊湖区那种浩瀚无际的不毛之地。

前文提到，那种有山有林、土质肥沃的西伯利亚式地理特征在库伦附近已逐渐减弱，由此开始一直往南，全是典型的蒙古草原。离开库伦才走了一天，我们眼前便是一幅截然不同的景观。茫茫草原，漫无际涯，时而起伏不平，时而坦荡如砥，没有什么能阻挡它伸向青幽幽的天边。随处可见成群的牛羊在悠闲地吃草，白色的蒙古包像稀疏的星星，洒落在绿色的原野中。草原上的道路非常平坦，甚至可以驾着马车飞奔。荒瘠的大戈壁还在前方，而我们现在描绘的这条沙土相混、牧草丰盛的草原带正是必经之地。草原带从库伦顺着去往张家口的道路向西南延伸200多俄里，就不知不觉地被戈壁荒原吞没了。

　　这条戈壁边缘的草原带，尽管有时绵延几十俄里都极为平坦，但有别于平原的是，其地势总体上仍是起伏不平，在靠近戈壁荒漠的中部地带尤为明显。在这一地带的北部和南部有许多不高的山，或准确地说，是一些低矮的山丘，要么像汪洋中的孤岛，要么彼此相连，形成一座山脉。这些山丘只比周围平地高出几百英尺，山上满是光裸的岩石。山谷中遍布干涸的沟道，每当大雨滂沱，雨水就顺着沟道四处流泻。不过，这样的情景通常只持续几个钟头。在这些沟道近旁挖有水井，可向当地人供水。自土拉河以南至中国北部边缘，在长达900俄里（960公里）的距离间再也没有一条河流。只有在初夏的多雨时节，这里的黏土地上才会出现降雨汇成的水泊，但很快就被随后到来的暑热蒸干。

　　戈壁上的土壤主要由发红的颗粒状沙砾和碎石子构成，此外还掺杂着别的石类，例如玛瑙之类。有些地方还会出现疏松的黄沙构成的条带，但此类黄沙带远不如南部的沙漠那样宽广。

　　戈壁的土质自然不适合优质树种的生长，这里甚至连野草都很稀少。当然，在去往张家口途中，偶尔也能见到某种仅有一英尺（30厘米）高的草，却遮不住灰黄色的地表。只有在个别地方，由于土壤中残留的夏季水分较多，才生长着一种被蒙古人称作"迪里松"的禾科植物——闪光茇茇草（Lasiagrostis splendens）。这种草成堆成簇地长在一起，高度为四五英尺（1.2—1.25米），坚韧得像铁丝。偶尔还能见到一枝独秀的野花。要是土质带点碱性，则长有骆驼爱吃的一种草——盐爪爪（Kalidium gracile，蒙古人称之为"布达尔干纳"）。野葱、蒿草以及几种菊科和禾科植物，是戈壁其他地带的主要植物。这里的自然条件极为恶劣，加上强劲的冬风或春风终日不停，狂风连低矮的野草都能连根拔起，所以乔木和灌木根本无法生长。

这里的人口比在草原上少得多。在这种既无森林也无河流，夏季酷热、冬季严寒的地方，也许真的只有蒙古人和他们的忠实伴侣骆驼才能自在地生存。

戈壁荒漠，荒凉寂寥，使旅行者昏昏沉沉，难以振作起精神，一连好几个星期，眼前都是单调乏味的景观：不是点缀着枯黄色野花的旷野，就是黝黑嶙峋的垅岗或平缓的山丘。山岗间，偶尔闪过黄羊矫捷的身影。骆驼背负着沉重的物品，缓步走过数百俄里，荒原的面容却丝毫未改，依然无精打采，孤独恒郁。太阳西沉，夜幕笼罩大地，无云的夜空中闪耀着数不清的星星。驼队又往前赶了一程，才停下来就地宿营。骆驼一被卸去沉甸甸的驮包，就在赶驼人的帐篷前快活地卧下，它们的主人此时正忙着准备并不可口的晚餐。一个钟头过后，人和牲畜都入睡了。死一般的寂静再度主宰旷野，天地间无声无息，仿佛连一个生灵都不复存在了……

从恰克图至张家口，除了一条由蒙古人养护的驿道之外，还有好几条商运便道，主要是运茶的商路。驿道上每隔一定距离，便挖有一口水井，设有帐篷，这就算是一个驿站了（从库伦到张家口近千俄里的路途中，一共设有 47 个这样的站点）。商路两旁也有一些蒙古牧民生活在备有草料的放牧点上。不过，这里更多是游牧至此的贫苦牧民，他们要么向过往商队讨些施舍勉强糊口，要么受雇于别人放养骆驼，要么卖点牲畜的干粪维持生计。对于牧民和过路的旅行者来说，干粪格外重要，因为它是整个戈壁中唯一的优质燃料。

我们一天天行进在索然寡味的旅途中。一般都是正午上路，到夜半时分才停下来休息，平均每天要走四五十俄里。白天，我和我的旅伴佩利佐夫多数时间在驼队前面步行，偶尔也朝附近的鸟儿放上几枪。各种鸟当中，渡鸦（Corvus corax，也称大乌鸦）是最放肆的一种，它的厚颜无耻很快就令我们深恶痛绝。从恰克图启程还没走出多远，我就发现有几只渡鸦飞向我们大车后面的驼队，落在驮包上，叼起不知什么东西，拍拍翅膀就飞跑了。经过仔细检查，才发现这些可恶的鸟竟然用尖利的喙划破了一只装食物的口袋，叼走了许多面包干。它们把赃物一藏好，便又飞来大肆行窃。真相大白后，这群窃贼都被我们用枪打死了。可是一眨眼，又来了新的一群。它们同样又被消灭掉了。从恰克图到张家口，这种恼人的事一路上几乎每天都在重复。

在俄罗斯，渡鸦一向是很老实的。可是在蒙古，这种鸟简直胆大包天，为所欲为，就差没有公然飞进蒙古包里抢东西吃了。另外，渡鸦老爱趁骆驼吃草时飞到它背上啄来啄去。那胆怯而又愚蠢的牲畜痛得只会扯开嗓门嘶叫，或者朝折磨自己的家伙吐唾沫。于是，渡鸦先飞到别处，不一会儿却又从容地落回原处，照样狠啄个不停，骆驼背上经常被啄得血痕累累。由于蒙古人把伤害鸟类视为罪过，他们拿那些一路相随的渡鸦一点办法都没有。

考察期间，渡鸦加上夏天的老鹰始终是我们最痛恨的敌人，有不少次，甚至把我们才制作好的动物标本连皮带肉一块儿抢去。不过，也有数百只鸟为自己的可耻行径付出了生命的代价。

在戈壁荒漠的其他羽族里，常见的只有毛腿沙鸡和蒙古百灵，这两种鸟是整个蒙古地区最典型的鸟类。

毛腿沙鸡（Syrrhaptes paradoxus）是著名的帕拉斯[1]在十八世纪末首次发现并加以研究的，分布于整个中央亚细亚直到里海岸边，在地处西南的西藏也能遇

---

[1] 彼得·西蒙·帕拉斯（1741—1811），俄国德裔动植物学家，杰出的地理学家和旅行家。

见它的踪影。这种被蒙古人称为"勃利都鲁"的鸟主要生活在荒漠中，以几种野草的种子为食（如蒿草、芨芨草等）。冬天，它们大量聚集在阿拉善沙漠，寻食草籽；夏天，有一部分来到外贝加尔地区繁育后代。雌沙鸡每次产卵三枚，直接产到地上，不需要任何铺垫物。虽然这种鸟平时比较胆小，可是在孵卵期间，却不会因为受到惊吓而轻易丢弃还未出世的孩子。冬天，当一场大雪将蒙古高原覆盖，饥饿难耐的毛腿沙鸡就成群结队飞往中国北部的平原上觅食，只要天气稍有好转，又立刻迁回到故乡的荒漠。毛腿沙鸡飞行速度极快，当它们成群地扑扇着羽翼飞过来时，很远就能听见一种尖利、刺耳的声音，仿佛一股强劲的旋风呼啸而来，中间夹杂着短促而低沉的鸣叫。毛腿沙鸡在地面上行动却相当笨拙，这大概跟脚爪的构造有关。它的爪趾长得过于紧密，几乎粘连在一起，还有一层长满疣状物的厚皮。

早晨，毛腿沙鸡进食之后，常常飞到有泉眼、水井或水洼的地方喝水。鸟群先是围着水源盘旋，等到确信周围没有什么危险，才匆忙喝几口水，然后立即飞走。如果附近没有水，就要飞往好几十俄里以外的地方去寻找。

蒙古百灵（Melanocorypha mongolia）是百灵家族里体形最大的品种之一，只分布在戈壁上有草场的地带，因而这种鸟并不常见，不过，冬季偶尔也能看到好几百只聚在一起。一路上，我们仅在戈壁南缘遇见过这种百灵，而在中国内地，至少在冬季，倒并不算稀罕。

蒙古百灵——中央亚细亚荒原上最出色的歌手，在演唱技艺方面，毫不逊色于自己的欧洲同类。此外，它还有模仿其他鸟类歌唱的卓越本领，常常引得别的鸟儿和着它的节奏与旋律婉转而鸣。如同欧洲百灵，它也是一边唱着，一边蹿向天空深处，有时也在地面的石块或草垛上停留一阵。中国人把这种鸟称为"什么都会的鸟"，经常养在笼子里当宠物，欣赏它美妙动人的鸣唱。

春天，一部分蒙古百灵飞往北方，到外贝加尔地区繁育后代，大部分仍然留在蒙古。像欧洲百灵一样，蒙古百灵也把巢筑在地面上的浅沟里，每个巢里一般有三四枚卵。蒙古荒漠的严寒实在漫长，整个春天时常有寒流袭来，所以蒙古百灵开始筑巢孵卵的时间很晚，我们甚至在 6 月下旬的蒙古东南部捡到过它刚产下的卵。蒙古百灵冬天要迁徙到戈壁上无雪或少雪的地方越冬，尽管这些地方的气温低至零下 37℃，但它仍然能以芨芨草的草籽为食，从容度过漫长寒冬。通过对很多种鸟的观察，我们发现驱使大多数鸟类迁往南方的不是严寒，而是饥饿。相比之下，蒙古百灵不愧为一种生命力顽强的鸟。

蒙古百灵的分布向南可达黄河的河套地区，然后消失在从鄂尔多斯到阿拉善以及祁连山脉这片广阔的地域，在库库淖尔（青海湖）的草原上又重新出现。除了蒙古百灵，戈壁上还有角百灵（Eremophila alpestris）、灰百灵（Calandrella pispoletta），以及拉普兰雪鹀（Plectrophanes lapponica）等鸟类。其中，拉普兰雪鹀在察哈尔地区，即戈壁东南边缘最为常见。

在这片辽阔的草原上，最典型的哺乳动物我只能举出两种：鼠兔和黄羊。

鼠兔在蒙语里叫作"奥霍套诺"，意即"短尾巴的"，属于啮齿目动物，被认为是兔子的近亲。这种小动物长得跟普通老鼠一般大，生活在自己挖掘的地洞里，主要选择有草的山地和丘陵作为栖息之地，在外贝加尔地区的山谷与蒙古北部边缘都有它的洞穴。鼠兔无法在荒凉的沙漠上生存，所以在戈壁中部和南部压根儿见不到踪迹。

鼠兔实在是一种有趣的动物，通常过着群居的生活。假如你发现它的一个洞穴，或许就会在这个洞中找到百十只，有时甚至上千只鼠兔。冬天，当严寒来临之际，鼠兔就一直躲在洞里，只要天气一转暖，就纷纷钻出地面，在洞口旁边晒太阳，或者欢快地从一个洞口蹦到另一个洞口。这时，你会听到鼠兔的叫声，很像普通老鼠的吱吱尖叫，不过，声音要大得多。可怜的鼠兔有很多天敌，不得不时刻保持警惕。为了侦察敌情，它常常从洞里探出半个身子，把脑袋向上挺着观察四周，丝毫不敢大意。每天都有不计其数的鼠兔成为沙狐、狼、大鵟、鹰、隼乃至雕的爪下冤魂。那些长翅膀的空中强盗捕捉起猎物来，动作非常迅捷。有很多回，我目睹了大鵟犹如一道闪电，从天而降，扑向鼠兔。那小动物还不知怎么回事，就已被牢牢地攫在一对铁爪中，再也回不了家。大鵟（Buteo ferox）是一种猛禽，主要以鼠兔为食，连过冬的窝巢都建在这种啮齿动物栖息的地方。而正是由于鼠兔具有极强的繁殖能力，在大鵟的杀戮之下，才依然保持着家族兴旺。

鼠兔也是一种特别好奇的动物。如果发现有人或狗接近，它不是立即惊慌逃窜，而是等那不速之客再朝前走上十来步，突然间一溜烟地钻进洞里躲起来。然而，好奇心终究会战胜恐惧心——几分钟过后，还是从刚才的那个洞穴，鼠兔又把小脑袋探出来东张西望。这回若是发现那恐怖的家伙已经不见了，鼠兔便立刻钻出地洞，重新回到自己的领地上玩耍嬉戏。

鼠兔家族中的好几个种类还有一个共性，它们知道平时把干草积存在洞口边，作为过冬的食物。鼠兔通常在夏末便开始储藏食草。晾干的草被仔细地堆成四五磅，有时甚至 10 磅（4 公斤）的草垛。干草既可用来铺垫洞穴内部，又可在冬日里充饥。不过，鼠兔的劳动果实经常被蒙古牧人的牛羊一扫而光。遇上这种情况，倒霉的鼠兔只好在冬天跑到洞穴外面四处觅食了。

令人惊异的是，在没有水的条件下，鼠兔竟然能存活很长时间。冬季或夏季，它自然可以依靠降水补充生命所需的水分，可是在整个春秋两季，当蒙古高原上接连好几个月都干旱无雨，并且空气的干燥程度已接近极限时，鼠兔究竟是怎样捱过焦渴的折磨呢？

鼠兔的分布范围最南可达黄河北套地区，再往南去，就越来越稀少了。

黄羊（Antilope gutturosa）是形体与狍子相仿的羚羊的近亲，属于戈壁高原和戈壁东部半荒漠地带最典型的哺乳动物。此外，在蒙古西部乃至青海湖周围都有一定数量的黄羊[1]。

黄羊是群居动物，每群有时可达成百上千只。不过，这种动物一般只在草料充足的地方繁衍生息。二三十只一群最为常见。尽管黄羊小心提防着自己的近邻——人类的侵犯，但还是能找到最好的草场。为保证有足够的草料，它们像蒙古牧人一样经常迁徙，有时还不得不长途跋涉。夏季若是干旱少雨，就只有冒着种种危险，远行至蒙古北部和外贝加尔南部，寻找水草丰美的草原。冬天的大雪往往迫使它们离开栖息地，迁往几百俄里以外少雪或根本无雪的地区。

黄羊通常只选择平坦的草原而非山地作为生存的家园。不过，在地势略有起伏的丘陵地带，当春天的嫩草冒出地面时，也会吸引许多黄羊前来觅食。它们一边啃食绿茸茸的小草，一边悠然地晒着太阳。黄羊谨慎地避开灌木丛和高高的芨芨草丛，只有到5月的产仔期，母羊才出现在这种草木幽深的地方，为的是掩藏新生的幼仔。小羊才出生没几天，就像影子一样追随自己的母亲，奔跑起来，几乎和成年黄羊差不多快。

黄羊是一种比较沉默的动物，很少能听到它的叫声。公羊叫的声音很响，也很短促（母羊的叫声我连一次都没有听到过）。黄羊生性敏锐，造物主赋予它锐利的视觉、听觉和发达的嗅觉。此外，它奔跑速度之快也令人称奇。正因为具备这些卓越的身体条件，黄羊才不会轻易成为自己的天敌——狼和人类的猎获物。

得益于灵敏的感官，加上对创伤的超常忍耐力，黄羊极难被捕获。在开阔的草原上，黄羊与敌人保持起码五百步的距离，一旦发现被追踪，就立刻扬起四蹄，

---

[1] 阿拉善地区根本没有黄羊，这里的荒漠不适合黄羊生存。——原注

逃得比原先还要远两倍。草原上一般找不到什么遮蔽物可使人向黄羊靠近，因为它随时都在谨慎地躲避凹凸不平的地方。只有在低缓丘陵的草场上，猎人或许能躲在土包后面，悄悄潜入距离黄羊三百步的范围内，个别情况下，甚至还能靠得更近些。但这并不意味着猎物就唾手可得。设想一下，用一支高级来复枪也许能射中二百步以外的黄羊，但要想使其就地倒毙，子弹就必须穿透心脏、头部或脊柱。否则，黄羊甚至会带着致命的伤，从猎人枪口底下逃脱。受了伤的黄羊，仍然跑得很快，即使骑着快马也很难追上。总之，一旦踏上亚洲辽阔的原野，猎人就应该忘掉自己在欧洲狩猎的经验，多向当地猎户讨教。

尽管蒙古人使用的火绳枪非常简陋，但他们自有一套捕猎黄羊的办法。猎人事先在黄羊经常出没的地方挖一些小坑，每个坑间隔一定距离，做完这件事就不管了。几个星期过后，当黄羊这种对新鲜事物特别警觉的动物逐渐习惯了周围出现的小坑时，猎人才来到预先选定的地点，藏进挖好的坑里。其余的人负责把黄羊驱赶到猎人的埋伏地，等它离那儿只有五十步，甚至更近的时候，猎人就从坑里将它一枪击倒。整个狩猎过程需要相当娴熟的技术和对黄羊习性的透彻了解，否则便可能前功尽弃。例如，在赶黄羊时，如果只知道穷追不舍，那么受惊的羊群极有可能冲过埋伏地，或者干脆掉转头朝反方向逃散。通常，负责驱赶的人要从距离黄羊很远处慢慢向它靠拢，并且装出心不在焉的样子，时走时停。而谨慎的黄羊见状，势必挪得稍远一些，却不知这样倒是离危险越来越近了。

蒙古人还有一种利用骆驼来捕猎黄羊的妙法。猎人骑着驯服的骆驼，在草原上搜寻黄羊，一旦发现目标，即刻从坐骑上跳下来，一边牵着缰绳，一边弓身猫腰，藏在骆驼身边悄悄贴近黄羊。猎人此时的步调要与骆驼保持一致，丝毫马虎不得。黄羊起先总是十分小心，可是当它看到骆驼只不过独自慢吞吞地晃过来时，就不由得放松了警惕，照旧啃起草来。黄羊丝毫觉察不到躲在骆驼身后的凶险敌人正一步步地逼近……

夏末，黄羊即将进入发情期，长得又肥又壮，它的毛皮细润，肉质鲜嫩，很容易招致猎人竞相捕杀。蒙古人用黄羊皮缝制皮袄，自己却很少穿用，这种皮袄大都被俄国商人收购，再转卖到库伦及恰克图的市场上。除了猎枪，蒙古人还有一种专门猎捕黄羊的工具——用芨芨草粗韧的茎条编制的捕兽夹，形状颇似一只矮靿皮靴。只要黄羊落入夹中，就会被死死地钳住，任凭怎样挣扎，也逃脱不掉。

除了人之外，黄羊还遭受狼的侵害。据蒙古人说，狡猾凶残的狼经常集结成群，围捕黄羊。还需要指出的是，各种可怕的疫病也严重威胁着黄羊的生存。1871年冬天，我就目睹过黄羊纷纷死于瘟疫的惨景。

我们首次遇见黄羊是在离开库伦350俄里（373公里）的路途中。一见到这种先前从未见到过的动物，我和我的同伴马上就给迷住了，兴奋得无以言表。一连好几天，我们不停地追逐成群的黄羊。与我们同行的蒙古人对此大为不满。为了在路上等我们，他们连同整个商队有时被迫耽搁好几个钟头。我们只好奉送一两只被猎杀的黄羊，那些嘟嘟囔囔的蒙古人才安静下来。

尽管戈壁多数时候都是荒无人烟、满目苍凉，但在去往张家口的大道上，几乎每天都能碰到数十支过往的运茶商队，给广袤的荒原平添几分热闹的景象。关于这些特别的商队，我在下文里还要讲到。现在，还是继续向诸位描述蒙古高原吧。

穿越喀尔喀和苏尼特二旗[1]的荒凉地带之后，我们再度进入戈壁东南部一片富饶的草原，像北部的草原一样，这片草原也同蒙古高原上的荒野紧紧相联，仿佛粘贴在一起。这片草原带的土质略显粗砺，覆盖着丰美的青草。蒙古察哈尔部

[1] 苏尼特二旗包括苏尼特左旗和苏尼特右旗，属于锡林郭勒盟，地处喀尔喀及察哈尔两地区之间。

在这里牧放着成千上万的牛羊。察哈尔人被认为是中国北部疆界的守卫者，划分为八个旗，戍边重任由各旗轮流承担。察哈尔地区东接热河围场和克什克腾，西连归化城土默特，南与山西、直隶交界，北与乌兰察布盟和锡林郭勒盟毗连。

由于跟汉人交往频繁，现在的察哈尔人不但失去了民族个性，也失去了纯正的血统。他们的衣装是纯粹的汉式，外貌也与汉人相差无几，不同之处仅在于脸盘——察哈尔人颧骨较高，脸形略有些突出，而汉人的脸则普遍是扁圆的。许多察哈尔男人都娶汉族姑娘为妻，这正是他们的部族发生变化的主要原因。与异族通婚生下的孩子被叫作"二转子"，也就是我们所说的混血儿。

虽然察哈尔地区很少有灌溉农田，却不乏零星的湖泽，安吉利淖尔（音译）就是其中面积较大的一个。在接近高原边缘处，有时甚至能见到流水潺潺的小河。正是在这种地方，开始出现定居点和庄稼地。汉人的村落和耕耘的田畴明确告诉旅行者，茫茫荒漠已被抛在身后，延伸在脚下的是一片适宜人类生存的疆土。

最后，在遥远的地平线上，隐约显现出一道山脉的轮廓，这是介于寒冷的蒙古高原和温暖的华北平原之间的鲜明畛界。这座山脉具有典型的高山特征。倾斜的峭壁、深邃的隘谷、险峻的山崖、巍然耸立的山峰，以及植被稀疏的山体——便是这座山脉的概貌。举世闻名的中国长城绵延于群峰峻岭间。此外，这座山脉如同亚洲腹地许多山脉，也是一端连着高原，另一端连着低缓的平原。当我们翻山越岭，即将征服整座山脉之际，已经可以眺望到远处人烟稠密的谷地和银蛇般盘绕于山脚的溪流。这种景观与我们一路上越过的山地迥然相异。而气候也变得越来越温和了。当我们终于到达张家口时，尽管时值 12 月末，天气却温暖如春。蒙古高原上最后一座山与张家口相隔不过 25 俄里（27 公里），可气候差异竟如此之大。这座山的海拔为 5400 英尺（1646 米），而高原尽头与平原边缘交界处的张家口仅仅高于海平面 2800 英尺（858 米）。

张家口附近的长城

　　张家口扼制着跨越长城进入中国内地的要冲，也是中国同蒙古地区贸易往来的重要商埠[1]。该城共有七万居民，其中绝大多数为汉人，也有不少东干人。城里还有两名新教传教士，以及几个经蒙古往恰克图发售茶叶的俄国商人。

　　虽然近来由海路运输的商品大幅度增加，经由蒙古的陆路运输的茶叶量相对有所减少，但是据俄国茶商介绍，每年从张家口运往库伦和恰克图的茶叶仍有 20 万箱（每箱重约 48 公斤）之多。扬子江下游、汉口周围的种植园是这些茶叶的主要产地，当地出产的茶叶一部分经陆路运抵张家口，另一部分由欧洲货轮运往天津港。在天津，有一半的茶叶被俄国商人收购之后贩到更远的地区，另一半由中国人自己销往库伦或恰克图。蒙古人专门从事茶叶运输，获利不菲。运茶季节为秋季、冬季和早春 3 月。而每年 4 月，商队所有骆驼便被放到草原上休养。等骆驼脱去旧毛，长出新的，蓄足了劲之后，商队才再次上路。

　　运输茶叶的商队不失为蒙古东部一大景观。初秋时节，也就是 9 月的头几天，一队队骆驼从四面八方涌入张家口。骆驼刚刚在草原上度过一个自在的夏天，现在又被缰绳拴到一起，开始了漫长的苦旅。每峰骆驼都要背负四只总重量 12 普特（196.5 公斤）的茶箱，穿越无边无际的荒漠。一般说来，这种重量对于蒙古骆驼并非难以承受的重负，它们当中更强壮的能驮运五只茶箱。蒙古人负责将茶叶直接运到恰克图，或者只到库伦[2]，再往前去的路途，山高路险，时常有厚厚的积雪，惯于在戈壁上行走的骆驼根本无法应付。从库伦到恰克图，茶叶通常是用犍牛拉的双轮货车运输的。

　　从张家口至恰克图，每箱茶叶的运费为 3 两银子，这样算起来，每峰骆驼一

---

[1]　俄国的呢料、绒布和谷物等商品也运往张家口。——原注

[2]　一部分茶叶留在库伦，以满足蒙古人的需求。——原注

趟就能挣得 12 两银子，折合 25 个银卢布[1]。一冬天，一支驼队可在张家口和恰克图之间往返一趟，一峰骆驼就能为主人挣 50 卢布[2]。拉货的骆驼经常会把脚掌磨破，瘸得走不动路，或者人们装卸货物时不小心挫伤它的脊背。遇上第一种情况，蒙古人就把骆驼捆住，放倒在地上，往伤口上钉块皮子，用以替代蹄铁。经过这样的处理，骆驼大都能够恢复行走。而背部受挫伤的骆驼当年就无法再运货了，只能将它放回草原，慢慢调养。尽管运一趟货下来，总有几峰骆驼受伤或遭到淘汰，可驼队的主人，哪怕是只有二三十峰骆驼的小户，也能获取相当丰厚的收益。顺便提一下，不少实力雄厚者拥有数百峰骆驼，这些骆驼一部分属于他们个人，另一部分则是向无力组织货运的贫困牧民租借的。照理说，拥有驼队的蒙古人迟早会发大财，可事实却并非如此。他们中很少有谁回到家时，兜里还揣着几百卢布，大部分钱只不过在憨厚的蒙古人手里停留一阵儿，转眼之间，就被各色奸商和骗子手用种种伎俩赚进自己腰包里去了，剩下一点钱还要捐给喇嘛庙。所以，蒙古人白辛苦一场，到头来几乎还是两手空空。

从汉口到恰克图，茶叶运费如此高昂[3]，致使蒙古和西伯利亚居民生活中离不了的砖茶在当地售价比出厂价贵两倍。茶叶在汉口加工好，装入厚皮包裹的箱子里，运到恰克图，在那里先把包装拆下，然后给箱子包一层未经鞣制的生皮革。从恰克图向俄国内地发售的茶叶，只能根据不同季节，用四轮马车或雪橇运输。

前文已经说过，张家口是跨越长城进入中国内地的必经之地。我们在这里首次见到了举世闻名的长城。这道"伟大的墙"是以石灰浆做黏合物，用巨大的条

---

[1] 在张家口，1 两银子平均兑换 2 卢布 8 戈比。——原注
[2] 从恰克图返回张家口的驼队，大部分都是空载的，只有很少一部分装载着木材、干蘑菇、盐、毛皮之类的货物。——原注
[3] 从汉口至张家口，每箱茶叶的运费也是 3 两银子。——原注

石修筑起来的，每块条石重达好几普特。据考证，石料全都采自附近的山里，由无数劳工肩扛手推，运到工地上。长城顶部宽 3 俄丈（6.3 米），底部宽 4 俄丈（8.5 米），从横断面看，有点像金字塔形。在某些山势高峻之处，每隔 1 俄里左右，就建有一座方方正正的塔楼，用糊着石灰浆的黏土砖垒砌而成，大小各不相同，最大者宽和高都足有 6 俄丈（12 米）。

长城在蒙古高原边缘的山岭上蜿蜒回转，遇到两峰夹峙的隘口，就有一座雄关将出入口封锁住。此外，险峻的群山本身也是阻挡来犯之敌的天然屏障。历史告诉我们，早在公元前，中国古代统治者就花费了两百多年时间修筑长城，以保护国家不受邻近游牧民族的侵扰。但历史也告诉我们，这道凭借千万人血汗筑起的人工屏障却从未有效抵御过外敌入侵。过去和现在，中国其实都缺乏另一种形式的坚不可摧的防御体系——整个民族的精神力量。

中国人一般认为长城有 5000 多俄里长，其东端伸入满洲腹地，西端延伸到黄河上游以远。北京附近的长城是在中国皇帝和大臣眼皮底下修筑的，显得格外宏大和坚实；而在天高皇帝远的西部，长城不过是早已被岁月摧毁的两三俄丈高的土围子而已。不少去过蒙古和西藏的欧洲传教士，在他们的札记中都流露出对西部长城的此种看法。1872 年，在阿拉善沙漠与甘肃交界处，我们也见到过类似的土长城。

我们在张家口总共停留了五天，几位在当地贩运茶叶的俄国代理商对我们热情相迎。俄国工厂主在汉口茶厂的产品就是通过他们运到恰克图的。俄国商人居住在城郊，紧靠一条风光秀美的山谷，没有中国城镇惯有的秽物和恶心的臭气，这大概就是住在那儿最大的好处。

像其他所有在中国经商的外国人一样，俄国商人也通过中国买办进行商品交易。这些买办受同胞委托，专门与外国人打交道。不过，在张家口做生意的俄国人，也有几个懂汉语的，他们倒是能够自主经营，甚至能与蒙古驼队建立直接联系。在天津乃至中国所有对欧洲开放的商埠，商务买办对各家商号都是不可或缺的角色。一切事宜无论大小，都通过他们来商洽，因而，常有一些奸诈之徒对委托人大行欺诈之能事，没几年工夫，就用骗得的钱堂而皇之地开起自己的商号来。

和外国人交往的中国买办，主顾来自哪个国家，大体上就会说哪个国家的语言。中国人学俄语比学其他外语困难得多[1]。且不提他们怪异的发音，光是歪曲的词义和别扭的语句就足以令人瞠目了。

一个张家口买办见我击落了一只飞行中的岩鸽，对我说："尼（你）墙（枪）打得号（好）。""尼（你）次（吃）不次（吃）。"还是这个中国人，问我吃不吃点东西。我们在库伦也见过这种"文化人"。其中一个，用糟糕的俄语告诉我们，他曾经向蒙古人倒卖过俄国纸币。我们问他现在还做不做这生意，这人回答说："咋嫩（能）错（做）呀！你的票子不耗（好）；写的写的少（意思是钞票上的文字少），我们的人认的少，脸（钞票上的肖像）可真漂亮。"

关于生活在中国的外国人，张家口买办用蹩脚的俄语向我们发表了这般见解："尼（你）们和白人[2]不一羊（样），和发果（法国）人也不一羊（样）；尼（你）们响（像）俄（我）们人一羊（样）斯（是）号（好）人，白人、发果（法国人）人怀（坏）人。"听到中国人一本正经地夸赞我们俄国人"不像英国人和法国人那样坏"，而是"和中国人一样都是好人"，可真叫人受宠若惊。

然而，这样的赞誉也许只能代表那位张家口买办个人的意见。事实上，中国人对所有欧洲人，包括俄国人在内，都怀有一种共同的敌意，他们将我们通通叫

---

[1]　中国买办的俄语通常是在恰克图学会的。我从未遇见过一个哪怕只会说一句俄语的蒙古人。——原注

[2]　中国人把英国人一律叫作"白人"。——原注

作"洋鬼子"。

我们在这里并未遇到过别的欧洲旅行者，可是自从踏进中国大门的那一刻起，单凭直觉就能深刻意识到：一个欧洲人来到天朝帝国的领土，必将经历一番苦旅。不过，详情还是留待以后再说吧。现在，还是言归正传。

在俄国同胞帮助下，我们向中国人租到了两匹马和几头骡子，分别用于坐骑和驮行李。欧洲人从张家口去北京，通常乘坐两头骡子拉的轿子车，而我们之所以决定骑马，主要是觉得从封闭的骡车里沿途观察，不如骑马方便。

从张家口到北京大约 210 俄里（224 公里），一般要走四昼夜。沿途尽是大小客栈，老板多为来自西部的回教徒。"洋鬼子"想要住一家像样的旅店实在太难了。即使你愿意出两倍甚至十倍的价钱，也照样会被安排到最差劲的大车店去。问题不在于钱多钱少。当你骑着马在路上接连奔波六七个钟头，夜幕已经降临，寒风使你打着寒噤时，随便钻进一个窝棚，也都心满意足了。尽管欧洲人在中国一向出手大方，可是中国人对外国人的戒备却如此之深，沿途几乎没有几家旅店肯让我们住宿，哪怕我们的中国车夫费尽口舌也不管用。此种情形在沙城[1]最严重，我们在那儿挨家寻找客栈，最后才以十倍的价钱在一间又冷又脏的破屋子里过了一夜。

语言不通也是路上遇到的一大麻烦，尤其是在客栈里想要吃点什么的时候。幸亏我在张家口抄了几种中国食品的名称，凭着这张"菜单"，我们才不至于一路上空着肚子来到北京。虽然还未品尝以芝麻香油和葱蒜为调味料的中国菜肴是何等滋味，但沿途旅店提供的"美食"就足以令人倒胃口。看到肉铺里挂着驴大腿，我心里不由得犯起嘀咕：谁能保证给我们吃的不是那驴肉呢？中国人在饮食上无所

---

[1] 沙城现称怀来，位于河北省，距离北京市不远。

禁忌，有人竟然还吃狗肉。我们第二次来到张家口时，曾看到一个屠户买了一头浑身长满疥疮、疮口已溃烂化脓的骆驼，宰杀之后，就地卖起了骆驼肉。重病的牲畜一般都被人吃掉，肉铺里的驴肉当然也不会是好端端的驴身上的肉。中国人向来精打细算，他们才舍不得把一头还有力气干活的牲畜宰了吃肉呢。可以想象，一个欧洲人在中国客栈里会尝到多少"人间美味"。

走出张家口，也就走出了蒙古高原边缘的群山，眼前铺展开的是人烟稠密、农田肥沃的开阔平原。一座座村庄整洁有致，与我们先前到过的城镇大相径庭，大道上是一派热闹景象：驮煤炭的驴子成群结队，拉货车的骡子来来去去，当然少不了专心致志的拾粪人。无论在农村还是城市，到处都能见到拾粪人左手挎个筐子，右手拿把小铲子，从早到晚在街巷间和大路上捡拾人畜的粪便。捡来的粪便用于充当农家肥或烧火取暖的燃料，这东西在中国被看得很重要。

在上述平原的边沿，也就是距离张家口30俄里（32公里）的地方，土壤呈现为沙土质，有时还夹杂着砾石。这里有一座较大的城市——宣化府[1]。像中国的所有城市一样，宣化府也被带有雉堞的城墙环绕。再往前去，要翻越一道乱石迭起的山岭，水流湍急的洋河从山谷间穿过。在山谷狭窄逼仄处，巨大的山岩几乎阻断了有些路段。不过，整条道路总的来说倒比较畅通。过了吉满镇（音译），便又是一片宽十几俄里的平原，向西延伸到对峙的两山之间。去往北京的道路经过其中一座山，另一座山则相当高大，这是亚洲东部高原向着渤海及黄海沿岸平原降低的标志，相当于高原第二级阶梯的外围。实际上，从张家口到下屯[2]的地形

---

[1] 宣化府，现称宣化，位于河北省。
[2] 下屯，以及下文提到的关沟、南口都是北京市地名。

捡拾干粪的蒙古妇女

正是逐级降低的[1]，不过，个别地方仍有兀然耸起的高地。

从下屯继续向前，地形又呈斜势上升，形成西山和军都山这两道山岭。两山之间的山隘叫作关沟，起始于下屯附近，向西南延伸至南口镇，为出入北京的重要通道。在关沟上半部，有些地方的宽度仅为10至15俄丈（21—32米），两侧是悬崖峭壁。主要的岩石种类有花岗岩、斑岩、灰色大理石和含黏土的板岩。进入关沟之前，曾有一段路，平得如同石板铺就，可沟内的路却像是废弃的小道，连骑马都难以通过。但照样有不少双轮马车以及从北京出发的商队，往来于这段艰难的山路。

军都山上另有一道古城墙，人们称之为内长城，由巨大的花岗岩条石修筑而成，顶部有砖石垒砌的雉堞，地势较高处建有敌楼，论规模和质量，远胜于张家口周围的长城。此外，长城主墙以外朝向北京城的一侧，还增修了三重辅墙，每道墙相隔三四俄里。所有这些墙垣形成对京城的拱卫之势。最靠北京的城墙上摆放着两门生铁铸就的古炮，据说是欧洲天主教徒为中国人铸造的。

一越过长城，关沟就宽了许多，周围景色虽有几分荒凉，却着实迷人。溪水在山隘间欢快地流淌，瀑布飞溅在岩石上，发出訇然喧响。峭壁下面逐渐现出中国人的房舍、葡萄园和不大的果园。出了关沟之后，我们就来到南口镇，虽然距离下屯仅有23俄里（24.5公里），地势却低了1000英尺（300米）。

从南口到北京只剩下一天的行程，充其量不过50俄里。这里的地势仅仅略高于海平面[2]，是纯粹的平原。土质基本为沙土混合，非常适宜耕作。村庄一座挨着一座，树林一片连着一片。主要树种有松、柏、桧、杨等。树林通常指示着坟

---

[1] 张家口的海拔高度是2800英尺（853米），下屯则是1600英尺（488米）。——原注
[2] 北京城海拔仅为120英尺（36.6米）。——原注

地的所在。这里气候十分温和，即使在最寒冷的一、二月份，气温也可达零度以上。有许多禽鸟，如鸹鸟、寒雀、老鹰、野鸽、野鸭、大鸨、蜡嘴雀、白嘴鸦等，都在这一带过冬。

　　距离天朝都城越近，四周的人口就越稠密。我们行进在密集的村落间，直到抵达北京的城墙根，才发觉已经跨入了这个闻名遐迩的东方之都的门槛……

第二章　蒙古人

蒙古人的外貌、服饰和住所—他们的日常生活、性格、语言和风俗—宗教和迷信—蒙古的行政区划和管理

本章将从民族学角度描述蒙古人，因为在随后的旅行故事中，涉及当地居民的内容有可能只是零散的，不够突出的。在叙写各地方地理特征、自然条件以及种种奇遇的同时，当然还可在各章节中对当地居民再做介绍，但这样容易分散读者的注意力。为避免此种不便，我决定将蒙古人的情况集中在一章，全面记述这个游牧民族的日常生活，至于一些细节，那就留待此次旅行结束后再做补充吧。

如果要描绘蒙古人典型的外貌特征，喀尔喀人无疑是最好的样板。在蒙古各部落中，当数他们保留的血统最纯正。喀尔喀人的脸盘宽而扁平，颧骨凸起，鼻子扁塌塌，一双小眼睛细窄如缝，一对大耳朵支棱着，头发又黑又硬，唇髭和胡须稀稀拉拉，皮肤晒得黝黑，无论个头高矮，都有一副敦实的好身板。

蒙古其他地区的居民却并非这般模样，尤其是蒙古东南边缘各部，很早就与汉人比邻而居，受到的各种外来影响也十分明显。尽管一个游牧民族很难与其他

蒙古包前的一家三口（喀尔喀）

定居的农耕民族相融合，但在千百年历史演进中，却不可避免地受到文明世界的潜移默化。如今，在直接与长城毗邻的很多地方，蒙古人的汉化现象是显而易见的。诚然，绝大多数当地牧民住的仍旧是蒙古包，过的还是游牧生活，逐水草而居，但他们的外貌乃至性格与远在北方的同胞相比，均已产生鲜明的差异。他们看起来更接近汉人，由于经常与汉人通婚，他们扁平的脸已变得饱满而周正；在服饰和家居摆设方面，也开始仿照汉人，讲究了许多，性格上的变化更为突出：人口稠密的中国城镇让人见识了相对文明的生活，领略了其中的好处与享受，浩瀚大漠也就失去了原先的吸引力。

蒙古男人也像汉人一样将头发剃去，仅在脑后留下一撮，编成辫子；喇嘛则将整个脑袋剃得精光。无论僧俗，均不留胡须和唇髭。男人留辫子的习俗是满清于17世纪中叶夺取政权后带入中国的。从那时起，留辫子就被看作归顺大清帝国的外在象征，帝国所有臣民都应保持此种发式。

蒙古女人则结发蓄辫。少女通常把长发编成两条辫子，饰以彩色布带、珊瑚或花玻璃珠，分别垂挂在胸脯两边；已婚妇女只梳一条辫子，拖在身后。贵妇人的发辫顶端都扎着银簪，嵌有珍贵的红珊瑚，穷人买不起红珊瑚，就用普通珠子代替。蒙古妇女还在前额缀挂各样饰物。这类饰物多为银制，偶尔也能见到铜制的。此外，女人们还喜欢戴粗大的银耳环以及戒指和手镯。

蒙古人平时身着中国土布缝制的蓝色宽松长袍，靴子同样为汉式，头戴扁圆形毡帽，帽檐向上翻卷。绝大多数牧民都没有穿衬衫和内衣的习惯。冬天，他们身裹羊皮袄，穿厚棉裤，头上是保暖的棉帽。夏天，衣着讲究的人换成一身丝绸长衫。大小官员一律着满清官服。牧民无论穿长袍还是皮袄，都喜欢在腰间扎根腰带，上面总是别着一只荷包，装有他们生活中不可或缺的几样宝贝：烟斗、烟叶和火镰。此外，喀尔喀人经常怀揣鼻烟壶，因为见面时邀请别人嗅鼻烟算是首要的礼节。而这个游牧民族奢华的盛装，则是骑手身上往往用白银打造的铠甲。

妇女的长袍与男装略有区别，而且腰间不束腰带。上身通常另套一件无袖坎肩。不过，生活在不同地区的蒙古女人，衣装打扮也各不相同，很难找出她们在服饰方面的共同标准。

在幅员辽阔的蒙古，各地牧民居住的毡包全是同一种样式。每一顶毡包都呈圆形，顶部为圆锥形，最上端有个开口，用以通风和透光。毡包内壁由一根根斜插在地上、相互交错的条木[1]搭结而成。另有一些交叉的条木将内壁隔成一英尺见方的许多网格，四角都用绳子扎紧，一侧留有安装木门的位置；门高 3 英尺（0.9 米），宽度更小于高度，不过是一个出入的孔洞而已。毡包有大有小，以直径12 至 15 英尺（3.7—4.6 米）者居多，从地面到顶端约为 10 英尺（3 米）。

毡包内壁和木门之上装有几根弯曲的木椽，与内壁上的网格拴在一起，木椽另一头收拢在一个箍圈的孔中。箍圈位于毡包上部，直径三四英尺，形成顶端的开口。

当整个毡包的骨架搭建起来，以绳索固定之后，就用毛毡将其团团罩住，冬天往往还要另加一层。这样，牧民的住所就建好了。在毡包内部，正中央有一口火塘，从早到晚烧着干粪，正对门洞的位置供奉着几尊佛像，各种日用的家当摆放在内壁周围。火塘四周铺有一层毡子，供牧民在上面休息、睡觉；富人家里铺的是羊毛地毯。而王公贵族居住的毡包，则以木板铺地，以绸缎苫盖内壁，显得富丽堂皇。对普通牧民来说，毡包是他们无可替代的居所，拆起来很快，搬运也方便，更关键是能为牧民遮避风雨，抵挡寒暑。即使最强烈的寒流来袭，只要火还在烧，毡包里仍然相当温暖。到了夜晚，就把顶部的开口用毡片盖住，火塘里的

---

[1] 树木是搭建毡包所必需的材料，蒙古人用的木材，大多来自喀尔喀的林区。——原注

搭建蒙古包

火也要熄灭。这样，室内的温度就不会过高，但比起普通的帐篷来，还是要暖和得多。

蒙古人从不饮用冰凉的生水，而是烧煮砖茶来喝，甚至可以说，茶是这个游牧民族最普遍的饮食。

喝茶的习惯得自汉人，在蒙古流传甚广，无论男女老少，都离不了茶。每个蒙古包的火塘上，整天都架着一口正在烧茶的大锅[1]。牧民们喝起茶来没完没了，若有客人到访，主人首先敬奉的也是一碗茶。

烧茶用的水通常是含盐分的咸水。如果没有咸水，就专门往开水里撒些盐进去，再从茶钵里取出砖茶，用刀切碎，抓一撮放入水中。同时，还要往里面添加几碗牛奶。砖茶硬得像石头，需要先放在燃烧干粪的火塘上烧烤片刻，这样就会变软，味道也更加清香。茶水烧好以后，即可直接饮用。不过，蒙古人往往还要再往茶碗中加入炒熟的黍子。这样一来，喝茶倒变得更像是吃茶了。为了使这种"美食"更有滋味，还可再添些酥油和生的羊尾油。一个蒙古少女一天喝十几碗，这是再寻常不过的事情，成年男子则能喝上二三十碗[2]。需要说明的是，每个蒙古人都有个人专用的茶碗，他们对茶碗的好坏格外讲究。在富人家里，经常可以看到出自汉人工匠打制的纯银茶具。而有的喇嘛竟然将人的头盖骨镶上银边，用作喝茶的杯盏，简直残忍之极。

除了茶以外，各类奶制品也是蒙古饮食中必不可少的。用奶可制作多种多样的食品，如酥油、奶疙瘩、奶渣、奶酒之类。奶疙瘩的制作过程大略如下：将未脱

---

[1] 蒙古人的家用器具比较贫乏，主要有：烧煮食物的铁锅、茶壶、茶碗、长柄勺、装水和牛奶的皮囊或木桶、放肉的木盆，另外还有支锅用的铁支架、用来拾粪的钳子，偶尔也有中国产的斧头。——原注

[2] 蒙古人没有固定的用餐时间，有时候一整天都在喝茶，吃东西，只要想吃喝。——原注

脂的牛奶置于文火上烧煮，然后使之澄清，取凝结的乳皮，在阴凉通风处晾干即成。奶渣是用脱脂的酸牛奶制成的，吃起来有些像奶酪的味道。奶酒多以马奶或羊奶酿制，这是蒙古人夏天最爱喝的一种饮料。他们相互之间经常串门，畅饮奶酒，直到酣醉方能尽兴。这个游牧民族极其嗜酒，不过，在他们看来，这倒并非什么大不了的罪过。蒙古人喝的白酒是从汉人那儿弄来的，只要有商队前往中国内地运货，就免不了顺便带酒回来。另外，在整个蒙古，到处都能见到汉人商贩的踪影。他们向牧民兜售白酒和其他一些不起眼的小商品，换回的却是毛皮和牛羊。狡猾的汉人在此类交易中占尽了便宜。

尽管蒙古人的生活一年四季离不了茶和奶，但不等于说牧民饮食就仅有这简单的两样。羊肉也是一种主要的食物，在冬天尤其缺少不得。对蒙古人而言，世上再也没有什么比羊肉更鲜美的了。他们若要夸某种东西好吃，往往会赞美道："呵，简直鲜得跟羊肉一样！"羊甚至如同骆驼，也是牧民心目中神圣的动物，又是财富的象征。纯粹一团脂肪的羊尾被视为羊身上最有滋味的部位。蒙古人放养的羊群，在秋天来临之前吃不上优质的饲草，却仍然被喂得膘肥体胖。有些羊身上的膘竟能长到一英寸厚。不过，羊越肥，反倒越适合蒙古人的口味[1]。羊只宰杀之后，就连肠子也能派上用场，绝不会有半点浪费。把羊肠里面的脏物挤掉，灌入羊血煮熟，就成了蒙古式的灌肠。

蒙古人吃羊肉的胃口之大超乎想象，一个人竟能把10磅的肉一顿吃光，几个大肚汉聚到一起，一整天吃掉一只中等个头的羊根本不算回事。即使出门在外，尽可能减少用度，一个人每天吃一条羊腿也不在话下。不过，蒙古人几天几

---

[1] 蒙古人杀羊的方法很特别：用刀划开羊的肚子，一只手伸进去，抓住并握紧心脏，这时羊还未断气，直到动脉被扯断才会死。——原注

夜不吃东西也能挺得过去，可是一旦弄到食物，就会狼吞虎咽，真可谓"一个顶七个"。

蒙古人习惯于把羊肉煮了吃，一般只有胸排是架在火上烧烤。冬天，出门在外时，羊肉冻得硬邦邦，用很长的火候才能煮透，蒙古人对此根本不介意，煮得半生不熟的肉，随便割下一块，也吃得有滋有味。有时急着赶路，就把准备路上吃的羊肉塞到骆驼鞍子底下，以免冻得太硬，如此一来，一路上就只有啃这种沾满骆驼毛和汗味的羊肉了，但这丝毫不影响食欲。蒙古人喝起羊肉汤就像喝茶，有时还往里面加几把谷子和几块面团，使之成为类似面汤的饭食。用餐之前，虔诚的喇嘛教徒往往从茶饭中分出一些，投进火里，表示对神灵的敬奉。如果附近没有火，就直接把分出的饮食撒到地上。敬奉神灵的酒水，要用右手中指蘸一蘸，朝某个方向弹过去。

蒙古人吃什么都用手抓。不管多么大块的羊肉，抓起来就送到嘴边，先用牙啃，再用刀割，一副大快朵颐的模样。他们吃肉从不浪费，肉骨头啃过，也不能扔掉，一定要用小刀剔得干干净净。有的骨头敲开后，连骨髓也吮得一滴都不剩。剔干净的羊肩胛骨只有砸碎才能丢弃，保留完整的肩胛骨被视为罪孽。

除了羊肉这种主要的肉食，蒙古人还食用马肉和牛肉，骆驼肉则吃得很少。他们对俄式面包丝毫不感兴趣，倒挺喜欢汉人的白面馒头。他们在家里偶尔也用小麦粉做饼子和面条吃。在俄蒙边界附近，也有牧民吃黑面包，但在蒙古腹地，这种俄国面食几乎无人问津。我们在旅途中拿出黑面包干招待蒙古人，他们随便尝上几块，便不屑地说："这玩意儿有啥吃头，只会把人牙齿崩掉。"

至于禽类和鱼类，蒙古人仅仅食用其中极少数的几种，其余的均属不洁之物。记得有一回，我们在青海湖边打了几只野鸭煮了吃，与我们同行的蒙古人见状，恶心得呕吐不止。这一事例说明，不同的人对同一事物的观念往往大相径庭。

蒙古人唯一的营生和衣食温饱仅有的来源是畜牧业；家畜数量也是衡量一个人财富的标尺。牧民牧养的牲畜有绵羊、骆驼、马和牦牛，还有少量的山羊。一般来说，在整个蒙古，因地区不同，主要家畜的种类也各有差异。例如，品种最优、数量最多的骆驼生长在喀尔喀，山羊大多产于阿拉善，在青海湖一带，占据优势的是牦牛，而不是黄牛。

在蒙古各部落中，牧养牲畜最多、生活最富足的要数喀尔喀牧民。尽管那里不久前才闹过一场瘟疫，染病致死的牛羊不计其数，但是仍能看到一户牧民就拥有庞大畜群的情景。一个喀尔喀人，不养上几百只绵羊，那才是少见呢！喀尔喀地区一律是脂臀羊，直到蒙古南部，即鄂尔多斯和阿拉善，才被大尾羊取代，青海湖的绵羊则属于特殊品种，一对螺旋状的羊角，长达 1.5 英尺（0.45 米）。

家畜几乎为蒙古人提供了所有的生活必需品：乳和肉可供食用，毛皮用于制作衣装，粗绒毛可纺成毡和绳子，把牲畜卖掉，还能换得现钱，在沙漠里驮运货物的骆驼，更是一种挣钱的工具——因此可以说，牧民活着就是为了家畜，对他本人和妻儿的关怀反倒退居其次。为寻找理想的牧地，他们不辞辛苦，四处漂泊，只要发现水草丰美的草场，便会心满意足，别无他求。牧民善于跟牲畜交流，在这种交流中，他们表现出极大的耐心。一经他们调教，倔强的骆驼便服服帖帖，甘当运货的差役，桀骜不驯的烈马也任人坐骑。此外，牧民总是怜爱自己喂养的牲畜，无论如何，都不会给未长足年龄的骆驼或马套上鞍辔，不会为了钱财把小牛小羊卖掉，宰杀幼仔的行为也是一种罪过。

畜牧业是蒙古人仅有的一项专长。他们的手艺不值一提，只会制作几样日用品，如皮革、毛毡、鞍具、缰绳、弓箭之类，个别人会打造火镰和刀具。其他生活用品及衣装，主要得自汉人，也有极少数是向一些在恰克图及库伦经商的俄国人购买的。这个游牧民族没有采矿业。牧民之间的交易，绝大多数为以

制作毛毡（喀尔喀）

典型的蒙古绵羊（喀尔喀）

物易物，对外贸易的对象仅限于北京和几个中国边境城镇，蒙古人把牛羊赶到这些地方去卖，另外还带着毛皮和盐，买回来的是一些手工制品。照料牲畜，是蒙古人唯一操心的事情，倒也费不了多少体力。骆驼和马在草原上吃草时无须看护，只是到了夏天，一昼夜之内需要带到水泉或井边饮一次水。至于放养牛羊之类的活计，老人和小孩就足以胜任。拥有上千头牲畜的富裕牧民，往往雇人替他们放牧。充当帮工的大都是一贫如洗的流浪汉。饮牲口、挤奶、烧茶、煮饭以及处理家中一应杂务，几乎全由妇女承担。男人们无所事事，整天只知道从这家毡包蹓跶到那一家，几条汉子聚到一块儿，一边纵饮奶酒，一边海阔天空，聊个没完。蒙古人酷爱打猎，在寂寞单调的游牧生活中，权当一种消遣。但他们没有好使的猎枪，就连火绳枪也并非普遍，不过，有时候火绳枪的使用会多于弓箭。除了打猎之外，朝拜各处寺庙或骑马比赛，也是蒙古人重要的娱乐活动。

随着秋季来临，蒙古人的生活也有所改变。他们将游荡了一夏天的骆驼聚集起来，牵到张家口或库库和屯[1]（汉人称为归化），连续不断地驮运货物：首先是运往恰克图的茶叶；其次是大批物资连同一些商品，要从库库和屯运往乌里雅苏台和科布多[2]，供给中国驻军；再就是产自蒙古沉积湖里的盐，也要运到邻近的中国城镇去。这样一来，在秋冬两季，蒙古北部和东部的所有骆驼都闲不下来，并且能为主人带来相当可观的收入。直到来年 4 月，商运才逐渐停止，精疲力尽的骆驼被重新放回草原，骆驼的主人则又能打发五六月份的悠闲时光了。

---

[1] 蒙语，意为"青城"，也就是呼和浩特。清朝末年与绥远合并，称归绥。

[2] 1733 年清政府在喀尔喀设定边左副将军，又称乌里雅苏台将军，驻乌里雅苏台，掌管喀尔喀及唐努乌梁海的军政事务。1761 年，设科布多参赞大臣，统辖厄鲁特蒙古各部和乌梁海部，驻科布多城。

蒙古人很少步行，哪怕近在咫尺的地方，也非得骑马去不可，马平时就拴在毡包外面，随时等候主人使唤。在草原上放牧，当然也一定要骑马。由于老是骑在马背上，日久天长，蒙古人的两腿就向外打弯，能用腿夹紧马鞍，怎么都掉不下去，就像长在马背上似的。即使草原上最狂野的马，也会被蒙古骑手驯服。蒙古人骑马有自己的风格，从来不让马四平八稳地踱步慢行，甚至马儿小跑也觉得不过瘾。在空旷的原野上，他们的身姿矫捷如风。蒙古人爱惜自己的坐骑，也了解它的脾性。他们把好马视若珍宝，即使穷困潦倒，也不会割爱。骑马慢行普遍遭人鄙夷，慢吞吞地打邻居毡包前经过，会被视为一种侮慢行为。

蒙古人生就一副好身板，加上从小就适应了当地的恶劣条件，体格通常都很强健，对荒原上的各种艰辛具有非凡的忍耐力。隆冬时节，气温降到零下30℃以下，常有凛冽的西北风，严寒令人难以忍受，蒙古人却无所畏惧，照样赶着运茶的驼队，行进在商道上。从张家口到恰克图，驼队逆风而行，蒙古人每天15个小时骑着骆驼，也不下来歇会儿，只有铁人才像他们那样不畏严寒。整个冬季，他们往返于漫长的商道，行程达5000俄里（5300公里）。然而，同样是这个蒙古人，假如让他干点难度小得多，但他不了解的事情，情况又会如何？这个健壮如钢铁锻造般的人，恐怕还没消耗多少力气，就连二三十俄里都走不了；若是在潮湿的地上过夜，他就会伤风感冒，好像娇气的贵族老爷；两三天没有喝茶，他准保要扯开嗓门，抱怨不幸的命运。

在心智方面，蒙古人不可谓不精明，而狡黠和虚伪同样是他们固有的特点。但只有在邻近中国内地一带，当地居民的这类品性才格外突出。在血统纯正的蒙古人当中，道德堕落者主要是喇嘛。普通百姓或曰"哈拉胡恩"亦即"黑人"（贱民），则既未染上汉人的陋习，也未曾毁于喇嘛的教诲，大多是善良淳朴之人。

如果说蒙古人一方面是精明的，那么，此种精明就像游牧民族的其他特征，往往表现出相反的一面。他们对故乡的荒漠了如指掌，有办法从绝境中安然脱身，能预知大气中风云雨雪的变幻，仅仅凭借蛛丝马迹，就能找回走失的牛羊或骆驼，还可凭感觉判断哪儿有水井。不过，当你试着解释某种超出他们现实生活的事物，他们就会瞪大眼睛听你说，并接二连三地问着同一个问题，再简单不过的东西，始终都弄不明白。这时，你眼前仿佛不是成年人，而是好奇的孩童，连极其普通的概念也无法领会。

蒙古人的好奇有时简直匪夷所思。行进在商道上的骆队途经他们居住的地方，总有人骑着马或左或右，紧跟不舍，也有人大老远飞奔而来，先是向你道声"曼都"，也就是"你好"，接着便刨根问底，问你打哪儿来，干什么去，驮包里装的是什么，有没有货要卖，在哪儿买的骆驼，买来究竟做什么等。一个人问完，又来一个，有时会冒出一群人，问来问去，仍然是同样的问题。商队中途停下休息时，那场面更糟糕：没等你卸下骆驼身上的驮包，蒙古人就蜂拥而至，一边东张西望，摸这摸那，一边已经闹哄哄地挤进帐篷。从猎枪到不足挂齿的物件，如剪刀、皮靴、箱子上的锁头，乃至一切琐屑之物，无不激发着客人们的好奇心，与此同时，他们一定会凑上前来，没完没了地向你讨要这样那样的东西。当每个新来的人又开始重演这一幕时，那先到的人就会带他参观并讲解你的全部家当。只要有可能，他们临走时，还会向你要一样东西，俨然为了留作纪念。

在蒙古人的日常生活中，旅行者还会惊异地发现，他们辨认方向时，从不使用"左"和"右"这两个词。对他们而言，这两个概念似乎压根儿不存在。甚至在毡包里，蒙古人也从不会用"在左边"或"在那边"之类的表达。需要指出的是，这个游牧民族不像欧洲人一样，把北面看作正面的方向，与此相反，南面才是他们认为的正面。所以，当蒙古人面向南方时，东方这一概念在他们看来，不在人的左边，而恰好是在右边。

对任何两地的间距，他们找不出精确的度量方式，只懂得用骑马或骑骆驼所需的时间来衡量。如果你想知道某个地方到底远不远，蒙古人就会告诉你，到该地骑骆驼去要走几天，骑马又需要几天。但由于骆驼或马的速度各不相同，路上情况也不一样，又不知道行路的人到底想走得快还是慢，实际上，通过蒙古人的回答，你还是无法获知确切的信息。不过，一般情况下，在喀尔喀地区运货的骆驼一天平均能走 40 俄里，马可以走六七十俄里。在青海湖周围，蒙古驼队行进的速度要慢些，每天大约只能走 30 俄里。驮载货物的良种骆驼平均每小时走四五俄里，不载驮包可以走五六俄里。

蒙古人计算时间的基本单位是"天"，他们不懂得"小时"之类的比天更短的概念。他们的历法与汉人的农历大体相同，使用的蒙文年历也是在北京印制。一年中的月份根据不同月相来确定。有的月份是 29 天，有的则是 30 天。这样确定的每个农历年的天数，比地球绕太阳公转一周的实际时间余出七天。每到第四个年头（闰年），余出的天数累加起来，正好是一个月。根据北京的星相家测算，在一年四季的区间内，这个月份都有可能出现。它没有固定的名称，只是作为某个月份的再现形式。因而每逢闰年，在蒙古人的年历中就会出现诸如两个 2 月、两个 7 月之类的情形。蒙古人称新年的第一天为"查罕萨拉"（"白月亮"），这个日子通常出现在公历 2 月初。"查罕萨拉"之日标志着春天的开端，所有的蒙古部落都欢庆这个节日。此外，蒙古人还把每月的初一、初八和十五也定为节日，在蒙语中并称为"才勒邓"。

每十二年算作一个大的时间周期，其中的各个年份分别以不同动物的名称来命名。具体顺序如下：

1．胡鲁衮（鼠年）　　2．乌科勒（牛年）

3．巴勒（虎年）　　　4．图来（兔年）

5．鲁（龙年）　　　　6．莫戈（蛇年）

7．穆仁（马年）　　　8．和恩（羊年）

9．买沁（猴年）　　　10．塔该（鸡年）

11．诺亥（狗年）　　　12．戈亥（猪年）

这个周期轮番五次，算作一个更大的周期（甲子），类似于公历纪年单位世纪。人的年龄总是按第一个周期计算，比方说，一个 28 岁的蒙古人说，他的年份（属相）是"兔子"，那就说明，他度过了两个兔年的周期，现在是新周期的第四年。

说到蒙古人的语言，我认为需要首先说明的是：由于还有大量的考察工作，而我们的翻译水平又不高，我们不可能详细探究这种语言及其在蒙古不同地区的差异。从民族学角度研究蒙语，却仍是学术界一大空白，原因是拨给考察的经费少得可怜。如果我这次能有充足的经费，就能雇一个通晓语言、尽心尽力的理想翻译。但随同我们一道考察的翻译，对自己的职责却漫不经心，加上文化素养有限，当翻译过程中需要掌握分寸，灵活应对之际，他往往一筹莫展。

整个蒙古地区通行同一种语言。总的说来，蒙语的词汇相当丰富。不同地方也有不同的方言，彼此间的差异并不大。相比之下，在词汇及语音方面，蒙古北部和南部居民之间的差别较为明显。例如：

	喀尔喀	阿拉善		喀尔喀	阿拉善
深夜	舒恩	苏	袍子	祖普萨	拉迪希克
山羊	和恩	霍依	茶杯	因布	哈依萨
夜晚	乌迪希	阿斯亨	火药	达里	绍劳依
茶壶	沙乎	德贝里	靴子	库都尔	库都苏
肉	玛亨	依代	奶	苏	尤苏

此外，南部的蒙古人有些辅音发得较软，如把 [k]、[ts] 发成 [h]、[ch]。遣词造句方面，南部方言同北部方言也有一定的区别，因为在阿拉善地区，我发现我们的翻译有时候对当地人的整句话都不能理解，而且连他自己也搞不明白，究竟是什么把他给难住了。碰上这种情况，他只好搪塞说："那家伙胡扯来着。"

我觉得，在蒙语这种深受外来语影响的语言中，汉语词汇介入的现象并不明显。反倒是在青海湖和柴达木盆地周围，当地人的蒙语明显夹杂着相当多的青海藏语词汇。蒙古东南及南部边缘的蒙古人，虽然受到汉文化影响，连性格都有巨大变化，但是汉文化对当地方言的影响，与其说是增添了大量外来词，倒不如说改变了人们的口音和语调。当地蒙古人的语音，远不如血统纯正的喀尔喀人那样宏亮而又抑扬顿挫，倒更像汉人似的轻声细语，拿腔拿调。

蒙文的书写和汉文一样，也是自上而下，阅读则是从左到右[1]。由于十八世纪末中国政府在北京成立专门机构，将各种历史、科学和宗教著作译成蒙文，如今蒙文书籍的数量已相当可观。在蒙古颁布的法典，除了采用满文版以外，同时也采用蒙文版，两种版本具有同等效力。在北京和张家口两地，还有用蒙文授课的学校，日历和某些书籍一直用蒙文印刷。在蒙古人当中，只有王公贵族和喇嘛

---

[1]　现今通用的蒙文字母是公元 13 世纪忽必烈汗时期创制的。——原注

才有资格接受文化教育。其中，喇嘛学习的主要是藏文化，王公贵族学习满、蒙两种文化，普通百姓则基本上都是文盲。

几乎所有蒙古人，包括妇女在内，都酷爱闲聊。一边喝茶，一边聊天，是牧民的一大乐趣。他们见了面，首先打听的便是有没有什么新闻。对他们而言，跑上二三十俄里的路，向亲朋好友通知一条消息，不过是"举足之劳"。正因为如此，各种消息在蒙古的传播，简直跟电报一样快捷。我们在旅行期间，往往刚来到某地，消息便不胫而走，很快传到数百俄里之外的蒙古人耳朵里去。关于我们的传闻，总是详之又详，掺杂着漫无边际的夸张和虚构。

蒙古人说话时，喜欢不厌其烦地使用"喳"和"赛音"，这两个词几乎夹杂在每个语句当中，具有"好"的意思，另外还可表达肯定的语意，相当于"是的""对"之类的语气词。当某官员发布命令或讲什么事情，他的属下就一边侧耳倾听，一边时不时来上一句"喳"或"赛音"，表示对上级的赞同和服从。在地位及身份不相上下的人之间，"诺科尔"这一称呼使用得最普遍，相当于法语里的"Monsieur"，意思是"先生"或"朋友"。

蒙古民歌悲凉凄恻，流逝的岁月和先祖的伟业是咏唱的主题[1]。赶骆驼运货的蒙古人最喜欢在大路上放歌。他们待在蒙古包里的时候，也经常一展歌喉，女人的歌声却很少听到。有些出类拔萃的歌手，漫游在蒙古各地，用动人的歌声拨动牧民的心弦。蒙古人的主要乐器是笛子和马头琴。至于民间舞蹈，我们却从未见过，也许他们根本就不懂得这门艺术。

蒙古妇女向来没有什么好的命运。游牧生活的范围本来就很受局限，女人的世界尤其狭窄。男人是家庭的主导者，女人则是男人们的绝对附属品，一年到头

---

[1] 在整个蒙古地区，我们听到最多的歌曲叫作"钢嘎哈拉"，即"黑骏马"。——原注

只有待在毡包里照看孩子、料理家务的份儿，闲暇时也只能坐下来，缝补衣服和制作其他穿戴，以此打发了无生趣的时光。蒙古妇女的针线活大都十分精细，也非常雅致。

蒙古男人明媒正娶的妻子只有一个。不过，除了娶妻以外，非正式地纳妾也是一种被许可的行为。妻和妾通常住在一起，前者的地位高于后者，并且掌管着家中的事务。由妻所生的孩子，可享受父亲赋予他的一切权利。而由妾所出之子，却不被其父视为亲生，也不得享有财产继承权，只有经由政府许可，他才可被家族接纳为正式的成员。

在婚礼上，以男方族亲的地位为尊。即使是他的远亲，也同样会被别人看重，但女方的族亲却不被人理睬。此外，蒙古人还认为，婚姻是否幸福，必须看新郎与新娘出生时的星相是否相合。合则大吉大利，不合则为不祥之兆，有时还会因此导致婚约的解除。

男方迎娶新娘之前，根据事先的约定，要向女方的父母赠送家畜、衣物乃至现金之类的聘礼。女方的陪嫁则是一顶设施齐全的毡包[1]。婚后，要是丈夫觉得家庭生活不和谐，或者只是因为丈夫吹毛求疵，即可将结发之妻赶出家门。不过，要是对婚姻状况不满的首先是妻子，那么她同样也可以将"失宠"的丈夫驱之门外。在第一种情况下，男方不得索回婚前送给女方家的聘礼，并且只能保留女方嫁妆当中一小部分财物。如果是第二种情况，那么女方则应退还聘礼中的部分家畜。夫妻离异之后，女方即成为自由之身，有权利另行婚嫁。因这种礼俗而衍生的爱情故事形形色色。千百年来，此类故事在荒远的大漠深处一出又一出地演绎

---

[1] 关于蒙古人的婚礼，可参见季姆科夫斯基《中国旅行记》第三部，第311—321页，以及古伯察《鞑靼西藏旅行记》第一卷，第298—303页。——原注

传统装束的蒙古女性（喀尔喀）

喀尔喀的蒙古贵妇

着，翻开任何一部浪漫史，都找不出如此鲜活的内容。

蒙古女人可以是善良的母亲、持家的好手，但远非纯洁无瑕的妻子。在家庭内部生活中，妻子几乎享有与丈夫同等的权利。但在处理外部事务方面，如迁居、还债、购物，则全由丈夫一个人说了算。他做决定时，根本不需要征求妻子的意见。不过，也有例外的情况。我们就曾遇到过一个蒙古女人，既操持家务，又在对外交往中独当一面，而她的丈夫却整天服服帖帖，围着她团团转。

在欧洲人看来，蒙古女人的相貌实在不敢恭维。血统纯正的女人都长着一张扁平的脸和一副高高凸起的颧骨——这一下就破坏了整个面容的和谐美观。此外，毡包里简陋的生活以及草原上严酷的气候，也夺去了女人们应有的柔情和我们所说的魅力。当然，极为罕见的特例也并非无处可寻。在蒙古的某些贵族之家，偶尔也能见到相貌姣好的姑娘。人们往往将这类尤物奉若崇拜的偶像。毕竟，这也是一个有着爱美之心的民族。在蒙古，女人比男人少得多。这也正是许多喇嘛淫逸放荡的主要原因。

在家庭生活中，蒙古男人可谓尽心尽力的一家之主，也是疼爱孩子的好父亲。我们在旅途中，每当有什么东西送给某人时，那人总要将它弄成均匀的几份，与所有家庭成员一起分享，哪怕只是一小块糖也不例外，结果，每人都会尝到属于自己的那一份。家里的年长者，尤其是垂暮的老人，全都备受尊重。他们的意见和教诲通常都会被毕恭毕敬地接受。除此之外，蒙古民族还是一个热情好客的民族。每个来自异乡的人都可以勇敢地踏入任何一顶毡包，款待他的常常是立刻端上来的一壶奶茶。对于到访的亲朋好友，蒙古人从不吝惜白酒和马奶酒，有时还会为客人宰上一只羊。

在路上，无论遇见谁，不管认不认识，蒙古人总要对人家道一声"曼都，曼都—赛音—拜弄"。这是一句礼貌用语，意思相当于我们所说的"你好"。然后相互递上各自的鼻烟，请对方嗅闻。这时经常还要再寒暄几句："马勒—赛—白音那"，"塔—散—拜弄"，意思是"你和你的家畜身体都好吗"。有时候，两个人一见面，首要话题便是有关家畜的问题。等了解到骆驼和牛羊都长得膘肥体壮，才会互相询问对方身体及家人的情况。在蒙古南部地区，互递鼻烟的习俗比北部少见得多，而青海湖一带则根本没有这种礼节。

说到蒙古人见面询问家畜的礼俗，初来乍到的欧洲人经常不解其意，因此会闹出笑话来。例如，一位刚从彼得堡到西伯利亚不久的年轻军官，曾经以信使身份前往北京公干。在他经过蒙古的一个驿站，准备更换马匹的时候，有几个蒙古人走上前来，按照他们惯有的方式向他致以问候——问他的家畜长得如何。当这个年轻军官通过哥萨克翻译得知，本地主人想知道他的羊和骆驼长得肥不肥，便否定地摇摇头，告诉蒙古人说，他根本不养什么家畜。可这些人无论如何都不肯相信，一个如此体面的人，身为国家官员，竟然连一头牛羊、骆驼之类的家畜都没有。他们简直搞不懂，一个人离了家畜，还怎么能活下去。我们在旅途中，也有许多次碰到蒙古人提出类似的问题，譬如，我们来到这么远的地方，家里的牲畜是谁在照看；我们那里的羊尾有多重，在家里是否能经常吃到这种美食，以及我们到底有几匹像样的马等。

在蒙古南部，人们以互赠哈达的形式向对方表达敬慕之情。哈达是用中国丝绸制成的，看上去像一块不大的毛巾，品级有高低之分。送什么样的哈达，视情谊深浅而定[1]。

在蒙古包里，主人与客人首先互致问候，随后便开始上茶。向客人敬上点着的烟斗，表示格外深厚的情谊。离别之时，主客之间不用说什么告别的话，直接

---

[1] 在喀尔喀地区，哈达可替代钱币来使用，但很少作为互赠的礼物。——原注

起身走出蒙古包即可。如果主人把客人送到坐骑跟前，并陪伴他走一程，就说明两人的交情非同寻常。这种礼节一般在官员及重要的喇嘛当中较为盛行。

尽管在上层社会，对上阿谀奉承、对下飞扬拔扈的现象很普遍，大权在握的长官可以恣意妄为，而不受任何王法的约束，但这种常规背后，往往另有一番景象。上下级之间的关系具有相当大的自由度。例如，蒙古人见到长官时，先要向他下跪，并致以敬意。可是在完成这些礼数之后，他马上就能同上级平起平坐，并与之随意地交谈、互递烟斗。由于从小就养成无拘无束的习性，蒙古人很难忍受在上级面前保持长时间的拘谨。初来乍到的旅行者碰到这种情形，可能会觉得，蒙古人充分享受着平等、自由的权利。然而，只要深入事物的本质，就不难发现，这个民族粗犷豪放的天性只是表面现象而已。事实上，面对社会生活中可怕的专制，他们已经麻木不仁，只能凭借着孩童般的习性，偶尔放松一下罢了。而那些同下属坐在一起，抽着烟斗，进行朋友式交谈的官员，却随时都可能翻云覆雨，随心所欲地使出种种恶毒的招式，将方才的"知己"置于死地。

在蒙古，行贿受贿之风像在中国内地一样极为盛行。金钱是万能的通行证，没有钱寸步难行。即使犯下罄竹难书的罪行，当事人只要塞给掌权者一大笔贿赂，准保平安无事。相反，不通过行贿，再合理的事情也不会有公正的处理。在整个统治机构，上至王公贵族，下至衙门里的普通文书，一律沾染了腐败堕落的习气。

如果再把目光转向这个游牧民族的宗教信仰，就会看到，喇嘛教教义如此根深蒂固，也许在整个佛教世界，都没有其他人像蒙古人那样虔诚[1]。蒙古人崇尚消极避世的观念，这种观念同荒原上固有的生活方式相结合，便滋生出可怕的禁

---

[1] 佛教传入蒙古的确切时间不明。除了佛教，蒙古人的信仰中还有某些萨满教的残余，这是亚洲最古老的原始宗教之一。——原注

欲主义。他们受制于禁欲主义，淡泊无为，不思进取，而那些关于神明和轮回的虚无缥缈的理念，则被奉为尘世间所应寻求的终极真理[1]。

蒙古人采用藏语进行法事[2]，经文也用藏语书写[3]。最著名的喇嘛教典籍是《甘珠尔》[4]，共有一百零八卷之多，其中除了佛教经律论，还有历史、算学、天文等方面的内容。各寺每天按照早、中、晚的次序作三遍法事。只要吹响巨大的法号，喇嘛们就纷纷响应，前来参加法事。他们聚集在佛堂中，坐在地板或板凳上，用拖长的腔调诵读经文。有时可指派一名地位较高的喇嘛（领诵师或举腔师），带领大家进行单调乏味的诵读。每隔一段固定的时间，便敲起铃鼓和铜铙，使本来就不安静的佛堂充满嘈杂声。这种仪式通常持续几个钟头，如有活佛莅临，会格外隆重。活佛身着庄重的法衣，面朝佛祖塑像，端坐在宝座上，侍奉他的喇嘛站立在两旁，手播经轮，口诵经文。

从喇嘛到普通信徒，都把"唵、嘛、呢、叭、咪、吽"这六个字当作持诵的真言，随时挂在嘴边。我们试图通过翻译去理解其中含义，却是白费功夫[5]。据喇嘛们说，这六字真言包含着佛教的全部真谛，不但写在各个寺庙里，而且写在每家每户，各个地方。

除了通常的寺庙[6]，在蒙古的某些偏远地区，一些毡包里也设有专门的经堂，

---

[1] 在这里，我们连佛教最基本的特征和哲学也未涉及，这方面的详细研究可参见瓦西里耶夫教授的俄语著作（В.П. 瓦西里耶夫：《佛教及佛教教义、历史和文献》，圣彼得堡，1857—1869）。——原注

[2] 此类法事连喇嘛们自己也从来不懂得。藏语文字的书写跟汉文和蒙文正相反，不是从上到下，而是横着分行书写，阅读是从左到右。——原注

[3] 正如上文所述，这些典籍均已译成蒙文。——原注

[4] 《甘珠尔》是藏文大藏经的两个组成部分之一，于清乾隆年间被译成蒙文，后汇编为一百零八卷。

[5] 季姆科夫斯基《中国旅行记》第三部（1824年出版）附录第7—37页对这六字真言做了解读，但是相当含混，有不少漏洞。——原注

[6] 在蒙古称作"苏默"，也有"希德""呼勒"之类的叫法。——原注

当地人称之为"都纲"。另外，在山口近旁和高山顶峰经常可以看到大大小小的石堆，这便是蒙古人用以祭奉山神的敖包。过往行人怀着虔诚的心意，把石块、布条或骆驼绒毛放置在敖包上，表示对神灵的敬拜。在夏季，喇嘛往往还要为某些重要的敖包举行隆重的祭典。人们从四面八方赶来，聚集在敖包周围，庆祝这一盛事。

众所周知，在喇嘛教中，西藏的达赖喇嘛拥有至尊的地位。他也是统治整个西藏的君主，行宫设在拉萨。尽管达赖臣服于中国皇帝，但这只不过是名义上的归顺。他每年只须分三次向中央政府进献贡品，就算是完成了应尽的义务。

班禅额尔德尼是另一位尊者，地位与达赖喇嘛几乎平行（但不是政治意义上的），位居班禅之后的是库伦呼图克图，然后是蒙古各地以及北京城里的活佛，在蒙古有一百多名[1]。所有活佛都被认为是圣灵的化身，他们的精神已得到彻底修炼，永远不会消亡，只可能从一具肉身转附到另一具肉身。活佛圆寂之后，他所在的佛寺便开始寻访其转世者。寻访结果由达赖喇嘛最终确认。而绝大多数情况下，达赖喇嘛的后继者由其本人亲自指定。不过，满清政府总是暗中发挥着主要作用。在中国政府左右之下，达赖的转世者大多出自不为人知的贫寒人家。达赖微寒的身世，意味着他与地方上的显赫世家并无亲缘关系。中国利用这一点，即使不能完全掌控西藏，至少可以避免周边强邻的威胁。中国确实也有不少此类的麻烦。试想一下，在位的达赖喇嘛若是一个既有天赋，又有野心的人，只要他一句话，从喜马拉雅山到西伯利亚的信徒都会奉为佛祖旨意，一哄而起。如果他们被宗教幻想和对压迫者的仇恨煽动起来，向中国内地大举进犯，那就难免带来巨

---

[1]　总共有 103 名。参见雅金夫·比丘林（雅科夫列维奇·比丘林）《中华帝国统计详鉴》第二部，第 60 页，圣彼得堡，1842 年。关于蒙古的内容在第二部，第 35—118 页。——原注

祭奉山神的敖包

大的灾难。

总的来说，所有活佛对蒙昧的牧民均有无限影响力。信徒将敬拜活佛、领受祝福乃至触摸其衣物视为莫大的幸福。而这种幸福也并非凭空得来。信徒若想满足自己的心愿，须向活佛敬奉价值不菲的贡品。在蒙古，规模庞大或由于某种原因而闻名的寺庙，通常是信徒朝拜的圣地。香客们不远万里，前来进香拜佛，将丰厚的财物献给活佛。

但这些朝拜活动只是零散的个人行为。牧民心目中，最重要的圣地非拉萨莫属，每年都有众多的香客驼队，历经千辛万苦，从戈壁荒原来到这座圣城。每个信徒都把朝觐拉萨当作毕生幸事和无量功德。由于东干人起事，从蒙古到西藏的朝圣之路阻断了 11 年之久。不过，中国军队又重新夺取了甘肃省东部，这条道路目前已恢复通行。朝圣的香客有男有女。值得一提的是，女香客比时常心猿意马的男人不知要虔诚多少倍。毕竟，蒙古女人都肩负着沉重的家务，很少有闲暇顾及精神信仰问题。此外，在邻近中国内地的蒙古地区，虽然当地人也信奉宗教，却远不如荒原腹地的居民那样笃信不疑。

在蒙古，僧人或者人们所说的喇嘛[1]为数众多。成年男子当中，至少有三分之一是免于贡赋和义务的喇嘛[2]。成为一名喇嘛，绝非轻而易举。父母往往根据自己的意愿，在儿子幼年时就开始为他的喇嘛生涯做准备，请人剃去他的头发，再披上红色或黄色的袍子，这身衣装是男孩未来使命的标志；然后将孩子送进寺

---

[1] 蒙古人把佛教尊者（上师）称为喇嘛，而所有僧人也可称为"呼瓦拉克"。但第一种称呼远比第二种用得更多。——原注

[2] 在册喇嘛，即寺庙里具有一定司职的常住僧人，完全免于任何义务；非在册喇嘛，由其家人代为履行义务。——原注

蒙古喇嘛（北蒙古）

庙，跟从年长的喇嘛学习文化和佛教知识[1]。在某些著名的喇嘛教大寺，例如库伦的佛寺和青海境内的贡巴寺[2]，根据不同科目，还分门别类，设有专门的学堂。圆满完成学业者，即可成为某座寺庙的专职喇嘛，或者是给人治病的僧医。

若想获得更高的宗教级别，每个喇嘛都需要经过佛教经文与律例的考试。授予喇嘛的级别分为堪布、格隆、格策、班迪等，每个级别的装束都有区别[3]，在法事中的位置各不相同，各自遵守不同的生活戒律。最重要的宗教头衔是堪布，由呼图克图直接授予，担任的职位仅次于呼图克图。而呼图克图也需要取得各个级别的头衔，只不过比普通喇嘛快得多。

寺庙里的喇嘛根据职责和地位，又可分为不同的等级。例如，格司贵——执法喇嘛，德木齐——寺庙总务，翁斯德——念经时的经头，尼尔巴——仓库主管，等等。每座寺庙除了这些有职位的喇嘛，其余僧众并无任何专门的司职（他们的数量经常有数百名，有时可达 1000 多名），通常依靠信徒的布施为生，成天只管念经诵佛。还有一些僧人，根本没有文化，未曾学习过经律，却不知怎么获得了喇嘛的尊号，披着红色袈裟，四处云游，在牧民中间享有很高的威望。

所有喇嘛都不得娶妻生子，拥有家庭生活。但在这一严格戒律下，各类淫乱行为却屡禁不止。

妇女到了一定的年龄，也享有皈依佛门的权利。为此，她们也要学习各种佛

---

[1] 有时候，这些学生也向住在蒙古包而非寺庙里的喇嘛学习。——原注

[2] 即塔尔寺，参见本书第十一章。

[3] 喇嘛总是身着黄袍，系红色腰带，或者左肩挎一条红色肩带。在法事活动中，根据僧职高低，一些喇嘛身穿特殊的曳地黄袍，头戴黄色高帽（故而喇嘛教也被称作黄帽派或黄教）——原注。译者按：普氏对喇嘛教的描述不尽全面。从这条注释来看，普氏提到的只是藏传佛教格鲁派。

教知识，将头发剃去，发誓恪守戒律。她们和喇嘛一样，也可身披黄色袍服。出家修行的妇女被称为"沙比阿尼扎"[1]，人数也不少，尤以年长老妇居多。

许多蒙古精壮男子都属于僧侣阶层。他们像寄生虫，依靠同胞的供养，过着不劳而获的生活，对信徒施以无限的影响力，致使民众陷入深重的蒙昧状态。可以说，僧侣阶层是蒙古最为可怕的痼疾。

然而，蒙古人一方面有着根深蒂固的宗教观念，另一方面，迷信对他们的影响并不亚于宗教。他们沉湎于鬼神和巫术的幻象。如果出现反常的自然现象，便认为是恶灵在作怪；如果谁生了病，便说这是天降之灾。他们的日常生活充满迷信的征兆。例如，天阴之日或日落以后，既不能挤奶也不能卖奶，否则牲畜就会成群地死掉；坐在毡包的门槛上也会引来同样的灾祸；蹲着吃东西是罪过，出门时会在路上触霉头；上路之前不能说有关旅途的话，要是说了，就会遭遇暴风雪或其他不测；做子女的不能提父母的名字，否则便是大逆不道；牲畜医治过后，三天之内，不能买卖任何东西。种种禁忌，不一而足。

但这样那样的禁忌还只是蒙古人迷信思想的一小部分，这里最盛行的是占卜算卦和五花八门的巫术。在此类活动中，大显身手的不光有萨满（萨满教的巫师）和大部分巫师，甚至还有许多凡夫俗子，唯独女人不参与其中。占卜的主要工具是佛像和写有各种咒语的符箓。蒙古人丢失了牛羊或烟斗、火镰之类的东西，马上就跑去找人卜算一番，看看到哪里才能找回失物；如果准备上路，一定要问问吉凶；如果遇到旱灾，便以整个旗的名义延请一名巫师，付给他大笔钱财，让他施展神威，祈求上天降下雨水，普救众生；如果有谁得了急病，病人首先求助的不是大夫，而是驱鬼禳灾的喇嘛。人们相信，只要驱除了附在病体中的污鬼，病人自然

---

[1]　即比丘尼，俗称尼姑。

会康复。

　　尽管蒙古人一次又一次受到巫师和术士的蒙骗，却仍然像孩子一样幼稚地相信这些骗子手的法力。只要巫师碰巧成功一回，就会让人忘掉先前所有的骗局，他也因此被视为万能的先知。事实上，这种先知在行骗之前，的确会精心准备，以便预先知道某些情况。他们中的许多人由于经常行骗，甚至自己也对其拥有的法力深信不疑。

　　蒙古人死后，尸体通常置于荒野，由猛禽和野兽吞食。摆放尸体时，死者头部的方位要由喇嘛确定。而贵族、活佛以及大喇嘛则入土安葬，并在墓地堆积石块作为标记。这些人的遗体，也有采用火葬处理的。追荐亡魂的仪式由喇嘛主持，整个仪式一共持续40天，喇嘛从中能够获取相当丰厚的酬金。贫穷人家拿不出钱来酬谢喇嘛，也就摆不了这样隆重的排场。而有些特别富贵的人家死了人，会向附近寺庙布施大量钱物和牲畜，他们操办一场丧事，竟然长达两三年之久。

　　17世纪末期，满清势力几乎征服了整个蒙古[1]。蒙古地区的采邑制保留下来，随后做了一些修正。在一定程度上，蒙古王公可独立处理内部事务，同时又必须接受中国政府的严格监督。中国统治蒙古、西藏等地区的行政机构是理藩院，涉及这些地区的重大事务则由皇帝本人亲自处理。蒙古的行政管理采用军事—地区体制，将整个区域划分为不同的盟和旗，作为基层政权组织，又是军事组织和社会组织。旗在蒙语里叫作"和硕"，是较大的军制单位，由数个团队及骑兵队

---

[1]　从地理位置来看，现今蒙古的疆域西起额尔齐斯河上游，东至满洲，北接西伯利亚，南抵长城沿线和天山一带的穆斯林地区。南部边界还越过长城，延伸到青海湖流域，弯弯曲曲地嵌入更南部。——原注

组成，一旗或数旗组成一盟[1]。满清政府通过理藩院管辖各盟旗。蒙古世袭贵族是盟旗的统治者，臣服于中国皇帝，处理对外政务时，不得有任何僭越。

蒙古旗主叫作"札萨克"，由王公贵族担任。协助旗主处理旗务的官员是协理台吉，蒙语称作"脱萨拉克奇台吉"。协理台吉的职位可以世袭[2]。担任此职的人数视旗的大小而定，或两人或四人不等。旗主本人同时也是全旗军务的最高统领，他属下两名助手被称为梅伦章京[3]。团队的长官是扎兰章京[4]，骑兵队的长官是苏木章京[5]。此外，中国政府在蒙古各部相继设立将军、都统（副都统）、总管、办事大臣，用以加强统治。这是中国对蒙古的统治进入相对稳定时期形成的一种制度，即军府制。

为加强对蒙古各部的控制，监督各旗札萨克和王公贵族，中国政府还制定了盟旗之间定期集会商讨重大事务的会盟制度[6]。主持会盟的盟长从王公中选定，并呈请中国皇帝予以确认。会盟的主要议题是各旗盟内部事务。会盟结果要呈报

---

[1] 北蒙古，亦即喀尔喀，设有 4 盟 86 旗；包括鄂尔多斯在内的内蒙古和东蒙古，共有 25 个盟，分为 51 旗；察哈尔人的土地分为 8 旗，阿拉善设 1 盟 3 旗；青海及柴达木地区包括 5 盟 29 旗。西蒙古或曰准噶尔，设4 盟 32 旗，但这里蒙古人相比汉人移民并不多，这片区域在东干人起事之前划分为 7 个军团。乌梁海分为17 旗。蒙古行政区划的详情，可参见雅金夫·比丘林（雅科夫列维奇·比丘林）《中华帝国统计详鉴》第二部，第 88—112 页，以及季姆科斯基《中国旅行记》第三部（1824 年出版），第 228—287 页。蒙古行政区划及管理方面的材料主要引自这两部著作。在我们旅行期间，根本不可能了解这些情况。——原注

[2] 协理台吉的职位事实上不可世袭，参见田山茂《清代蒙古社会制度》，第 107 页，商务印书馆 1987 年。

[3] 普氏此言有误。梅伦章京受协理台吉或管旗章京监督，管理一般地方旗民事务，而非军务。参见田山茂《清代蒙古社会制度》，第 107 页，商务印书馆 1987 年。

[4] 扎兰章京也称扎兰或参领，相当于满洲八旗的甲喇章京。扎兰是旗的军制单位，由 4 至 6 苏木组成。

[5] 苏木章京也称管箭章京或佐领，管理苏木的一切事务。例如：维持治安、处理司法事宜、编制兵员、指挥军队、三年调查一次户口等。

[6] 遇到紧急情况，也可召集会盟。——原注

邻近的中国行省长官[1]。

蒙古与中国内地毗连的不少地方，治理模式也与中国内地完全一致，例如：位于长城以外、北京以北的承德府；位于张家口西北部的察哈尔盟，以及黄河北套以西的归化城。此外，西蒙古（准噶尔）在东干人起事之前划分为七个军团[2]，实行特殊管制。

根据爵位的高低，蒙古王公分为六个等级，依次为：汗、亲王、郡王、贝勒、贝子、公。此外还有掌管旗务的札萨克台吉，多为成吉思汗直系后裔。王公的爵位只能由年满十九岁的合法长子世袭，并且必须征得皇帝同意。如果王公的妻子没有给他留下子嗣，爵位继承人便可以是妾滕所生之子，或者是其他直系亲属的长子。出现这种情况，最终的结果须由皇帝亲自裁夺。其余未承袭爵位者，可获得台吉这一贵族爵衔。台吉共分一至四等。正因为这种身份制度，蒙古王公的人数才不增也不减，保持在 200 人左右，而拥有台吉爵衔的贵族则逐年增加。

上文已经提到，蒙古王公臣服于中国皇帝，他们的一举一动都受到后者的严密监控。所有王公都有资格领取皇帝发给的俸禄[3]，俸禄的多寡取决于爵位高低。此外，天朝皇帝有时还让公主下嫁蒙古王公[4]，目的是通过联姻来巩固对蒙古各部的统治。所有王公每隔三至四年，都要前往京城觐见皇帝，进献骆驼和马匹之类的贡物，而皇帝则予以他们加倍的赏赐，如金银、绸缎、衣物、带有孔雀翎的

---

[1] 例如，库库和屯（汉人称之为归化）长官对鄂尔多斯、西土默特和及附近几个盟负责；甘肃行政长官（驻在西宁）统管整个青海连同柴达木、喀尔喀西部两个隶属乌里雅苏台将军的盟。——原注

[2] 其中两个军团——乌鲁木齐和巴里坤，隶属甘肃省。——原注

[3] 一等王公每年领取 2000 两银子和 25 匹绸缎，二等王公领取 1200 两银子和 15 匹绸缎，三等领取的银子和绸缎为 800 两和 13 匹，四等——500 两和 10 匹，五等——300 两和 9 匹，六等——200 两和 7 匹，札萨克台吉的俸禄为 100 两银子和 4 匹绸缎。——原注

[4] 下嫁的公主同样可从北京皇宫领取俸禄。她们每十年才有一次机会回北京省亲。——原注

帽子等。中国每年都耗费大量钱财用于对蒙古的统治[1]，这的确也避免了游牧民族可能造成的巨大威胁。

目前，蒙古人口尚无确切的统计数字，雅金夫·比丘林[2]估计为 300 万，季姆科夫斯基[3]则认为只有 200 万。不管怎么说，该地区人口相较于广阔的地域，确实微乎其微。但如果考虑到蒙古游牧生活的恶劣条件和大部分地区的荒凉贫瘠，就不会对如此稀少的人口感到惊奇了。此外，有关喇嘛不得婚育的戒律，以及时常爆发的各类传染病，如天花、伤寒、梅毒等，显然也是造成人口低增长的重要原因。

蒙古人可分为四个阶层：王公、贵族（台吉）、僧侣、平民。前三个阶层在社会上享有一切特权，处于平民阶层者既要缴纳赋税，又要履行服兵役的义务，实质上只是准军事化的半自由民。

由中国政府颁布的《蒙古律例》[4]将蒙古习惯法融为一体，是统治这一地区的基本法律准绳。所有王公贵族在处理重大事务时均以此为依据，至于无关紧要的琐事，仍可按照古老的乡约民俗来处理。对一般的违法行为基本上以罚款为主，更重的处罚是苦役。对于刑事犯罪和情节严重的盗窃，往往处以极刑。体罚既可用于惩治平民，也适用于吃官司的贵族和官员。但营私舞弊、收受贿赂的特权阶层照样逍遥法外。腐败现象甚至在公堂内部都极为猖獗。

---

[1] 每年付给王公的俸禄为 12 万两银子和 3500 匹绸缎。——原注

[2] 尼基塔·雅科夫列维奇·比丘林（1777—1853），俄国汉学和东方学奠基人，曾任俄国东正教驻北京使团团长，修士大司祭，教名为雅金夫（Иакинф，又译作雅金甫、亚金夫，或乙阿钦特）。从十九世纪初开始为期半个世纪的汉学研究与实践，因卓越的学术贡献而被誉为"俄罗斯汉学的太阳"。

[3] 季姆科夫斯基·叶果尔·费奥多洛维奇（1790—1875），俄国外交官，作家，曾在沙俄外交部亚洲司任职，著有三卷本的《穿越蒙古至中国旅行记》。

[4] 满清于 1643 年颁布《蒙古律例》。1741 年重新修订。

平民通常只须向王公贵族缴纳一定数量的牲畜，即可完成赋税义务。在某些特殊情况下，如王公赴京觐见皇帝，举行会盟等，则必须额外缴纳一定数目的钱款。蒙古对于中国政府，除了履行军事防务的义务之外，无须上缴任何形式的贡赋。蒙古军队主要由骑兵构成，每一百五十户组成一个骑兵队[1]，每六个骑兵队组成一个骠骑军团。每旗当中的所有军团都被置于同一旗纛的统领之下。兵丁须自行承担装备费用，只有兵器由国家免费提供[2]。在整个蒙古，应征召的兵丁全额人数约为 28.4 万，但实际兵员充其量仅为这一数目的十分之一。照理说，盟旗将官有责任监督对兵器的保养和维护，但由于普遍存在的玩忽职守和军纪涣散，蒙古军队的兵器大都被糟蹋得不成样子。此类现象表明，这个游牧民族的战斗精神正越来越衰败，在一定程度上，这对中国政府倒未尝不是一件好事。

---

[1] 男子服兵役的年龄为 18—60 岁；每户人家每三名男子有一名可免于兵役。——原注

[2] 兵器都很差，主要是长矛、马刀、弓箭和火绳枪。——原注

第三章　蒙古高原东南边缘（一）

【1871 年 2 月 25 日（3 月 9 日）—4 月 24 日（5 月 6 日）】

在北京为考察做准备—资金短缺—中国钱币使用不便—北京迤北的蒙古高原
边缘特征—多伦诺尔城—古钦古尔班沙地—荒原上的野火—达里诺尔湖—绘制地
形图—从多伦诺尔到张家口的道路—皇家牧场—春天的气候—骆驼的样貌

北京是我们此次考察的起点。在这里，我们受到了俄国驻北京使节及传教士
的盛情款待。考察前期准备几乎用去两个月时间，但我对北京仍然不甚了解。这
是一座幅员广阔的大城，居民日常生活在欧洲人看来，新奇而古怪，而且我压根
儿不懂他们的语言——正是这些原因，使得我无法详细认识这个天朝之都的所有
古迹。坦率地说，北京城留给我的印象糟糕透顶。即使在最好的街道上，污浊的
泔水坑和衣不蔽体的乞丐仍随处可见 [1]，此类景象又怎能使初来乍到之人对这座

---

[1] 据说，北京城里完全以乞讨为生的人多达 4 万，他们有自己的头领（乞丐之王），带领他们勒索城里各家店
铺。——原注

城市产生什么好感呢？此外，中国人的粗鲁无礼着实令人生厌。他们把欧洲人一律蔑称为"洋鬼子"，这一称呼还时常夹杂着各种脏话。可以想象，当你置身于这座都城的街头，你的心境会何等"愉悦"。随地便溺者和胳膊上挎个篮子，穿行于街巷间的拾粪人，更是将这"美妙"的街景展现得淋漓尽致。街道如果偶尔洒扫，也总是流淌着泔水坑里溢出的各种秽物。

黏土建筑的城墙之外，是普通民房和一排排花里胡哨的店铺，这便构成了北京街道的外观。有的大街相当宽阔，平坦笔直。城市照明工具是纸灯笼，挂在木制的三脚架上，这种三脚架每隔几百步就有一个。灯笼里有时烧的是油脂蜡烛。这里的夜间照明其实并没有太大必要，因为日落之前人们就早早结束街市上的奔忙，等到夜幕降临，即便在人口最密集的城区，也几乎见不到一个人影了。

整个北京城分为两部分：皇宫所在的内城和规模小得多的外城[1]。这两部分均被带有雉堞的黏土墙围拢起来。内城城墙高 33 英尺（10 米），厚约 60 英尺（18米），周长超过 20 俄里；城墙上一共设有九道城门，每天日出时打开，日落时关闭。外城周长仅有 15 俄里（16 公里），设有七道城门。在内外两道城墙之上，每隔一定距离，建有一座城楼[2]。

在内城南部靠近前门的同一地段，分别坐落着俄英法德美五国使馆。城墙东北角的北关有一座俄国东正教堂。此外，内城还有几座天主教堂，几处属于基督教士的房产，以及一个海关机构。在北京，欧洲人也就只有这几个地方可以落脚。

---

[1] "内城"和"外城"的名称并不准确，因为二者挨在一起，而不是一个将另一个包在里面。皇帝的宫殿建在内城中央（即"皇城"）。雅金夫神父从汉语翻译的《北京风貌》（1824 年）一书，详细介绍了天朝都城及名胜古迹。——原注

[2] 整个北京城（不包括城郊）周长约为 30 俄里（合 58 里，1 里相当于 268 俄丈）。城内人口无确切数据，很可能不是太多，因为就在城里，也能见到不少废墟和闲置的地方。——原注

煤山（景山）上的中国皇家园林

根据有关外交条约，无论俄国商人，还是其他国家的商人，一律不得在北京城开办商务。

我们好不容易做好了启程准备。在当时情况下，根本无从借鉴别人的经验。因为同一时期身在北京的欧洲人，还没有哪个曾经向西越过长城一步。我们很想前往黄河北套地区和鄂尔多斯高原考察，甚至希望到遥远的青海湖去。总之，欧洲人不曾涉足的地方对我们都有着莫大的吸引力。由于条件所限，我们不得不凭借感觉，设想途中可能遭遇的所有情况乃至旅行方式。

冬季的恰克图至北京之行和随后在北京城的逗留让我确信：旅行者及其旅伴连同背驮包的牲畜，只有完全不依赖于当地人，并且消除他们对试图进入天朝腹地的欧洲人怀有的敌意，才有可能顺利完成在中国封闭疆域内的旅行。我们原打算在北京找几个汉人或蒙古人结伴而行，却白费了一番功夫。无论许以重金加上旅行后的额外奖励，还是其他物质诱惑，都无法打消他们的疑虑和畏怯。有几个人对丰厚的报酬动了心，结果还是打起了退堂鼓。考虑到长途跋涉中的艰难险阻，我们决定买几峰骆驼，交由我们的两个哥萨克助手看管和驱役。

第一次，我们购买了七峰驮物品的骆驼和两匹供骑乘的马，又置备了一应必需品，哪怕够用一年也好。我们不打算直接前往青海湖，而是想在第一个年头先考察黄河中游，然后返回北京，所以也就没准备更多东西。各类物品当中，枪支和猎具占了大半，分量都不轻，却是必不可少的。在旅途中，我们不仅可以开枪猎捕鸟兽，用来制作标本，更重要的是，在由于东干人起事而荒无人烟的地方，或者在那种非但不愿卖给我们食物，反倒想以饥饿来驱逐我们几个不速之客的中国城镇，打猎有可能是（而且的确是）获取肉食的唯一途径。万一跟强盗狭路相逢，我们还能拿起武器实施自卫。不过，初次旅行途中，我们倒不曾遇到过剪径的强人。很有可能是我们精良的装备发挥了震慑作用。这似乎应验了一句俄罗斯谚语："若想生活太平，那就准备好战争。"

我们携带的物品中，还有制作动植物标本的大量用具，例如，吸水纸、模压板、填充动物体腔的麻絮、石膏、明矾等。这些东西全都装入四只大箱子，把骆驼压得够呛。最后，我还花了 300 卢布，购进一批小商品，准备半路上扮演一下商贩的角色。到头来却发现，这些商品不过是累赘而已。我们假装做生意的举动，非但未能有效掩盖旅行的真实意图，反而严重妨碍了科学考察的进展。我们准备的食品有一箱白兰地、一普特白糖、两口袋黍子和稻米等；至于肉食，则指望着在途中猎取。

由于经费短缺，我们无法准备充足的个人生活用品。考察的第一年，一共筹得 2500 卢布的资金，其中包括陆军部、皇家地理学会和彼得堡植物园的拨款，以及我本人的薪水。第二年的经费增加到 3500 卢布。我的旅伴佩利佐夫少尉头一年获得 300 卢布的报酬，随后两年各得 600 卢布。我之所以对资金短缺直言不讳，是因为这一问题直接关乎考察成败。例如，雇一名哥萨克，每年的酬金是 200 银卢布，还要承担他全部的伙食费。而我手头太紧，雇不起两个以上的帮手。我和我的同伴只好自己干起装卸行李、喂骆驼、捡拾干粪之类的所有粗活。这样就占用了考察的宝贵时间。而我也雇不起既懂专业知识，又能在其他方面发挥作用的蒙语翻译。我们现有的这位哥萨克翻译，多数情况下，只是充当了帮工、牧人和厨师的角色。他时常忙这忙那，无暇顾及他的主要任务。更有甚者，由于缺钱加之时常捕不到猎物，我们在路上挨过好几次饿。当我们结束了第一次旅行回到北京，有位外国驻北京使节好奇地问我，既然金币在蒙古不流通，我们旅行时又是怎样携带那么多银子呢？对这个问题，我只有报之一笑，那位先生怎么会想到，当我们从北京动身，开始为期整整一年的考察时，手头所有的银子不过 230 两，也就是 460 卢布而已。

此外，科学考察所需的经费，也并非一次性地悉数发放。陆军部每隔半年拨给我的资金，首先要寄往北京，皇家地理学会和彼得堡植物园的款子，倒是在考察前一年就发给了我。在这里，我要衷心感谢弗兰格里将军，他对我们的帮助，犹如雪中送炭。多亏了他的支持，我才从教会专款中借出一笔钱来（第二次考察时借得更多）。

在北京，俄国的银卢布平均两枚兑换一两中国银子。需要说明的是，除了一种铜锌合铸的所谓"制钱"[1]，中国没有其他固定流通的硬币。而各地使用的银子都要看分量和成色。"两"为基本重量单位，一两相当于 8.7 佐洛特尼克[2]（37.1 克）。十分之一两为一钱，十分之一钱为一分，16 两合计为一斤。银子又可分三种：官银、市银和私银。元宝被视为优质的银钱，这是一种浇铸成臼状的银锭，每锭重约 50 两，印有铸造元宝的官府或商家的标记。较碎的银块中偶尔掺有铅或生铁，而元宝中几乎没有掺入其他成分。交易时可根据需要，把元宝或各类银钱分成大小不等的碎块。

大宗交易时，需要大秤给银子称重，这种秤由一根秤杆和两个圆形托盘组合而成；在小笔生意中，银子可用戥子来称。中国商人弄虚作假的手段可谓高明，他们称银子时经常做手脚，多占顾客的便宜。找给顾客的碎银往往成色低劣，并掺杂着其他金属的碎末。

制钱以"文"为单位，是小笔交易常用的货币，每枚都铸有方孔，通常 500枚穿成一串。一枚银卢布平均可兑换重达 8 磅（3.28 公斤）的制钱，使用起来很

---

[1] 明清时期按其本朝法定钱币体制由官方铸行的钱币。制钱以文为单位，法定一千文为一串，合银一两。嘉庆朝以后，随着币制的紊乱，钱文减重，用料粗劣，制钱的名义值与实际值差距扩大，逐渐丧失了金属足值货币的性质。鸦片战争以后，制钱制度日益崩溃，至清末机制铜元出现，制钱最终退出流通领域。

[2] 旧俄重量单位，约合 4.26 克。

中国商人

不方便。尽管我们不可能储备足够数量的制钱[1]，但手头上随时备有一些，还是很有必要的。中国的每座城市，甚至连一些小城镇，都有各自的币值，给商品交易带来颇多麻烦。例如，有些地方 30 文钱就算 100 文，或者 50 文、80 文算作 100 文。如此荒诞的情况，恐怕在天朝之外任何地方都难以想象。当然，也有人在计算货币时满打满算。蒙古人把这种正常交易的钱币称为"满钱"（音译）。

如果考虑到中国不同地区在银子称量及币值上的差异，就不难想象，一个异乡人即便在小笔交易中，仍有可能遭受蒙骗和欺诈。为避免称银子时可能发生的龃龉，以及尽量节省用度，我兑换了一批中等重量的市银，但分量比实际的分量要轻。由于差不多每隔几十俄里就有一个银钱兑换点，银子对制钱的比价往往各不相同[2]，兑换时难免吃亏。总之，我们一路上每花去一个卢布，沿途居民都会以种种无耻的骗术榨取可观的收益。

在俄国驻北京公使大力协助下，我们获得了中国政府签发的护照，有权利在蒙古东南部直至甘肃省北部边界旅行。筹措到所需的资金之后，我们一行四人于 1871 年 3 月 9 日离开北京，踏上了漫漫旅途。此前，我们与居留在北京的俄国同胞一起度过了一个多月愉悦的时光。他们送别时的美好祝福久久挥之不去。如今，一切陡然发生了变化：吉凶难测的旅途向我们发出威严的召唤，时而展现出希望与欢欣的前景，时而令人对成功与否忧虑重重。

除了那个从恰克图派来的哥萨克，俄国驻北京使馆又从所属人员中抽调了一

---

[1] 100 卢布兑换成制钱，重量可达 20 普特（约 328 公斤），需要用三峰总值为 240 卢布的骆驼驮载，还不算付给赶驼人的报酬。——原注

[2] 例如 1 两银子在北京城可兑换 1500 文钱，在多伦诺尔可兑换 1600 文，在张家口——1800 文，在大靖城（隶属甘肃省）——2900 文，在丹噶尔（同样是甘肃省）则兑换 5000 文。后两座城市之间的巨大差别或许是暂时的，原因是东干人起事以来在这些地方出现的价格波动。——原注

名哥萨克与我们同行。不过，这两个人只是临时跟从我们。按照原定计划，从恰克图还应再派两名哥萨克顶替他们。可新的帮手迟迟未到。因此，我们无法立即深入蒙古腹地，但可以先考察北京迤北至多伦诺尔一带。在此范围内，我想实现两个目的：首先，了解蒙古高原边缘，如张家口周边的地理特征；其次，观察候鸟在春季的迁徙。在蒙古高原上，位于多伦诺尔城以北150俄里（170公里）的达里诺尔湖是观察鸟类的理想地点。我们计划从达里诺尔湖沿岸向南行至张家口，届时估计两名新的队员也会到达，接替原先两名哥萨克的工作。然后我们将向西进发，抵达黄河北套。为减轻负担，一部分用品先被运至张家口，我们自己仅携带够用两个月的物品。即使是短期的蒙古人或汉人向导，都很难找到，因而考察队出发时总共才四个人。

我们首先向距离天朝都城115俄里（120公里），扼守长城的重镇古北口行进。沿途先是像此前一样的平原，白河及其支流潮河共同灌溉着这里的农田。到处生长着茂密的树木，村镇和小城并不密集。

走到第二天，隐约浮现在地平线上的远山离我们越来越近。接着，在距离古北口20俄里处，开始出现高原边缘的山前地带，地形与张家口一带相比略有不同。高原边缘的西部山脉有两条支脉，一条在张家口，一条在南口附近，它们分别伸向古北口，最终相互交汇，形成蒙古高原与中国北部平原之间的外部屏障[1]。

古北口是一座不大的城镇，三面均有黏土筑成的城墙，还有一面墙与长城衔接。在离城关不到2俄里的地方，耸立着一座要塞，锁闭了通往北京的一条狭窄山谷。自古北口以北，便呈现出群峰起伏的地形。

---

[1]　作者在这里所说的两条山脉分支属于阴山支脉。

虽然时值 2 月底，但北京一带的平原已然温暖如春。有时候，白天甚至有些热，正午背阴处的气温高达 14℃。白河上的冰层已经融尽，河水清澈明净。成群的绿头野鸭（Anas platyrhyncha）、斑头秋沙鸭（Mergus merganser）和红胸秋沙鸭（Mergus serrator）正在戏游。这些鸟类以及其他一些水禽，从 2 月底便大群地出现在北京周围，甚至在气候明显比北京寒冷的张家口，也不乏它们的踪影。迁徙的候鸟并不准备贸然飞向尚未散发出春之芬芳的北国，它们还要在中国农夫放水灌溉的庄稼地里盘桓一段时间。然而，每逢阳光明媚的早晨，总有一些不甘寂寞的鸟儿试图飞往高原，可是飞不了多远，就会遇到严寒和恶劣的天气，只好掉头重又回到温暖的平原。此时，各种迁徙的候鸟在平原上越聚越多。终于，期盼已久的时刻来到了。蒙古的荒原有了几分暖意，西伯利亚的冰雪开始消融，鸟儿便成群结队，迅速告别温暖的异乡，急切地飞向远在北方的家园……

在古北口与多伦诺尔之间，高原边缘山地宽约 150 俄里（160 公里），由几道从西向东延伸、相互平行的山岭组成。尽管经常会见到高山地形，但总的来说，这几道山岭只是中等高度[1]，彼此之间相隔的山谷都很狭窄（0.5—1 俄里），个别地方有险峻的山隘，高大的片麻岩几乎将隘口彻底封堵。一路上，常见溪水潺潺，但只有一条大河——上都河（闪电河）[2]。这条河发源于蒙古高原边缘山地，流向北部的倾斜地带，绕过多伦诺尔城之后，便突破山地的阻挡，朝南径直冲向中国内地的平原区。

---

[1] 这里没有特别突出的高山，更没有终年积雪的柏岔山。比利时传教士费迪南德·费比斯特（Ferdinand Verbiest，1623—1688，汉语名南怀仁）和法国传教士弗朗索瓦·热比雍（Jean-Francois Gerbillon，1654—1707，汉语名张诚）分别提到过这座山，还有后来的德国地理学家卡尔·李特尔（1779—1859）。这两位传教士称，柏岔山的海拔高度达到 15000 英尺（4570 米），1855 年，两位俄国学者瓦西里耶夫和谢苗诺夫反驳了此说。参见谢苗诺夫翻译的卡尔·李特尔《亚洲地学》第一部，第 292—295 页。——原注

[2] 上都河源于河北省，流经锡林郭勒盟南部，与滦河上游交汇。

　　陡峭的山坡上，野草茂密，再往深处则是灌木和乔木林。林子里有橡树、山杨、云杉、松树、黑桦以及少量的白桦，山谷的两侧生长着榆树和白杨。常见的灌木种类有：栎树、野桃、野蔷薇，偶尔也能见到胡枝子和山核桃。森林仅仅分布在上都河的北部[1]，并向东伸展到皇帝夏宫所在地承德附近。这片区域的所有森林均列为皇家围场，但自从 1820 年嘉庆帝巡狩时遇刺身亡以来[2]，这里的狩猎活动就中止了。尽管目前有专人保护林区，森林的破坏程度仍很严重。至少在我们所到之处，能见到的只是几棵孤零零的大树，残留着无数树墩，表明这片森林不久前遭到了无情的砍伐。

　　虽然当地人说，这里有梅花鹿、马鹿和老虎，但我们只见到了狍子（Cervus pygargus）。禽鸟中最常见的是雉鸡（Phasianus torquatus）、山鹑（Perdix barbata）、岩鸽（Columba rupestris），啄木鸟（Picus sp）和黄胸鹀（Emberizalcioides）则较为少见。总之，我们发现的鸟类并不丰富，但也可能因为，这段时间里，许多种类的鸟儿尚未飞来。

　　上述地区在行政上属于直隶省承德府，尽管大部分位于长城以外，超出中国内地的范围，但当地汉人仍然占据主导地位，蒙古人的数量微乎其微。在所有开阔的谷地中，不是长满树木，就是散布着一座座农舍[3]，农舍间是阡陌纵横的田地。而那些狭隘的山谷则无法提供宜居的条件。甲状腺肿大在这里非常流行，经常能见到有人染上这种病，变得丑陋不堪。

　　大道上，马车和驴车络绎不绝，偶尔也能见到向北京运送稻米和谷物的骆驼，还有人赶着大群的生猪到北京去——猪肉是汉人喜爱的肉类。

---

[1]　确切地说，森林的分布应在滦河北部流域。

[2]　嘉庆帝（1760—1820）在巡狩中遇刺身亡的说法为传说。

[3]　这里没有中国内地那样的城市，我们只见到两个小镇：普宁峡（音译）和高家屯（音译）。——原注

离中国的平原地带越远，气候就明显越寒冷。太阳初升时，气温有时低至零下 14℃。在晴朗的白天，天气则相当暖和。地上的积雪已经融化，只有高山的北坡上留有残雪。

这一带的地势始终和缓，起伏不大。坐落于群山南侧的古北口，海拔只有 700 英尺（213 米），多伦诺尔的海拔也不过 4000 英尺（1219 米）。后者已然处在蒙古高原的台地上，我们刚走出高原边缘的山地，眼前立刻展现出台地的轮廓。有一座高耸的山脉向着北方绵延伸展。显然，这便是满洲和蒙古之间的分水岭——大兴安岭。在大兴安岭靠近蒙古一侧，陡峻的峰岭忽然改换了形态，变成低矮浑圆的山丘。自然景观也随之明显变化：乔木和灌木林骤然消失，高峰和耸立的峭壁也不见了踪影，取而代之的是丘陵起伏的草原，出现了蒙古草原上典型的动物：鼠兔、黄羊和蒙古百灵。

3 月 17 日，考察队来到多伦诺尔城，根据对北极星高度的观察，我测得该城位于北纬 42° 16′。在一大帮好奇看客的簇拥下，我们转遍了全城的街市，想找一处可供歇息的旅店，可是所有店家全都托词说已经客满，毫不客气地将我们拒之门外。长途旅行本来就令人精疲力竭，再加上春寒料峭，砭人肌骨，到头来，我们只好听从一个蒙古人的建议，找到一座喇嘛庙，权作容身之所。喇嘛们很热心，专门腾出一间厢房来，让我们总算可以暖暖身子骨，好好歇一歇了。

多伦诺尔，或者汉人所称的喇嘛庙，与张家口及归化一样，也是中国内地与蒙古地区贸易往来的重要商埠。蒙古人在此出售牲畜和毛皮，汉人则把砖茶、烟草、纺织品及丝绸制品卖给蒙古人。该城坐落于上都河一条不大的支流乌尔登河（音译）岸旁的沙地上，并无城墙围护。全城分为中国城和蒙古城两部分，彼此相隔数俄里。中国城长约两俄里，宽约一俄里，居民人数相当多，街道狭窄而肮脏。蒙古城由两座大寺组成，两寺相距不远，四周建有许多房屋，里面居住的喇嘛多达两千名。一到夏天，各路僧人纷至沓来，蒙古城的人口还会大大增加。两座寺庙都有附属的学堂，专门培养未来的喇嘛。

多伦诺尔城的佛像及其他佛事用品引人入胜，其中某些在整个蒙古乃至西藏都久负盛名。用青铜或生铁铸造的佛像大小不一，形态各异。大多数佛像的装饰工艺都很精湛，尤其值得一提的是，这种工艺纯粹是手工，而且通常在简陋的作坊里完成。

我们在多伦诺尔只停留了一昼夜，就向北朝着150俄里（160公里）以外的达里诺尔湖前进了。出发没多久，道路便被上都河横腰截断。在离河岸不远处，我们看见著名古城察罕巴勒嘎苏[1]的废墟。先前的建筑物，如今只剩一处低矮的砖墙（1.5—2俄丈高），被岁月剥蚀得面目全非；砖墙呈方形合围之状，长约半俄里，宽约100俄丈（210米）。城中荒草萋萋，杳无昔日的生机。关于这一历史遗迹，当地蒙古人却对我们讲不出个所以然。

在距离多伦诺尔城大约40俄里处，我们进入了克什克腾旗[2]地界。从这里一直到达里诺尔湖岸[3]，有一片沙地名为古钦古尔班（蒙语，意为"三十三"）[4]。很显然，这一名称意在说明该地区沙丘遍布的特征。这些沙丘高30到50英尺不等，个别的高达100英尺（30米左右），全都杂乱无章地挤靠在一起。这里的土壤多为沙质，有些地表完全光裸，大部分地方则生长着野草和柽柳。有时偶尔还能见到栎树、椴树、黑桦和白桦。树丛里栖息着大量狐狸和沙鸡，也

---

[1]　即东凉亭遗址，位于锡林郭勒盟多伦县北部。

[2]　"克什克腾"在蒙语里的意思是"幸福的"。蒙古人向我们解释说，他们的旗之所以叫这个名字，是因为当初东蒙古划分旗盟时，最后只剩下了这个（"克什克腾"，意即"礼物""惊喜""意外的幸福"）。——原注

[3]　达里诺尔湖位于克什克腾旗西部，又作达来诺尔。

[4]　从地理位置来看，作者在这里提到的古钦古尔班沙地属浑善达克沙地的一部分。

有少量的狍子和狼。个别时候，沙地上还会见到可耕作的谷地，但由于干旱缺水，几乎没有蒙古人涉足，只有几座汉人村落，零星地散布其间。从多伦诺尔来到沙地割草的汉人，在地面上踩踏出纵横交错的小道。当你翻越一座沙丘，眼前立刻会冒出数十座大小相同的沙丘。没有向导引领，在这种地方很容易迷路。由于手头不具备精确的地形图，我们进入古钦古尔班沙地时，就曾晕头转向，险些葬身沙海。据当地蒙古人说，古钦古尔班沙地始自西拉木伦河[1]上源，延伸到达里诺尔湖以西大约 80 俄里（85 公里）处。

直到 3 月 25 日，我们才抵至达里诺尔湖沿岸，当晚便目睹了一场野草焚燃、烈焰四起的奇观。尽管在高原边缘的山地，我们曾多次见过当地人烧荒时燃起的大火，但与达里诺尔湖岸上的壮丽景象相比，简直不值得一提。

傍晚时分，地平线上就闪现着微光，两三个钟头之后，火光汇成一道巨大的火线，急速地从远处逼来，横扫辽阔的荒原。被野火席卷的小山，通体透亮，如同一座宏大的建筑，富丽堂皇地矗立在火海中。这时，你再朝多云的夜空望去吧。但见彤红的火光在云层里窜动，将幽暗的苍穹染成血色。天上还有一些奇形怪状的黑暗柱体，也被野火镶上了明亮的金边，弯弯曲曲地钻入幽深的高空，继而消失在朦胧的天际。远方的光带辉映着无际的原野，夜色却显得越发浓重，仿佛一张穿不透的黑色帷幕，垂挂在天地之间。在这片燃烧的土地上，除了湖边栖宿的禽鸟受到野火惊吓，发出阵阵尖厉的鸣叫，一切依然安详静谧。

达里诺尔湖[2]位于古钦古尔班沙地的北部边缘，是蒙古东南部面积最大的湖泊，形状近似于西南—东北走向的卵状椭圆。湖的西岸有几条优美的岬湾，而其

---

[1] 又作西拉沐伦河，或西喇木伦河。

[2] "达里诺尔"在蒙语里的意思是"海湖"。——原注

他方位上的湖岸则平缓得几乎没有棱角。这是一座咸水湖，当地人说它深不可测，但此说未必可信，因为距离湖岸百步开外，湖水深度不过两三英尺（1 米左右）。达里诺尔湖周长约为 60 俄里（65 公里），共有 4 条不大的河流注入其中：东面是沙拉河、公姑尔河，西面有霍勒河和舒尔干河[1]。湖中鱼类繁多，但由于湖水冰冷刺骨，我们仅仅捕获到三种：隆头鱼（Diplophysa sp.）、圆鳍雅罗鱼（Squalius sp.）和刺鱼（Gasterosteus stenurus）[2]。每到夏季，鱼类便纷纷洄游，从湖里游到河里。早春时节，就有相当多的汉人来到达里诺尔湖，开始捕鱼，其中多为居无定所的流浪汉，这些人在湖上漂泊，直到深秋才离开。

达里诺尔湖的东部和北部是含有盐碱的平原，西部是丘陵起伏的草原。古钦古尔班沙地直抵湖的南岸。这一带有为数众多的小山[3]，山脚下坐落着达尔罕乌拉寺[4]和一座汉人村庄。大多数村民在夏季专做蒙古朝圣者的生意。虔诚的香客从村民手中买来活鱼，重新放归湖中，他们认为这是一种赎罪的行为。

达里诺尔湖的海拔高度为 4200 英尺（1280 米），所以湖区气候条件同蒙古其他地区一样恶劣。4 月初，湖岸边仍然可以见到厚达 3 英尺（0.9 米）的坚冰，冰层一直到 4 月底或 5 月初才能完全融尽。

在干旱缺水的蒙古荒原，达里诺尔湖对于迁徙的候鸟和水禽来说，不啻为一处理想的水乡。3 月底，我们发现了聚集于此的成千上万只野鸭、灰雁（A. anser）、大天鹅（C.cygnus），偶尔也能见到斑头秋沙鸭、渔鸥（Lurus ridibundus）、鸬鹚（Phalacroeorsx carbo）、黑鹤（Grus monachus）、鹭鸶（Ardea cinenea）、琵鹭

---

[1] 沙拉河和霍勒河系音译。

[2] 我们无法捕到更多的鱼，因为湖水还很冷，而河里的鱼还很少。——原注

[3] 这些小山合称为达尔罕乌拉山，在蒙语中为"圣山"之意。——原注

[4] 又作达日罕乌拉，在克什克腾旗境内。

（Plat 1eusdrodia）、反嘴鹬（Recurvirostra avocetta）等鸟类的踪影。这里很少有猛禽出没，如果有的话，也只是黑鸢（Milvus. korschun）及芦苇鹞（Circus rufus）等几种。

在本书中，我不打算从鸟类学角度描述这些禽鸟的迁徙及生活习性。我只想说明，在春季，几乎所有候鸟都急于飞越蒙古荒漠，去往北国，因而严寒尚未消退，便有大群的野鸭和雁类聚集在达里诺尔湖上。一俟天气转好，它们就振翅北飞，留下一片空寂的湖水。直至羽族中新一批漫游者到来，达里诺尔湖才又恢复一派热闹的景象。

达里诺尔湖上凛冽的寒风常常严重阻碍我们的行猎。可我们还是捕猎到太多的野鸭和大雁，以至于一天到晚吃的都是这些鸟儿的肉。有时候，甚至枪膛中的子弹已填得不能再满，而我们开枪射击，纯粹出于猎人的嗜杀之心。我们通常只用双筒猎枪捕杀大天鹅，这种飞禽很不容易被子弹击中。

我们在达里诺尔湖岸边一共停留了13天，然后沿原路返回了多伦诺尔城，准备从那里再到张家口去。我们回头再次穿越了古钦古尔班沙地，那里还跟先前一样没有生机，但周围的沉寂时常被沙鵖（Oenanthe isabellina）绝妙的鸣唱打破。这种鸟是亚洲腹地特有的鸟类，不但会演唱自己独创的曲目，还会惟妙惟肖地模仿其他鸟儿的歌声。

这一带的地貌缺乏形态变化，很难根据目测绘制地形图。不过，在整个考察期间，测绘的困难始终困扰着我们。

若想在路途中绘出完好的地形图，首先要保证工作的准确性，其次还要提防当地居民，不能让他们知道我们在干什么。这两个条件同等重要，缺一不可。当地人，尤其是汉人，一旦发现我在测绘他们的国土，肯定会制造出种种麻烦，甚至会剥夺我们在人口密集的居民区自由通行的权利。幸运的是，将近三年的考察期间，我还从未被人在测绘现场抓住过，也没有人知道，我把一路上的地形都描绘了下来。

在测绘过程中，我使用罗盘仪来确定方位。我们知道，这种仪表通常需要放置在一根插入地面的支架上，以便观测，而我却不能堂而皇之地使用支架，以免招来怀疑。观测的时候，我只能用两手将罗盘仪托举到眼前，直至仪表盘上的磁针完全静止。如果磁针长时间摇摆不定，那么我就从它左右两边的刻度中选定一个均值。绘图采用的比例尺为 1∶420000。

我一边观察，一边把沿途地形绘入随身的小笔记本中。对于任何一个考察者，这种严谨态度都不可或缺。无论如何不能单凭记忆行事。我每天都把当天记下的内容抄进日记本，用专门的方格绘图纸复制地形图，再把本子和图纸小心翼翼地藏进一只箱子里。

在有些地方，我不能当场完成测绘，因为沿途的汉人和蒙古人总是对我们格外关注。我只好把事情先搁下，等到下一段路程方便时再做。有时一整天都摆脱不了当地居民的纠缠。为了测绘地形，我不得不骑马赶在众人前面，或者故意落在后面。最让人感到头疼的是，有些家伙一路上锲而不舍（他们无疑是负有使命的暗探，比普通居民要危险得多），死活都不肯离去。对这种人，只有打马虎眼来对付。事实表明，我们的办法果真屡屡奏效。我常常一发现有人跟随，就马上拿出罗盘仪展示给他看。我告诉"同路者"说，我经常用这玩意儿观察附近有没有什么鸟兽可供捕猎。那家伙没有脑筋，根本分不清望远镜和罗盘仪。我的话总会使人相信，我就是拿这种蹊跷物件来寻觅猎物的。有好几回，我还用同样的方式，蒙骗了几个盘问我们为何携带罗盘仪的蒙汉官员。

有时候，正当我急于绘制地形图之际，却被好奇地赶来观看异域来客的蒙古人团团围住。在这种情况下，我的同伴就得拿出一些新鲜玩意儿，竭力吸引他们的注意力。与此同时，我得装出要去方便一下的样子，故意落在他们身后，赶紧动手做自己的事。总之，当你置身于一群不大友好的人尤其是汉人中间时，若想顺利完成一项工作，必须绞尽脑汁，使出五花八门的蒙混手段才行。

每当考察队来到某地，准备停留时，我和我的哥萨克帮手就迅速卸去骆驼身上的驮包，支起帐篷，拾来干粪，待这些必要的活计全部做完，我就立即着手，将当天描绘的地形图复制在方格绘图纸上。这时依然要保持高度警惕，丝毫麻痹不得。通常我都是一个人躲进帐篷，忙着制图。专门留一名哥萨克守在门口，由他负责打发前来拜访的官员或好奇的蒙古人。避开恼人的纠缠之后，我就能完成手头的事情，再把绘好的图纸藏到安全的地方。

我在图纸上标明下列各项内容：考察路线、大小居民点（城镇、乡村、屋舍、寺庙、永久性的蒙古包）、水泉、湖泊、河流、小溪、山脉、丘陵，以及根据目测观察到的地形走势。得自沿途询问而未经亲自验证的重要内容，用虚线或文字加以标注。我还使用通用仪测定了 18 个重要地点的经纬度，以使图表更精确。绘图工作看似十分简单，实际上却是整个考察期间最难的一项。且不说为了应付当地居民纠缠而耗费的精力，单是在酷热的夏季测绘时频频跌落马下，就足以让人苦不堪言。此外，由于制图工作要占用晚间时光，我们总是无法趁夜晚凉爽时前行，而只能等天亮，有时甚至是在天气最热时急匆匆地赶路。这样的旅行不仅对骆驼是摧残，对我们自己何尝不是痛苦的煎熬。

途经多伦诺尔城时，我和一位哥萨克顺便拐进城里，买了一批必需品。随后就沿着通往张家口的大道，继续前行。多伦诺尔距张家口 230 俄里（245 公里），道路状况不错，适合车马通行。这条路上的交通相当繁忙，经常见到双轮牛车满载货物，来来往往。此外，据当地蒙古人说，多伦诺尔湖以北 200 俄里（210 公里）有一个盐湖，湖里采得的盐也是经由这条道路运送。路旁建有客栈，可供行人住宿，但我们一次也没有进去过。我们宁愿待在空气清新的干净帐篷里，也不愿在肮脏恶臭的中国旅店受那份罪。况且我们住帐篷还容易摆脱成群的蒙古人或汉人无赖式的纠缠。不过，我们歇息的地点通常离居民区也不太远。

道路两旁除了客栈，还有汉人的村落。离张家口越近，村子就越多。蒙古包随处可见，到处是成群的牛羊，在漫步中啃食着牧草。

从地貌来看，这一带属于开阔的丘陵草原带，土质为沙壤土，略带碱性。牧草长势茂盛，乔木和灌木极其稀少。与蒙古其他地区相比，这里的溪流和小湖倒是比较常见。湖水脏得令人作呕，味道又苦又咸，水面上经常浮着鸟粪。蒙古人却无所谓，他们长年饮用这种脏水，并烧茶煮饭。考察期间，由于找不到更好的水源，我们也常喝这种难以下咽的水。

我们离开多伦诺尔之后路过的这片草原，辽阔而又富饶，一向被列为皇家牧场，牧场上放养的马群，蒙语叫作"达尔嘎"，意思是"官"或"头领"，每个这样的马群里有 500 匹马。牧场由专职人员负责管理，这些人又归一名总头领管辖。遇有战事，便挑选出最优秀的骏马供军队作战使用。

在此顺便说说蒙古马。它们一般具有如下特征：中等个头，有的甚至比较矮小，腿脚和脖颈都很粗，头颅壮硕，身披相当浓密的长毛，最突出的特征则是不同寻常的忍耐力。即使在最寒冷的时节，蒙古马仍然能以稀少的枯草维持生命，如果没有合适的草料，就会像骆驼一样，啃食芨芨草和灌木。冬天里，它们以冰雪代替泉水解渴。总之，要是我们俄国的马处在蒙古马习以为常的条件下，准保捱不过三个月，便彻底丧失活力。

庞大的马群几乎无须看护，随意徜徉在喀尔喀北部和察哈尔广阔的牧场上。这些马群由许多小群体组成，每一群体中有 10 到 30 匹牝马，处于同一匹牡马的保护之下。牡马醋意十足地监管着自己的"妻妾"，从不允许它们离开群体半步。

群体的领导者之间经常发生激烈的角斗，此类情况在春天尤甚。众所周知，蒙古人视马如命，并且是鉴马的行家，一眼就能看出马匹品质的好坏。这个爱马的民族每年都在大庙前举行赛马盛会，其中以库伦的赛马会最为隆重，出色的竞争者从数百俄里以外云集于此。优胜者由库伦呼图克图亲自确认，获得头名的骑手可以得到大量牲畜、衣物、钱财之类的赏赐。

中国的皇家牧场主要分布于察哈尔境内，从克什克腾旗向西[1]延伸500多俄里，直至杜尔伯特旗[2]。察哈尔共有八旗[3]，当地人受汉人的影响很深，各旗轮流担负国家的戍边任务。由于长期与汉人相处，察哈尔人的性格乃至外貌均已失去纯正蒙古人的一应特征。关于这一点，我在上一章中已有所提及。

在我们目前考察的蒙古东南部，春季气候特征可用几个字概括：寒冷、多风、空气干燥。

这里夜间冰冷彻骨，严寒持续到4月间。4月20日，我们在一个小湖旁宿营，黎明时分，湖面上竟然结着一英寸左右的冰。类似的反常情况，还可能发生在5月的蒙古高原。

在这座高原，肆虐的春寒几乎贯穿整个春季。平静无风的晴天难得一遇。即便有，也仅仅持续几个钟头。只要一起风，天气就异常寒冷，而且寒风常常演变为狂怒的风暴。只有此时，你才会真正领略到蒙古原野的风貌。大风扬起沙石，卷起尘土。盐碱滩上，细碎的盐屑被风搅得漫天飞舞，太阳也为之晦暗。阳光仿佛隔着一层烟雾，模糊而又惨淡。天空随即变得一片昏黑。此时的正午，已然如

---

[1] 此处作者有误，杜尔伯特旗在克什克腾旗的东北部，而不是西部。

[2] 杜尔伯特旗在满清时划在哲里木盟内。现分属黑龙江省安达县和杜尔伯特蒙古自治县。

[3] 除了以札萨克为旗主的各旗外，清政府在呼伦贝尔、察哈尔和归化城土默特设立了由清廷任命都统或总管充任长官的旗，一般称作都统旗或总管旗，直属朝廷。

蒙古戈壁东南部的典型地貌

同日暮黄昏。方圆数俄里望不见一座山峰。风卷着大块的砾石，朝人劈头盖脸地砸过来，就连骆驼这种荒漠上忍耐力最强的动物，也时不时停下脚步，将身体后部转向狂风，待避过猛烈的风头，才继续前进。空气中夹杂着如此之多的沙土，让人无法睁着眼睛逆风行走。脑袋里面嗡嗡作响，疼痛不堪，像喝多了烧酒一样难受。帐篷里所有物品都蒙上厚厚一层尘沙。要是风暴出现在夜间，那么到了早晨，眼皮上就会落满尘土，难以睁开。有时候，可怕的风暴大发淫威之后，天空中还会降下雹子甚至倾盆大雨。不过，雨水还未落到地面，往往就被风吹成迷蒙的雨雾。大雨通常只有几分钟。随后，荒原上的喧响戛然而止。但过不了片刻，狂风又像先前一样猛烈地袭来。风停之时，又是一阵急骤的大雨。风暴有时达到无可遏制的程度，我们用 12 根半俄丈（一米多）长的铁链固定的帐篷，在如此猛烈的摇撼下，也随时都有可能被卷跑。为了避免发生意外，不得不用所有绳索把帐篷跟驮包牢牢拴在一起。

无论 3 月还是 4 月，大气降水都不算多。降雨或降雪的次数少，量也不大。

春天在蒙古高原上肆虐的严寒和风暴，是羽族迁徙的一大障碍，也严重影响植物的生长。诚然，从 4 月份的下半月开始，荒原上某些向阳的地方，已经冒出绿茸茸的小草，偶尔还能见到白头翁草或委陵菜开出的小花，但仍然看不出大自然有彻底复苏的迹象，原野还是一副冬天的面容。不同之处仅仅在于，在冬季，枯黄的衰草遍布四野；而如今，春天的野火已将枯草燃尽，黑色的灰烬覆盖大地。总之，这里的春天并不像同处温带的其他区域那样，有着美不胜收的景致。候鸟由此经过，也不会朝这片缺少水泉、食物及栖身之所的荒原多瞅一眼。迁徙的鸟群在个别情况下，才在某些咸水湖畔停下来歇息，但只是稍待片刻，便振翅北飞，飞向更为广阔的遥远国度。

在本章末尾，我想对蒙古最典型和最出色的动物——骆驼做一番描述。骆驼是牧民的忠实朋友和衣食的重要来源，也是沙海旅行中无可替代的舟楫。我们在历时三年的考察中，从未离开过骆驼。我们目睹了骆驼在各种条件下的不同表现，故而对它的方方面面相当了解。

蒙古仅有双峰驼（Camelus bactrianus）这一种骆驼，其同类是单峰驼，主要生活在阿拉伯地区的荒漠上。蒙古人将他们钟爱的这种动物统称为"德默"，公驼则称为"布鲁恩"，骟驼为"阿坦"，母驼为"英嘎"。一峰优等骆驼的外观一般都具有下列特征：肢体结实，脚掌阔大，臀部端正，两峰高耸并且间距较大。前三项特征可说明骆驼的强健，后一项特征，即驼峰高耸，则说明其肥壮。在驮运货物的途中，这种肥壮的骆驼能耐受诸多艰辛。身体高大的骆驼未必品质优良，而中等个头的骆驼，只要具备上述四个特征，也远胜于那些体形高大、脚掌窄小、身体臃肿者。不过，如果骆驼的年龄及身体条件相差无几，身高体硕的骆驼自然又胜出体形较矮者一筹。

整个蒙古最好的骆驼出自喀尔喀，当地的骆驼身高体壮，忍耐力极强。阿拉善和青海的骆驼则矮小得多，力气也不是很大。此外，青海的骆驼面部短而钝圆，阿拉善的毛色较深。显然，生长在蒙古南部的骆驼有别于北部的同类。

广袤的沙漠和草原是骆驼的生息之地。生活在这里，骆驼和自己的主人——蒙古人一样，备感幸福。两者都将安适的田园视为畏途。骆驼热爱自由，只要将它们赶入畜栏，哪怕用最可口的食物喂养，过不了多久，也会日渐消瘦，最终悒郁而死。不过，由汉人喂养，用于驮运煤炭、粮食及其他重物的骆驼倒是例外，它们善于在逆来顺受中求得生存。与蒙古大漠上的同胞相比，这种骆驼简直瘦小得可怜。但即使汉人驯养的骆驼，也难以忍受成年累月的奴役。因此，每到夏季，它们总是被放到与蒙古邻近的草原上，过一段安闲的日子。

总的来说，骆驼是一种极具特色的动物，性情温驯，不挑食。单从这两方面看，就堪称动物的典范。但这也许只是相对于荒漠的自然条件而言。如果将它带到以俄国标准衡量的优良牧场上，那么它非但不会敞开肚皮啃食牧草，长得膘肥体壮，反而会越来越瘦。我们的驼队经过甘肃一片看似丰美的高山牧场时，就曾有过这样的情况。运送茶叶的恰克图商贩也向我们介绍过蒙古骆驼的这一特点。骆驼一旦失去沙漠中的饲草，很快就会变为羸弱不堪的废物。这种动物喜爱吃的草类有：野葱、盐爪瓜草（Kalidium gracile）、芨芨草、蒿草、骆驼刺（Peganum harmala）、梭梭（Haloxylon sp.），尤其爱吃一种学名为绍别尔白刺草（Nitraria Schoberi）的植物甜中带咸的浆果。毫无疑问，盐对于骆驼至关重要。在蒙古各地的盐碱滩乃至草原上，由于盐分渗出地表，到处都结着白色的盐壳；凝聚在盐壳上的盐粒，骆驼吃起来特别惬意。在没有盐碱滩的地方，只能按每月两到三次给骆驼喂食净盐，尽可能地补充其体内所需的盐分。如果长时间吃不上盐，骆驼身体就会逐渐消瘦，即使喂再多的饲草也无济于事。因而骆驼常常把白色石子当成盐粒，衔进嘴里不住地咀嚼。长期缺盐还会导致骆驼腹泻。骆驼不适应丰美的山地草场，也许正因为那里没有它所需要的盐碱滩和含盐植物。此外，山地草场根本无法像蒙古原野那样，能让骆驼在夏季度过自由无羁的时光。

在我们继续讲述骆驼的食性时，还应说明的是，有一些骆驼颇具怪癖，不管碰到什么东西，总喜欢啃上几口，如散落在荒野中的白骨、自己身上的塞满麦秸的鞍子、缰绳、皮革以及其他五花八门的玩意儿。我们的骆驼就曾吃掉了哥萨克的连指手套和一副皮鞍子。有一次还听蒙古人说，他们的几峰骆驼因为在路上很长时间忍饥挨饿，竟然不声不响，将主人一顶旧帐篷硬是吃进了肚里。还有的骆驼连肉和鱼都吃。我们就曾遭遇过类似的蹊跷事。有一回，骆驼偷吃了我们挂起来准备晾干的牛肉。还有一回，一个贪吃的家伙竟把几只掏空内脏、用于制作标本的鸟儿偷吃了。这还不够，接着又吃了一块鱼干，喝干了喂狗的残汤。不过，像这样的"美食家",在骆驼当中终究属于少数。

　　骆驼在牧场上进食的时间很长,一般为两三个小时,吃饱之后,便卧下休息或者在草地上悠闲地漫步。蒙古骆驼不进食能生存八九天,而春秋两季若不喝水,则可以维持七天。我估计,在炎热的夏天,骆驼要是喝不到水,顶多只能活三四个昼夜。而不同体质的骆驼,忍耐饥渴的能力也有差异。骆驼越年轻、越肥壮,忍耐力自然也就越强。1870年11月,我们在考察期间,曾经接连六个昼夜都没能给骆驼饮上一口水,可它们照样精神抖擞。在夏季的旅途中,我们的骆驼从未有超过两天喝不上水的经历。骆驼在夏季每天都需要饮水,春秋两季可以隔一两日饮它一次。冬天,骆驼完全能靠冰雪解渴,根本用不着专门给它饮水。

　　至于说骆驼的脾性,则没有多少值得赞誉的,这种动物生性愚钝,且极其胆小[1]。有时候一只野兔打脚下溜过,整个驼队就会吓得惊惶四窜。巨大的黑石或白骨堆也可能引起骆驼的惶恐。鞍鞯或驮包之类偶然坠落在地,能吓得它魂飞胆丧,如疯了一般逃窜,而它的同伴们见状,也会莫名其妙地跟着它一道没命地飞奔。面对狼的侵犯,骆驼从不知道自卫,尽管它一蹄子上去,便有可能使敌人当场毙命,可它只会一个劲地朝狼吐唾沫,扯开嗓门嘶嚎。甚至连乌鸦和喜鹊也常常欺负这蠢笨的牲畜,落到它脊背上,用尖利的喙啄它,有时直接啄它的双峰。骆驼被折磨得疼痛难忍,却只是无奈地嘶叫和喷吐唾沫。当骆驼喷出嚼烂的食物时,便意味着它正处于极度的愤怒。此外,骆驼生气时还会用蹄子朝地上猛跺猛踩,并将自己那难看的尾巴弯成一把钩子。总之,凶残狂暴并非这种动物的秉性,这大概是因为对世间一切都漠不关心吧。只有在2月份,当公驼处于发情期时,这种性情温顺的动物才表现得异乎寻常,突然间变得十分凶狠,不但攻击同类,

---

[1]　普氏的这种说法不尽全面,许多到过蒙古的欧洲旅行者都提出了相反的意见。

有时就连人也不放过。骆驼只有在人的帮助下才能完成交配。母驼的孕期长达 13 个月，每胎只产一只幼仔，每胎产两只的情况极为罕见[1]。母驼产仔时也离不开人的帮助。骆驼的幼仔刚落地时，完全是个柔弱无助的小生灵，需要人将它放到母亲身旁吮吸乳汁。新生的骆驼蹒跚学步的时候，一步也离不开母亲。母驼也热爱自己的孩子，即使与之分离片刻，也会发出嘶哑而低沉的哀号。

新生的骆驼过不上几天自在的生活，就不得不离开母亲。幼驼长到几个月后，蒙古人将它拴在毡包旁边，它的母亲则用于向人提供驼奶。到第二年，幼驼的鼻子上就被穿个孔，孔中插一根小木棍，这个孔洞便是日后用来拴缰绳的地方。长够两年的幼驼即可编入运货的驼队，也好让它适应荒漠上的艰难旅程。等到第三年，幼驼已可供骑乘。第四年，开始驮载一些不很沉的货物。而 5 岁的骆驼，已经完全能胜任所有艰巨的工作了。

拉货的骆驼一生辛劳，直到 25 岁甚至更年老时才能退役。5 到 15 岁是最好的年华。骆驼的寿命可达 30 多岁，如果条件好的话，甚至能活到 40 岁左右。

骆驼驮载重物之前，先要给它套上鞍辔，再往身上装驮包。在喀尔喀，每副鞍辔上都带有七八根粗毛绳，用来拴结骆驼的双峰和脊背。将骆驼身上的绳子拴好之后，便在绳结之间插入几根特制的木杆，这就是放驮包的位置。在蒙古南部，经常用塞满麦秸的口袋代替粗毛绳，这些口袋可以将放置驮包的木杆固定住。驮包放得稳不稳，可是关乎货运顺利与否的头等重要的问题。倘若驮包放不好，很快就会磨破骆驼的脊背，使它因伤口溃烂而无法干活。为治愈骆驼背上的创伤，蒙古人每天都往伤口涂搽盐水或人的尿液，有时还会让狗来舔舐溃烂化脓处。夏天，成群的苍蝇把卵产在骆驼的伤处，致使摩擦造成的创伤长期无法愈合。

---

[1] 母骆驼在产下幼仔后的一年里都是自由的，因为再过两年它才会再次产仔。——原注

每年秋天，驼队上路之前，蒙古人将饱餐了一夏天的骆驼接连饿上十几天[1]。在此期间，它们被拴在毡包附近，吃不到一点草料，每隔两天才能饮一次水。据蒙古人说，这样的磨炼对骆驼十分必要，可以让它已经变得肥胖的肚腹瘦下去，同时也会让贮存了整个夏天的脂肪保持得更长久。

骆驼不费多大力气，即可驮运 12 普特（200 公斤）的货物。每峰骆驼驮运的茶叶也是 12 普特，分装在四个箱子里，每箱重 3 普特（50 公斤）。未经去势的公驼能驮运 15 普特（约 250 公斤）的重物，因此它们经常驮五个茶箱。不过，蒙古人喂养的公驼数量不算多，主要用于配种。它们运货时的耐力，比起骟驼乃至母驼都要逊色得多。而且一到发情期，这些家伙就躁动不安，相当凶狠。

骆驼背负的驮包，除了在重量上有一定要求，体积也有讲究。驮包如果太大，驮运就不方便，因为风会增加骆驼行进中所受的阻力，进而减慢驼队的行速。过多重物装在容积小的驮包里，也会使骆驼的脊背很快受到损伤，因为全部压力都集中在鞍子表面不大的一块地方了。运送银子的蒙古人，从来不把超过 7 普特（115 公斤）的驮包装在骆驼身上，尽管平时它能轻松地驮载 12 普特的茶叶。驮载普通货物的骆驼，一昼夜可行进 40 俄里，并可日夜兼程地走上整整一个月，然后好好休息十来天，接着便又踏上艰辛的旅程，整个冬天，就这样辛苦地往返于漫长的商路上。当货运季节即将结束，骆驼已经累得瘦骨嶙峋。于是蒙古人很快又将它们重新放到夏季牧场上休养。这种休养对于骆驼至关重要，否则，它们到来年就再也驮不动货物了。考察期间，我们损失了不少骆驼。一年到头，尤其在夏季，无法让骆驼得到歇息——这正是造成损失的主要原因。

在夏季牧场上自由无羁的骆驼，到秋季来临时，身体恢复了往日的肥壮，又

---

[1] 一个张家口商人告诉我，他用这种方法磨炼自己的骆驼，一连 17 个昼夜，都没有给它们喂食，只是隔两天喂一次水。——原注

换上一层新的绒毛。骆驼从 3 月开始脱毛，到 6 月底就全脱落了，身体彻底裸露在草原上。在此期间，骆驼对雨水、寒流等天气现象十分敏感。脊背也变得特别柔弱，即使不重的驮包也会对其造成损伤。总之，这是骆驼受伤或致病的时期。过了这个阶段，身体表面才渐渐露出一层绒毛，淡淡的，像鼠毛似的。直到 9 月底，驼毛才彻底长全，公驼脖颈下和前腿下半截都会长出簇新的长毛，看起来潇洒极了。

冬天，行进在路上的骆驼不必卸去鞍鞯，每到一地，首先要做的是喂草料；在炎热的夏天，则必须每天卸下鞍子，否则，骆驼沾满汗水的脊背很容易受伤。卸驮包时，不宜即刻给骆驼解鞍子，而应当过一两个钟头，等骆驼休息好之后再解下，才可给它们喂食和饮水。天气酷热难忍时，还应拿毛毡盖在骆驼身上，否则，脊背会被阳光灼伤，在驮包的重压下，很容易绽开血口子。总之，夏秋之交照料骆驼会格外麻烦，但为了保证驼队中的大多数不至于报废，花些功夫还是值得的。蒙古人是照管牲畜的行家，夏天，他们无论如何都不会骑乘拉货的骆驼。而我们，由于肩负的使命不同，自然也就顾不了那么多。也正因如此，一路上损失了不少骆驼。

骆驼特别喜欢和同类一起过集体生活，驼队的每个成员干起活来，全都不遗余力。如果疲惫的骆驼不堪重负，倒在地上，那么无论怎样抽打，都无法迫使这可怜的牲畜重新站起来[1]。遇到这种情况，我们往往将累倒的骆驼丢下不管，任凭命运随意发落。而蒙古人则会就近找一顶毡包，委托毡包主人照看那掉队的骆驼。只要有饲草和水，过不了几个月，骆驼大都能康复如初。

如果骆驼不小心陷入泥淖，也容易染病，很快变得瘦弱无力。这种情况倒是

---

[1]　骆驼对击打非常敏感，鞭子猛抽一下，它身上就会肿起来。——原注

极为少见，因为蒙古各地几乎没有沼泽。下过雨后，骆驼难以在泥泞的土地上行走；它的脚掌底部是扁平的，经常会在黏滑的地面上栽跟头。但骆驼在山路上却行走自如。我们有过骑骆驼翻山的经历，两次穿越甘肃，都遇到了数座海拔12000英尺（3660米）以上的山峰，尽管骆驼翻越这些高山时损伤严重，依然攀到了峰顶。几年以后，在西藏拉萨附近考察期间[1]，我们的骆驼时常被凛冽的气流卷到悬崖下，却有几峰最终翻越了16000多英尺（4880米）的山峰。当然，凡是攀登过这种高峰的骆驼，下山之后都会耗尽体力，无法再干重活，据蒙古人说，只有放回到喀尔喀水草丰美的牧场上，精心调养，才可能恢复昔日的强健。夏天，骆驼整日徜徉在草原上，除了每昼夜间到井旁饮一次水之外，就无须任何照料了。在漫长的商路上，每到晚上歇息时，主人就用绳索将骆驼拴在一起，安置在帐篷旁边。冬天的夜晚，当严寒实在无可抵挡，蒙古人就躺在骆驼群中，好让身子骨暖和起来。

骆驼除了用来运货，还可供骑乘，甚至可以套在大车上用于载人。供坐骑的骆驼身上的鞍具和马鞍是一样的[2]。骑坐骆驼时，一般要先让它卧在地上。若是赶得急，也可踩着镫子上去。骑着的骆驼只会步行和小跑，不会像马那样飞奔和跳跃。可是，如果骆驼在荒漠上小跑起来，就连出色的快马也未必能撵上。一昼夜之间，它可以行进100多俄里，并可保持这个速度，不停地走整整一星期。

在运货和骑乘之外，骆驼还可为蒙古人提供绒毛和乳汁。骆驼的乳汁如炼乳一般黏稠，带有一股怪味。用这种乳汁炼制的奶油，味道远逊于用牛奶制成的黄油，倒很像熬过了火候的油脂。蒙古人用驼毛编织毛绳，但大部分都卖给汉人。

---

[1]　1879—1880年，普氏再度赴青藏高原考察，到达距离拉萨220公里的那曲，申请进入拉萨未果，沿原路返回。

[2]　在喀尔喀地区，经常可以见到专用于骆驼的柔软鞍具。——原注

制造蒙古大车车轮

挤骆驼奶

每年 3 月，当骆驼开始脱毛，便有人前来大量收集驼毛，并有专人剪毛。

骆驼体格强健，适合在干旱缺水的荒漠上长期生存，对潮湿的环境却十分害怕。我们曾经连续几天在甘肃山脉[1]的潮湿山地里露宿，当时所有骆驼都得了感冒，并且咳嗽起来，身上还冒出一些莫名其妙的脓疮。如果考察队接连数月都在青海湖边盘桓，那我们所有的骆驼准会全死光。在路上，我们碰到过一位前去甘肃的喇嘛，他的骆驼正因为在青海湖边待得过久，全都死掉了。

骆驼最容易染上疥疮（蒙古人称之为"霍穆恩"或"哈姆"）。得了疥疮的骆驼，浑身化脓溃烂，绒毛一绺一绺地脱落，痛苦不堪，往往难逃一死。蒙古人用山羊肉熬成汤，灌进骆驼喉咙里，给它治疗疥疮；将明矾和鼻烟搅碎，涂搽溃烂的脓包；有时也把火药放在疮包上烧灼。除了疥疮，骆驼还可能染上鼻疽疫。在青海湖一带，骆驼及其他家畜的所有疾病，通常都以大黄医治。不过，蒙古人从不向外人透露治病的方法。骆驼在阴雨天经常咳嗽不止，治咳嗽的最好药物是一种柽柳的枝条，这种柽柳遍布黄河河谷，也有少量分布在蒙古南部一带。

当驼队行进在商路上，尤其是经过蒙古戈壁遍布砾石的地方时，骆驼常常会把脚掌磨破，起先还能一瘸一拐地行走，再往后就根本动弹不得了。蒙古人便捆住骆驼的四蹄，将其放倒在地，然后将一块厚皮子缝在磨破的脚掌下面。这一操作对骆驼不啻于残忍的酷刑。因为用来缝皮子的锥子又粗又长，一下就能将骆驼受伤的脚掌扎透。不过，瘸腿的骆驼经过这样一番处理，很快又能行走如常，并可以跟原先一样驮运物品了。

1871 年 4 月 24 日早晨，我们再度到达蒙古高原向张家口倾斜的边缘地带，眼前重新展现出连绵不绝的群山。高高低低的峰峦背后，隐约显露着广阔平原的绿

---

[1] 甘肃山脉即祁连山脉，详见本书第八章。

色轮廓，仿佛一颗硕大的祖母绿，泛出神秘而诱人的光泽。平原上已然春暖花开，万物复苏；高原上，大自然还在漫长难捱的冬梦中似醒未醒。随着山势逐渐降低，已经能感受到附近平原上传来的融融暖意。抵达张家口时，树木披上了鲜绿的春装。在高原边缘一座山里，我们竟然采集到 30 多种开花的植物。

第四章　蒙古高原东南边缘（二）

【1871 年 3 月 3（15）日—6 月 11（23）日】

从张家口来到黄河—在西营子遇见欧洲传教士—沙喇哈达山和舒玛哈达山—盘羊—乌拉特和西土默特诸旗—蒙古人的纠缠—我们的"商业生涯"结束了—当地人的奸滑与不友善—阴山山脉—巴达嘎尔寺（五当召）—高原羚—穆尼乌拉山—穆尼乌拉山的自然特征—穆尼乌拉山的传说—在山中为期两周的考察—在包头城停留—渡过黄河抵达鄂尔多斯

在蒙古高原东南边缘为期两个月的旅行，使我们有机会认知后续的考察，对未来行程的情况做某种评估。一路上，我们多次遭到沿途居民不友善的对待，这表明，在今后的旅行中我们也不可能遇到朋友，因而各方面问题都要靠自己解决。

我们在张家口重组了考察队。从恰克图又派来两名哥萨克，协助考察，先前那两位便打道回府了。新来的帮手之一是布里亚特血统，另一位则是俄罗斯人；前者将充任翻译，后者负责料理生活。同时他们还应与我和佩利佐夫一道完成考察中的各项杂务，例如装卸驮包、喂骆驼、给马匹上鞍子、搭帐篷、捡拾烧火用的干粪等。这些事做起来无休无止，颇费精力，占去了本该用于科学研究的许多时间。可是不这么做，又有什么办法呢？我的经费毕竟有限，雇不起两个以上的哥萨克；况且无论出多高的酬金，都没有哪个蒙古人或汉人愿意效劳。

这一次，我们又添置了一峰骆驼，骆驼的总数达到了八峰。这样一来，携带的东西也将有所增加。我们另外还有两匹马，供我和佩利佐夫坐骑。在八峰骆驼当中，有两峰供哥萨克坐骑，其余的将用于驮载总重量达 50 普特（800 公斤）的物品。此外，我们这支规模不大的队伍还包括一个特殊成员——忠实的猎犬浮士德。

所有准备工作全部就绪之后，我和佩利佐夫各自写下寄往俄国的最后几封信。5 月 3 日，考察队再度踏上去往蒙古高原的旅途。第二天，我们从恰克图至张家口商道往西行进，直接转到通往归化的一条驿路上。接下来的三天，我们置身于一片丘陵起伏的原野中。起初，到处是游牧的蒙古人，随后开始出现汉人的村落。这些村落零零散散，分布在整个蒙古东南边缘。汉人只要通过购买或租赁从蒙古人那里获得耕地，便有权利定居当地。随着这类拓荒者逐年增多，汉文化的传播也越来越广，致使草原上土生土长的主人——蒙古人及善于奔跑的黄羊，不得不离开家园，迁往更北的地方。

我们行进于汉人村落间，在一座名为西营子（音译）的村子里，意外地遇到在此传教的三位天主教神父之一[1]。他们在当地设立了自己的传教点。三位神父中，两位来自比利时，另一位来自荷兰。不过，当时留在西营子的只有一位。他的另外两个同伴去往西营子以南约 40 俄里，到一个名叫叶十三府（音译）的村子去了。留下来的神父对我们十分热情。在他的建议下，我们第二天便和他一道去

---

[1] 1871 年末，这个传教点上又来了一位欧洲传教士。——原注

找另外两位神父。找到以后，我们同样也受到了热情慷慨的款待。这些神父与我们谈话时抱怨，在信仰佛教的蒙古人中间传播天主教是何其困难！那些人漠视天主教，倒更乐意接受汉人五花八门的说教，尽管在聆听宣讲时，他们经常被索要一定数目的钱财。据神父说，当地人秉性顽劣，不仁不义，灵魂之罪恶无以言表。为了成就传教事业，几位神父建立了一所学堂，向学童提供免费的衣食和教育。只有通过此类优惠，才会吸引中国人把孩子送到学堂里来。虽然神父们在西营子立足不久，但还是打算在此修建一座教堂和一座西式住宅。十个月过后，当我们再次从这里经过，一座相当大的两层楼房果真建好了，住在里面的正是那三位神父。除了西营子，在蒙古东南部还有四处天主教传教点，分别是：张家口东南 50俄里外的西湾子[1]，然后是热河城（承德）附近的一个传教点，还有一个在牛庄镇[2]以北，最后一个在西拉木伦河上游，离"黑水川"[3]不远，1844 年，古伯察和秦噶哔[4]一行就是由此开始他们的西藏之旅的。

在叶十三府，我们遇见了曾为古伯察担任向导的桑丹钦巴。此人原名僧丹增巴，有着一半蒙古人、一半唐古特人的血统。他现年 55 岁，体格仍和年轻人一样强健。桑丹钦巴向我们讲述了自己当年在旅行中的种种奇遇。可是，当我们建议他重振雄风，加入考察队，与我们一道前去西藏时，他却以年龄太大为由，断然回绝。

---

[1] 位于今河北省崇礼县。清朝末年，这里曾是一个重要的基督教传教区。

[2] 隶属辽宁省海城市。

[3] 位于今内蒙古赤峰市翁牛特旗。清朝末年，这里也是一个重要的基督教传教区。

[4] 古伯察（Evariste Régis Huc，1813—1860），法国天主教传教士。1839 年 8 月进入中国澳门，与另一遣使会传教士秦噶哔（Joseph Gabet，1808—1853）一起，于 1844 年 6 月从北直隶出发，经过热河、蒙古诸旗、鄂尔多斯、宁夏、甘肃、青海、西康地区，历时 18 个月，于 1846 年 1 月抵达西藏拉萨。古伯察一行穿越中国的长途旅行，具有传奇色彩，对包括普尔热瓦尔斯基在内的许多欧洲来华探险家影响巨大，也是西方汉学史中的重要事件。著有《鞑靼西藏旅行记》和《中华帝国》。在本书中，作者经常引用或反驳古伯察的相关记述。

经那几位传教士推荐，我们以每月 5 两银子，在西营子村雇了一个受过洗的蒙古人照料骆驼，并帮助哥萨克做些杂活。此外，这个蒙古人还通晓汉语，必要时我们还能指望他充当翻译。但没过多久，有关他的美妙想法就落空了。考察队刚一离开西营子村，那位新来的伙计便偷了一把刀和一支左轮手枪，溜之大吉了。他是在夜间乘人不备时下手的。显然，行窃计划早就盘算好了，因为晚上他和我们的哥萨克躺下休息时，一直都没脱衣服。

为提醒西营子的神父提防那个做贼的教民，我又专程赶回去，把事情的原委道了个明白。神父们答应采取一切手段捉拿那个贼，并告诉我说，那人的母亲有几头奶牛还养在他们那里。果然，几天之后，还没等考察队走出多远，他们就派了一个汉人撵上我们，还将那支丢失的左轮手枪也带回来。手枪是神父从那个贼身上搜出的。那家伙还以为我们早就走远了，所以在外面躲了几天，就溜回了自己的毡包。

这回的失窃事件给我们一个很好的教训，再次使我们认识到无论如何都不可信任沿途居民。此后，为了防范贼人夜间行窃，我们决定轮流守夜，看护人畜及物品。我和佩利佐夫每人先各守两小时，直至半夜，然后由哥萨克接替我们，到天亮为止。经过一天的劳碌，还要再去轮流守夜，确实有些让人吃不消。不过，这种戒备还是很有必要的，至少在我们离开那种不友好的地方，还未走出多远时，应该有起码的防备。我们全力投入警戒，因而可以保证，当地人决不敢公然侵犯四个武装精良的"洋鬼子"。

守夜持续了两个多星期便中止了。随后，我们每晚睡觉时都把手枪和长枪枕在枕头底下，结果一路上平安无事。

我们在西营子停留时，曾在神父的帮助下，向人打听过这一带的情况，获得了一些必要的信息，据此对考察路线稍微做了改动。我们决定抵达归化之后继续向该城以北进发，直抵一片森林茂密的群山。据汉人说，那片连绵的群山正好就在黄河岸边[1]。对旅行的变更令我们欢欣鼓舞。这样一来，我们就能进入一片新的地域，肯定会给科学考察带来丰硕的成果。另外，我们还将避开汉人定居的城镇。毕竟，这类城镇中，使人感到龌龊的人和事太多了。

我们路过了古伯察在旅行记中描述的卓资寺[2]，很快抵达奇尔泊[3]岸边，然后从这里的库库和屯驿路[4]向右拐。对面是一片开阔的平原，平原上有一处山包清晰可见，这便是蒙古人称之为沙喇哈达的一座小山[5]。山上遍布颜色发黄的石灰岩，也许这座山正是由此而得名。沙喇哈达山只比奇尔泊的沿岸谷地高出 1000 英尺（300 米）。而这座山的特殊之处在于：自湖岸谷地向西开始，便呈现出山崖陡峭的景观。山体前后两侧的坡面上是极为丰美的山地草场，甚至有黄羊频频出没。沙喇哈达山西侧的山势略为和缓，但仍有许多参差不齐的峭岩绵延于山坡之上，形成一道险峻的屏障。这座山为西南—东北走向，在我们所经过的部分，山体宽度约为 27 俄里（32 公里）。

在沙喇哈达山东北边缘的一条峡谷地带，开始出现各种灌木丛，主要是：榛（Ostryopsis davidiana）、黄花蔷薇（Rosa pimpinllifolia）、野山桃（Prunus sp.），以及合叶子木（Spiraea sp.）。不太多见的树种有：小檗（Beberis sp.）、茶藨子（Ribes Pulchellum）、栒子（Cotoneaster sp.）、忍冬（Lonicera sp.）、刺柏（Juniperus

---

[1] 这片群山指的是阴山山脉，详情见下文。

[2] 古伯察：《鞑靼西藏旅行记》第一卷，第 127 页。——原注

[3] 夏天，奇尔泊是干涸的。距离这座湖东北 10 俄里处可以见到一截古城墙残迹。在离沙拉哈达山不远处的奇尔泊平原，我们还见到另外一截土墙，大概是原先的边界线。——原注。译者按：奇尔泊，即今之黄旗海，在内蒙古集宁地区。

[4] 这条路上的驿站由蒙古人管理。——原注

[5] 沙喇哈达山是阴山山脉东侧的支脉。

communis）等。在这些灌木丛中，我们第一次在蒙古地区发现种类如此之多的昆虫，佩利佐夫作为昆虫爱好者，收获颇丰。

在与沙喇哈达山相距 50 多俄里的地方，有一座与之平行的山，叫作舒玛哈达山[1]，自然景观更具原始色彩。不过，像沙喇哈达山一样，危岩耸立的特点也仅表现在山脊边缘部分，越往这座山里走，山势就越趋和缓，山岩也都相当浑圆。浓密的野草满山遍野，只有个别地方是汉人开垦的小块田地。

舒玛哈达山的海拔比沙喇哈达山高出许多[2]，但两座山与各自相邻的平原之间相对高度却几乎是一样的。舒玛哈达山的典型特征在于：所有的山岩几乎都是花岗岩。这些岩石形态钝圆，表面平缓而光滑。毫无疑问，这是远古时期冰川运动造成的结果[3]。

舒玛哈达山的岩石堆中间，同样生长着灌木丛，种类与沙喇哈达山的灌木没有多少区别。不过，我们在这里还发现了沙喇哈达山里所没有的几种乔木：榆（Ulmus sp.）、桤树（Alnus sp.）和槭树（Acer ginnala）。其中尤为稀罕的要数槭树。有意思的是，像蒙古其他地方所有山地的树木一样，这里的灌木和乔木，一律生长在山的北部坡地和峡谷里。甚至在沙丘连绵的古钦古尔班沙地，情况也是如此，灌木绝大多数分布在沙丘北缘。

在舒玛哈达山，我们首次发现了中亚高原地带一种极其出色的动物——盘羊（Ovis argali）。这种动物的个头和黇鹿（扁角鹿）差不多大，主要生活在舒玛哈达山的峭壁上。不过，当春天来临，平缓山坡上的野草最为鲜嫩时，盘羊偶尔也会和黄羊一起出现。

---

[1]　舒玛哈达山是阴山山脉西侧的支脉。

[2]　舒玛哈达山东南侧海拔为 5600 英尺（约 1700 米）。——原注

[3]　实地考察的许多迹象表明，舒玛哈达山未必受到过冰川运动的影响。

盘羊喜欢选择一个固定地点长期生活，因而一群盘羊占据整座山包，作为长年栖息之地是很平常的现象。当然，只有不受山民的追踪，它们才能得享大自然赐予的闲适与宁静。住在山里的蒙古人和汉人几乎没有像样的猎具，而且他们远非好猎手。迄今为止，盘羊之所以未遭大规模杀戮，与其说是由于山民的善良仁爱，倒不如说他们打猎的水平太低。盘羊已经习惯于与人共处，经常和蒙古人的牛羊一块儿在山坡上吃草。有时渴了，还会跑到蒙古包附近找水喝。当我们初次见到离我们帐篷不足半俄里处有一群美丽的盘羊正在泛绿的山坡上悠闲地吃草时，惊讶得不敢相信自己的眼睛。显然，它们还未曾把人类视为天敌，也未曾领教过欧洲人的猎枪是何等可怕。

肆虐了一整夜的风暴，致使我们没有机会立即下手猎捕这些神奇的动物。我和佩利佐夫只好巴望着风暴的停息。然而，风停之后，第一次行动却一无所获，这是由于当时我们对盘羊的习性还不太了解。再加上看到这美丽的精灵，我们激动得心慌手抖，有好几次眼看着它们离得很近，可就是射不中目标。第二次总算没有令人失望，我们猎得了两头年老的母盘羊。

盘羊的视觉锐利，听觉灵敏，善于从风的吹动中嗅出同类或敌人的气味。如果这种生活在舒玛哈达山里的动物对人有些许防范之心，要想猎捕它们简直太不容易了。可是，这里的盘羊对人毫无提防，甚至猎手距离它们仅有 500 步时，依然平静地望着人一步步逼近。

打猎的最佳时机是早晨和傍晚。天刚破晓，盘羊就攀上山顶，啃食那里的嫩草，如果遇到大风天气，则在山坡上的岩石之间寻食。盘羊的群体不是很大，一群通常有 5 到 15 只，离群索居者十分罕见。盘羊在草地上吃草时，常有一只留下来，爬到附近耸立的山岩上环顾四周。这个守望者凝神仁立好几分钟或更长时间，直到确信没有险情，才跑去和同伴们一道吃草。但有些时候，舒玛哈达山里的盘羊对自己的安危却又满不在乎，甚至毫无戒备，就跑到岩石堆之间的凹地里吃起草来。若想趁此机会贴近它们，简直易如反掌。吃过早餐，盘羊便开始休息，经常卧在岩石上，静静地消磨时光，直到傍晚，才重新活跃起来。

枪声吓坏了盘羊，它们扬起四蹄，朝反方向逃窜，可是没跑多久就停下来，想弄清楚危险究竟何在。有时它们会在原地站立一阵子，藏在附近的猎手甚至可以借机给猎枪再上一次膛。蒙古人告诉我们，只要随便挂起一样什么东西（如衣服之类），马上就会引起盘羊的注意。它们会一动不动地站立许久，仔细端详那挂着的怪东西。这时，猎手就能潜入距它们很近的地方。有一回我试过这种办法。我把自己的红衬衫挂在一根插在地上的杆子上面，一群盘羊被吸引过来，呆立了足有一刻钟。

一枪打死一只盘羊几乎是不可能的，因为这种动物对伤痛的忍耐力惊人，即使子弹一下穿透胸膛，它还能拖着受重创的身体，跑上好几百步，才倒地而死。这样的事例在我们打猎时屡见不鲜。如果一群盘羊里有一只中弹倒下，其余的往往跑不了多远，就会停下来，把目光投向不幸的同伴。与此同时，它们面对猎手，胆子会变得更大。

据蒙古人说，盘羊的发情期在8月，究竟持续多久，我没有问清楚。发情期的公羊常常相互角斗。成年盘羊一对角的重量超过一普特。想象一下，这些好斗的家伙用这种角拼命打斗，会是何等激烈的场面。母羊的孕期为七个月左右，通常在3月份产仔。每胎产一只幼仔，很少有产两只的。小羊出生不久，就能像影子一样，到处跟随着母亲了，而且它在岩石间的跳跃，一点也不比母羊逊色。如果母羊被猎人杀死了，小盘羊就躲在附近，身子紧贴地面躺着，除非万不得已，它不会从那儿跑掉。两只母羊带领几只小羊的情况最为常见。也有几只母羊和公羊组成一小群，共同养育小羊。公羊对小羊关怀备至，从不以大欺小。只有处于发情期的公羊才格外凶暴。

总之，盘羊是一种十分温和的动物，除了来自人的威胁之外，还时常遭受狼的侵害。年幼的盘羊容易成为狼的目标，但敌人未必每次都会得手。盘羊在平地上本来就跑得很快，在散乱的山石间，只消蹦跳几下，就会把狼甩开。

听蒙古人说，公盘羊走投无路时，会一头冲下悬崖，在坠地的一刹那，先用双角接触地面，这样就不会摔得粉身碎骨——这一说法纯属无稽之谈。我有好几次见过公羊从四五俄丈的高处跳下来。我发现它每次并非用双角最先着地的，而是用四蹄，往下跳的时候，往往还竭力踩住岩壁朝下滑，以减小坠地时的反冲力。

在蒙古东南部，除了舒玛哈达山之外，在黄河北套附近乃至阿拉善山（即贺兰山）一带，也有盘羊出没。再往西去，在甘肃和西藏一些山区，这种动物就被它的一种近亲所取代。

5月本该是春天最迷人的月份，可这一带留给人的印象，却远远谈不上美好。恼人的西北风或西南风，没日没夜地刮个不停，仿佛要把4月里的余威，统统亮给人看。直到5月中旬，早晨的天气还相当冷，24日和25日这两天，竟然搅起一场漫天的风雪。寒冷中偶尔夹杂着几次炎热天气，提醒我们正处于北纬41度。此外，尽管天空大多数时候都布满阴云，雨天却难得一遇。这种状况加上持续的寒冷，严重阻碍着植物的生长。一直到5月底，草才刚刚冒出地面，草丛零星地散落在原野上，黄土地依然丑陋地光裸着身子。诚然，山间稀疏的灌木丛大都已经开花，但长得都很矮小，它们带刺的枝桠从山岩之间杂乱地伸出来，难以为这里的景色增添几分生气。汉人耕作的田地，此时也还没有多少绿意。由于害怕寒流还会袭来，这一带的播种通常都推迟到5月底或6月初。总之，大自然在这里显露的面孔是冷漠无情的。这是一片缺乏生命力的荒原。但这里的一切又显得那样和谐，只不过是一种消极意义上的和谐，甚至连鸟儿的鸣叫也很难听见。不过，当人走在山谷中或山坡上，偶尔也会从远处传来寒雀或百灵的几声啁啾。随后，又复归死一样的沉寂……

从舒玛哈达山的东缘直至阿拉善西部，均为乌拉特诸旗的疆域。乌拉特东邻察哈尔，南抵归化城土默特和鄂尔多斯[1]，北与苏尼特二旗[2]及喀尔喀地区相连。乌拉特三个旗，加上四子部落旗、喀尔喀右翼旗和茂明安旗，一共六旗，合起来组成乌兰察布盟。乌拉特是蒙古王公处理盟内事务的中心机构所在地[3]。乌拉特人的相貌与察哈尔人大不相同，倒更像血统纯正的喀尔喀人。他们的品行却同样因受汉人影响而遭到败坏。

归化城土默特与乌拉特诸旗相邻[4]，行政中心为归化（库库和屯）。土默特人和察哈尔人一样，往往与汉人杂居在同一村落，住的仍是蒙古包，也有少数人住在汉式土坯房里。土默特人大都极贫穷，只有个别人家租种了汉人开垦的农田，略显殷实。

虽然我们一路上竭力避开沿途居民，但多数情况下仍免不了在居民点周围宿营，因为只有在那里才容易找到水。我们经常从两个居民点中选择其中较小的，在附近落脚，并且尽可能远离汉人，只跟蒙古人打交道。那些蒙古人一遇上我们，就立刻钻进我们的帐篷，问我们"是什么人，到哪儿去，有没有什么东西要卖"，鸡毛蒜皮的问题多得没完没了。

为了掩饰真实身份，我们一路上都扮成做买卖的商贩。不管心里愿不愿意，

---

[1] 鄂尔多斯共七旗，合为伊克昭盟。

[2] 苏尼特二旗位于内蒙古锡林郭勒盟内。

[3] 清廷在蒙古地区由札萨克旗组成的各盟实行会盟制度，不设专门的行政机构。乌兰察布盟各旗在四子部落旗会盟。作者在这里的说法有误。

[4] 除了各札萨克旗外，清廷在呼伦贝尔、察哈尔和归化城土默特还设立了由中央政府任命都统或由总管充任长官的旗，一般称为都统旗或总管旗，直属朝廷，归化城土默特共设二都统旗，中心机构在归化。

我表面上总要装出热情的样子向顾客展示商品，任由他们挑三拣四，然后一本正经地跟他们还价。顾客的需求五花八门。例如，有人想瞧瞧磁铁是什么玩意儿，有人询问熊胆的价格，有人需要儿童玩具，还有人要买小铜佛。诸多问题，不一而足。经常有人把我们缠上足足一个钟头，什么东西也不买，只是晃晃脑袋，说声"太贵"就扬长而去。

我们的经营交由那个布里亚特血统的哥萨克全盘负责，他在生意方面颇有头脑。可我们带的货并不走俏，反倒占用了不少时间。精于买卖的当地人很快识破了我们的醉翁之意，因为他们发现，我们操持的小本生意，即使在最理想的情况下，也只能赚些蝇头小利，远远不能同运货的费用相抵。到访者络绎不绝，纠缠不休，严重干扰了科学考察。终于有一天，我决定结束我们的"商业生涯"，顾客被撵走了，小摊子也收起来，所有商品都装进了驮包。然后我便自称"诺彦"（蒙语，意即"长官"或"领主"），出门旅行并不抱有专门目的，只不过想见识一下这个陌生的国度。当地居民很少有人听信我的说辞，但我们仍然不改口，并声称就连中国皇帝也知道我们旅行的事，还给我们颁发了特别通行证。结果，人们竟然相信了我的一通胡诌。再也用不着假扮商贩了，所有人都感到格外轻松。从此以后，我们每到一地，就只跟那些能为我们所用的人打交道，其余的人一概不接触。对于客人，我们当然首先要以茶待之，再和他们寒暄一阵。蒙古人的谈话通常只是按照先后顺序，围绕着家畜、医药和宗教这三个话题。

对蒙古人而言，家畜无疑是生活中最本质的事物，是衡量物质状况的标准。因而人们见了面，首先不是询问身体是否安康，而是问家畜长势如何。

医药也是蒙古人经常挂在嘴边的重要话题。这是一个迷信一切医术的民族。随便一个欧洲人在他们眼里，都可能是半人半神，起码也是个了不起的魔法师。他们会想方设法向自己认定的法力无边的欧洲人觅得一些益处，尤其喜欢讨要治病的秘方。我采集的植物让蒙古人越发确信我的职业是医生。当我用奎宁治好了几个发疟疾的人之后，我真的成了他们心目中伟大的神医。

这个游牧民族的内心充满了玄奥的意念。在他们的精神生活中，宗教信仰至关重要。一有机会，他们就跟人说起宗教、法事、活佛的神迹之类。言谈之间，他们像痴迷的宗教狂，对自己的信仰丝毫未有怀疑。

自从我的身份由商贩转为官员，旅行就特别顺利。我们与当地居民交往的被动局面得到扭转，用不着打着生意人的幌子行事了。

去往黄河途中，我们没有向导引领，只好一边走，一边四处问路。这样一来，就出现了不少棘手的问题。首先，我们几个人谁都不懂汉语；其次，我们的问询会招致当地人，尤其是汉人的怀疑和敌视。经常有人不愿告诉我们路怎么走。更糟糕的是，还有人故意把我们引到完全相反的方向上去。我们每到一个岔路口，几乎总要走错路，有时甚至还会白走十几俄里的冤枉路。

仿佛上帝有意为难，我们的路线有时偏偏需要从汉人聚居区穿过，这给旅行平添了各种麻烦。我们每经过一座村庄，都会引起疯狂的骚动。男女老少蜂拥而出，挤上街头，围墙和屋顶上也站满了人，用痴狂的神情观望我们。村子里的狗也闹哄哄地乱叫乱咬，还和我们的浮士德厮打在一块儿。牛羊猪马也都受了惊吓，扯开嗓门拼命地嘶号。一时间，整个村子闹得沸沸扬扬，一派恐慌与混乱的景象。

考察队在行进的途中，曾经路过一个名叫察罕楚鲁台（蒙语，意为"白石头"）的小地方，主要居民也是汉人。当时我们需要把几两银子兑换成铜钱来买些东西。根据以往的经验，我们估计，这次兑换银钱也准会吃亏，尤其在不懂汉语的情况下更是如此。我只好找了一个当地的蒙古人帮助我们。果然，行动从一开始，就受到重重阻碍。像在别的地方一样，我们来到察罕楚鲁台，立即引起一场骚动，人群如潮水般拥过来。我们来到第一家铺子，店主说我的银子成色不好，还告诉我真正好的张家口官银是什么样子；第二家的伙计一口咬定，说我的银子里掺有生铁；第三家则无论如何也不愿意为我兑换。直到我们走进第四家铺子，好歹出现了转机。店主把银子搁在手中掂量，仔细地端详，还时不时地凑到鼻子边闻味道，然后做出一副慷慨大度的样子，决定一两银子兑 1200 文钱。其实，我知道一两银子在当地通常能兑换 1800 文。交易双方免不了一番争议。那个被请来做帮手的蒙古人偏向我。他一边拿着银块，嘟嘟囔囔地与店主讨价，一边攥紧了有力的拳头。这笔交易在伸张正义的蒙古人帮助下，终于以 1 两银子兑 1400 文钱的比价做成了。

在察哈尔人的疆土上，丰美的草场随处可见。考察队到达舒玛哈达山之后，就再也见不到绿草如茵的景观了。我们的马和骆驼在随后的行进中，只能吃到很差的饲草，因而迅速地掉膘。而且这一带几乎找不到一块盐碱地，骆驼已经很长时间没有吃到盐粒，全都蔫头蔫脑，萎靡不振。当我们后来抵达一个名为达布逊诺尔的小盐湖边时，大家都特别兴奋，骆驼终于过足了"盐瘾"。

舒玛哈达山以西的海拔仍然相当高。这里的灌溉水源和我们不久前经过的地区一样，依然十分贫乏。随着我们越来越近地走向黄河岸边广为地理学家所知的阴山山脉[1]，缺水的现象也越来越明显。

阴山山脉起始于蒙古高原南缘的库库和屯附近[2]，它好似一道高峻的巨墙，沿着黄河北套朝东西两个方向伸展开。阴山向西伸展约 250 俄里（280 公里），遇

---

[1] 当地人根本不知道这个名称。对这座山的各个部分，他们都有不同的叫法。——原注
[2] 这里所说的阴山为狭义的，即大青山，耸立在包头与呼和浩特以北。广义的阴山绵延于蒙古高原南部，西起狼山，东至察哈尔西部，其中包括狼山、乌拉山、色尔腾山和大青山等。

到山岩高耸的穆尼乌拉山[1]阻挡，骤然中断于黄河谷地。相比蒙古东南部那些林木茂密、水源富足的山脉，阴山山脉更具荒凉贫瘠的高山特征。

沿阴山方向，继而在黄河北套之上，矗立着色尔腾山，它的背后是从哈柳图河[2]岸旁延伸至阿拉善边缘的哈拉那林山。这两座山与阴山山脉的自然特征不同，并且也并非与之直接相连，而是间接通过其他一些急剧变小的山相连接；这种中断现象在色尔腾山和哈拉那林山之间尤为明显。

除此之外，较之于阴山，色尔腾山低得多，树木和水源也更少。而哈柳图河西岸上的几座山，尽管达到相当的高度，具有典型的高山特征，但同样没有多少树木。它们形成群峰，向黄河谷地延伸，并且将相反方向的高大台地跟黄河谷地分隔开。

离开察罕楚鲁台之后，考察队很快到达西伦布雷克山（音译）脚下。这是阴山山脉的一条支脉，自然条件比起周围其他地方优越许多。山上有一片高山林带，我们在浓绿的树林旁边歇息了一阵，就立刻跑去打猎，还攀上一座高耸的山峰，从那儿第一次望见了蜿蜒流淌在蒙古高原上的黄河。

第二天，我们打算正午过后向深山进发。不料，一场意外却迫使我们待在原地。上午大约十点钟，忽然下起暴雨。我们事先考虑不周，把帐篷正好搭在两峰之间一条山涧的干河床上。大雨倾泻如注，几分钟过后，干涸的山涧便涨满了水。湍急的水流向我们简陋的营地猛扑过来。转眼间，水就灌进帐篷，许多零碎的东西都被冲跑了。这条溪涧深不足一英尺，却带来如此之多的麻烦。

---

[1] 即乌拉山，横亘于乌拉特前旗南部和包头市东部，为广义上的阴山山脉中段的组成部分。

[2] 即海流图河或哈留图河，蒙语意思是"有水獭的地方"，属于无定河支流，在内蒙古鄂尔多斯市乌审旗南部，全长 70 公里。

幸运的是，帐篷的另一半位置较高，尚未一下子淹没在洪水中。我们赶紧把一些已经湿透了的日用品抢运出来，然后用毛毡搭起一道围护的屏障，以免其他物品被激流卷跑。当时情况十分危急，幸好险情持续了不到半个钟头。雷雨刚一停歇，山涧里的水立即退去了。只有那些摊开来晾晒的物品，还能证明我们方才遭遇的危险。

翌日，我们只前进了 15 俄里，就在五当召[1]附近落了脚。这座美轮美奂的寺庙坐落在山岩重叠的阴山深处，在整个蒙古东南部都享有盛誉。它的主体殿堂雄踞于山坡的突出位置上。在主殿堂两侧及山坡下散落着一座座僧舍，全是平顶方形楼式的藏式建筑，外表洁白。经堂僧舍，错落有致，凭借山势，浑然一体。寺内长年居住着 2000 多名喇嘛，每到夏季，则多达 7000 之众。此外，一年四季还有成千上万的香客来到这里进香拜佛，其中不乏千里之外赶来的虔诚信徒。本年春天，在达里诺尔湖附近，我们曾遇到一位前去五当召拜佛的蒙古王爷。众多的仆从为他携带了各样物品，另外还赶着一大群山羊。我们疑惑不解，询问要那么些山羊派何用场，回答是——供旅途中食用。那个王爷每天只吃肥腻的羊尾，剩下的羊肉由仆从分享。

五当召里为数众多的喇嘛，加上三个活佛，依靠信徒们丰厚的贡品，过着养尊处优的生活。该寺还拥有大片汉人无权耕种的土地。这片土地只能用于牧放牛羊，以满足喇嘛们对乳肉的需求。喇嘛还控制着一部分黏土佛像的制作行业。把佛像卖给前来朝觐的香客，又可从中牟取一笔收入。在五当召也有培养喇嘛的学堂，专门招收男童入学。

在环抱五当召的群山中，经常有许多高原羚出没。但喇嘛严禁在此行猎，因

---

[1] 蒙语叫作巴达嘎尔寺，坐落于包头市东北的大青山中，为内蒙古地区最著名的喇嘛庙之一。

为在神圣的佛寺附近猎杀动物被视为不可饶恕的罪孽[1]。可我抑制不住打猎的念头，羚羊皮对我的诱惑太强烈了。第二天傍晚，我独自一人进入深山，在那儿过了一夜。次日清晨，我便猎得一只年轻的公羚。

我们一路上只在阴山遇到过这种个头不大的动物[2]，所以我想在此对其生活习性略加描述。

高原羚同其他种类的羚羊一样，通常把居所选定在极其荒凉和难以逾越的绝壁上。高原羚大都独来独往，很少出双入对。它们几乎每天都躲藏在僻静的角落里，不喜欢四处游逛。这种动物不害怕猎人进入自己的领地，只有在最危急的关头，才会一跃而起，飞身逃窜。

直到傍晚时分，高原羚才从藏身之地出来找吃的，进食会持续到深夜。日出以后，还要再用一两个钟头吃早餐，然后重新将自己隐匿起来。高原羚喜欢在高山草甸及山岩之间的小草滩觅食，进食前习惯于攀到山顶或高耸的岩石上，向四处张望，等到确信周围没有危险，才会到草甸上吃草。高原羚一旦找到比较安全的草甸，就成为那里的常客。之所以这么说，是因为我们从那些地方发现了它们遗下的一堆堆小粪蛋，形状就像咖啡豆。高原羚悄然独立或安闲漫步时，总是将黑而粗的尾巴摇来摆去。它们在草甸上发出的叫声短促而又响亮，很远就能听到。

高原羚生性极其谨慎，一旦发现危险，便飞快地奔逃，遇到最危急的时刻，甚至会不顾一切，纵身跳入深谷。有一次，我在追捕一只母羚羊时，就目睹过这种情景。那只母兽被我追得走投无路，从一座高约 100 英尺（30 米）的山崖奋力

---

[1] 在蒙古其他地方的寺庙，我们也遇到了类似的禁令。——原注
[2] 被我猎杀的这只年轻公羚，重约一普特。蒙古人说，年老的公羚略重一些。——原注

跃下，竟然奇迹般地逃生了。就在它坠落的那一刻，惊动了一群将窝巢筑在石缝里的山雀。愤怒的鸟群厉声尖叫着，扑打着翅膀，冲向那从天而降的不明物体。但随着母羚羊坠地，惊心动魄的一幕便戛然而止。

高原羚跳下悬崖后，崖底随即传来"扑通"一声闷响——这是它四蹄着地时，与岩石碰撞的声音。相对于并不健硕的躯体，高原羚的腿着实显得粗壮。本地人用它的毛皮缝制皮袄，每件大约值一卢布。

我们在五当召周围停留到第三天，一个中国军官带领一小队兵丁突然闯来，要求检查我们的护照。原来，寺里的喇嘛怀疑我们是东干人的暗探，就报告了附近的包头官府。包头官府派了这几名官兵前来查问。这些人身着军装，手执火绳枪，腰挎雪亮的马刀，对我们气势汹汹，但这场闹剧很快就收场了。我们把为首的军官请进帐中，给他看了北京签发的护照，立刻就把他震住了。中国士兵登记护照时，我用加了俄国方糖的茶水招待那名军官，还送给他一把小折刀。分手时我们已经俨如朋友。可我事后才发现，那帮士兵顺手牵羊，偷走了几样东西。

我们离开五当召，进入穆尼乌拉山。上文已经提及，阴山山脉向西伸展的部分，正因为遇到这座山的阻挡而骤然中断。穆尼乌拉山有一段长约 100 俄里的山体，被黄河从中切分为南北对峙的两翼。其中，南翼更加贴近黄河河岸。整座穆尼乌拉山轮廓分明，线条清晰，宽度约为 25 俄里（27 公里），最高峰超过 8000 英尺（2500 米），甚至可能达到 9000 英尺（约 2750 米），但是没有一座山峰在雪线以上。

穆尼乌拉山主要由花岗岩、富铁花岗岩、片麻岩、砾岩、斑岩以及最新生成的火山熔岩构成。这座山的边缘地带植被稀疏，仅有少量的灌木，如野桃、榛树、黄色野蔷薇，以及沙喇哈达山和舒玛哈达山都有的树种。随着山势升高，灌木丛越来越稀疏，继而出现零星的乔木带，多为赤松（Pinus silvestris）和榆树。在距离山脉北侧十来俄里处，从海拔 5300 英尺（1615 米）以上的山地开始，树丛已然密集成林。而且山势越高，森林也越发广阔和繁茂。这里的林木主要也都分布在山北部的峡谷和坡地。而在壁立万丈的南部峡谷，则是一幅童山濯濯的景象。

穆尼乌拉山最主要的乔木有山杨（Populus tremula）、黑桦（Betula davurica）和柳树。其中，柳树长得又矮又小，很像低矮的灌木，山杨较为高大，而黑桦通常也比较矮小。穆尼乌拉山比较常见的树种还有白桦、苦杨（Populus laurifolia）、桤树、花楸（Sorbus aucuparia）及山杏，偶尔也能见到只有 7 英尺（2.1 米）的蒙古栎（Qqerqus mongolica）、同样矮小的椴树（Tilia sp.），以及桧树（Juniperus communis）、金钟柏（Thuja L）等。金钟柏常见于山的北坡，而且只生长在山林的下部。

分布最广泛的灌木当数高度为三四英尺（0.9—1.2 米）的榛树。它们大都生长在山林下部，形成茂密的灌木丛。不过，在某些不生乔木的巉岩峭壁上，也常能见到榛树。其他几种不太常见的灌木有小刺大叶蔷薇（Rosa acicularis）、红树莓（Rubus idaeus）、茶藨子、佛头花（Viburnum opulus）、梾树（Comus sp.）、岩生鼠李（Rhamnus saxatilis L）、合叶子、胡枝子等。

在靠近山体边缘的峡谷中，因山洞冲刷而形成一道道干涸的沟槽。在这些纵横交错的沟槽里，密密匝匝地生长着黄色野蔷薇、野山桃、野山楂（Crataegus sanguinea）、小檗等灌木。灌木丛中偶尔还能见到弯曲的铁线莲（Clematis sp.），它的黄色小花像一顶顶漂亮的小帽子，点缀在枝叶间。在较为开阔的草滩上，密布着益母草（Leonurus sibiricus）和两种葱属植物（Allium odorum）。

穆尼乌拉山草本植物的种类比木本植物丰富得多。如同我们在欧洲常见的那样，这里的树丛也被美丽动人的铃兰（Convallaria majalis）、舞鹤草（Majanthemum bifolium）以及银莲花草（Anemone silvestris）装点得生机勃勃。一路上陪伴我们的石生悬钩子（Rubus saxatilis）和草莓（Fragaria sp.）在这片山地也依然随处可寻。林间草地上生长着芍药（Paeonia albiflora）、天竺葵（Geranium sp.）、柳兰（Epilobium angustifoli）、缬草（Valeriana officinalis）、鹅食委陵菜（Potentilla anserina）。开阔的山坡上分布着石竹（Dianthus seguieri）、紫罗兰（Matthiola R. Br）、罂粟（Papaver alpinum）、红景天（Sedum Aizoon）、达斡尔蓝刺头（Echinops dauricus）、野葱等草本植物。

　　总的来说，穆尼乌拉山植物群落的分布与西伯利亚颇为相似，植物生长的形态却又完全有别于西伯利亚。这里的山地没有阿穆尔河及乌苏里江沿岸那种令人叹为观止的富饶森林。这里的树木通常都较为低矮，枝干细小而多杈。山谷中虽有不少潺潺流淌的山溪，但微薄的供水量显然不能满足植被的需求。我们经常见到枝条大部分干枯，仍在顽强生长的柳树，发黄的枯枝与尚未完全凋零的绿叶搭配在一起，极不协调。这座山上的树林尽管有专门的护林人看管，却仍然遭到附近汉人的大肆砍伐。粗壮一些的大树几乎被砍伐殆尽，只有遍地残留的树墩还能证明，这里不久前曾有过许多相当粗大的树木。

　　当你的眼睛已经厌倦于山脚下杂乱的灌木丛，厌倦于半山腰稀疏的落叶林，出现在山顶的高山草甸无疑会使你的精神为之一振，视野也开阔许多。穆尼乌拉山上的草甸，如同一块块铺展的绿色地毯，点缀其间的各色野花，像洒满夜空的群星。这里的草长得虽然不高，但很浓密，可以覆盖大部分山岩。仅有小片地方是赤裸的土黄色石壁，与周围的绿荫形成鲜明对比。一簇簇合叶子、金莲花（Potentilla ruticosa）、高山地榆（Sanguisorba alpina）、各类毛茛草（Ranunculus L）以及上文提到的许多草本植物，用各种色彩把草甸装扮得分外妖娆。更美妙的时刻是清晨。山谷中薄雾淡淡，草色青青，太阳冉冉升起，把柔和的光线洒满草地。缀挂在小草茎叶上的露珠在阳光映照下，宛若一颗颗晶莹剔透的珍珠。这时，阒寂的幽谷似乎仍不想从安谧的睡梦中苏醒。偶尔划过几声旋壁鸟或山雀的鸣唱，反而使四下里越发宁静。如果站在山巅向南眺望，就能看到奔涌不息的黄河，还有隐约显露在黄河南岸的鄂尔多斯高原。

出乎意料的是，穆尼乌拉山的动物种类远不如我们先前想象得丰富。栖息于此的大型哺乳动物仅有马鹿（Cervus elaphus）、狍子、高原羚、狼（Canis lupus）、狐狸（Canis vulpes）等少数几种。猫科动物一种都未能遇见。不过，据当地蒙古人说，这一带曾经有豹子[1]甚至老虎等猛兽出没。山林里的啮齿动物主要是几种小型的田鼠和跳鼠。山谷里经常能见到遍布整个蒙古的野兔和黄鼠（Spermophilus sp.）。黄鼠的大小同家鼠差不多。这种小动物总是守在自己的洞穴附近，一旦发现有什么动静，立即翘起前肢，用两只后爪站立着，发出"吱吱"的尖叫声，直挺挺的样子活像一根蜡烛。

穆尼乌拉山里的禽鸟种类虽然不少，但由于气候多变，寒暑不定，时旱时涝，鸟类的繁衍受到很大影响。在荒凉绝险的峭岩上搭建窝巢的鸟类有黑鸢和胡兀鹫（Gypaetos barbatus）。这两种巨大的猛禽，翼展均可超过9英尺（2.7—2.8米）。与它们比邻而居的有：白尾雨燕（Apus pacificus）、山地寒鸦（Pyrrshacorax g.）、岩鸽等。生活在山林里的主要是一些鸣禽，如红尾鸲（Ruticilla aurorea）、黄鹀（Emberiza sp.）、鳾（Sitta sinensis）、鹪鹩（Troglodytes sp.）、山雀（Poecile cincta）、灰头山雀（Parus cincta）。啄木鸟（Picus sp.）攀在树干上，用喙敲击病木，啄食蛀虫，偶尔也有黑啄木鸟（Dryacopus martius）加入这项有益于树木的工作。雉鸡（Phasianus torquatus）从早到晚叫个不停，黑琴鸡（Lyrurus tetrix）只在太阳初升时

---

[1]　不过，蒙古人说，阴山里现在也有豹子，但不是在穆尼乌拉山，而是在库库和屯城周围。——原注

放声歌唱。

有关穆尼乌拉山来历的传说，当地蒙古人妇幼皆知。他们对民间故事喜爱之深，在整个蒙古东南部绝无仅有。这个古老的故事是这样的：

很久很久以前，北京有位呼图克图，他不顾自己是神佛化身，过起了世俗的生活。这一堕落举动惊动了京城里的大汗。汗王一声令下，呼图克图遭到拘禁。这酒肉的圣僧哪堪此般屈辱？他信手造就一只威猛的大鸟，吩咐大鸟掀翻汗王都城。汗王闻讯魂飞胆丧，只得乖乖将活佛释放。活佛倒也宽宏大量，立即收回成命。谁知为时已晚，北京城已被掀起一角。从此以后，汗王的都城便略微倾斜，直到今天依然如此。对那怠慢自己的京城，呼图克图产生厌倦之心。圣洁的雪域西藏，成为他向往的地方，于是即刻动身前往，很快就来到黄河岸边。但那里却有一帮恶人，说什么也不放活佛渡河。活佛这次又被激怒，决定施法将那帮人戏弄一番。他轻轻挥动马鞭，就已置身于阿尔泰山，从群山中挑了一座山峰，拴在马镫子上。活佛转身又回到黄河岸边，决意将山峰投入河心，把黄河之水横腰截断，让滔滔巨浪肆意撒野。眼看生灵万物都要遭殃，危急关头如来忽显法身，佛祖劝呼图克图息怒，当慈悲为怀莫伤无辜。对如来佛祖的神圣旨意，呼图克图哪敢抗拒不遵。他打消了心中的念头，不再找那帮恶人算账。可是仍把小山放在岸上，算是留给后人一个纪念。随后从容蹚水过河，河水只没及腰间。活佛从此去而不返，至今仍在雪域高原。留在黄河岸边的那座山，人们叫它穆尼乌拉。

以上便是穆尼乌拉山来历的传说。据蒙古人说，那位呼图克图当年把穆尼乌拉山留在黄河岸边时，一不留意，将方向弄颠倒了。于是，原先的北坡变成了现在的南坡，南坡变成了北坡，因而这座山的树木不像在蒙古其他地区一样生长在北坡，而是大都生长在南坡。蒙古人另外还说，这座山之所以不像是本地的山，因为它并非土生土长，而是北方来客。

关于穆尼乌拉山，还有另外一个传说：当年成吉思汗出征，曾经在穆尼乌拉山住过一段时间。他平常的起居是在沙拉敖拉山（音译）[1]，据说那里至今还有一口大铁锅，是伟大征服者给自己烧煮食物用的，但这口锅谁都没见到。只有附近墨尔根寺里的喇嘛每年夏天还会前来祭拜。穆尼乌拉山的名字也是得自成吉思汗，作为一个猎手，他很喜欢这片鸟兽繁多的地方。

蒙古人告诉我们，这座山里有一头化为石头的大象，深山老林里还埋藏着大堆的金银，却在恶灵守护之下，无法获取。蒙古人还解释说，这些神秘的财宝就埋在山顶一个巨大洞穴里，洞口有一扇封闭的铁门，只露出一道缝隙，透过缝隙就能望见。有几个胆大之人想了个办法，冬天，把湿的生肉拴在绳子上，放进洞里，让它跟元宝冻在一起。可是当他们拖拽绳子，银块眼看就要拽到洞口，却立即又坠回洞里，怎么都弄不出来。那些人相信，这是一个被施了魔法的地方。

接连三天，我们只能凭感觉行进在穆尼乌拉山里。无论蒙古人还是汉人，都不愿给我们指路。我们试着沿这条或那条山谷向纵深挺进，起先总是四处碰壁，因为在狭窄的山谷里走着走着，就被耸立在前方的峭壁挡住去路，山谷变成无法通行的死胡同。我们只好折返回去，试着走另一条山谷，好在天无绝人之路，到了第三天，终于找到一条名为阿拉墨尔根郭勒（音译）的小河。顺这条小河，我们几乎走到了它在穆尼乌拉山主脉附近的源头。在一片林间草地上，我们愉快地搭起了宿营的帐篷。

考察队来到穆尼乌拉山以及在山中的停留，立刻又在远近的蒙古人和汉人中

---

[1]　距离穆尼乌拉山中段最近的一座山，但不是在穆尼乌拉山的西侧。——原注

间引起一场喧哗和骚动。绝大多数当地人平生头一回见到外国人[1]，简直把我们当成了怪兽。关于我们这几个不速之客的奇谈无休无止。本地奇木柄寺（音译）的喇嘛为此甚至专门举行法事，卜问吉凶，随后严禁所有蒙古人向我们出售食物。这一禁令让我们一度濒于绝境，因为我们携带的备用食品也将告罄。我们指望猎杀几只野兽，但由于对这里的山地一点也不熟悉，一连几天，都一无所获，只好煮几把黍子勉强度日。后来，我终于捕杀了一头狍子，几个人总算饱餐了数顿。又过了几天，蒙古人见我们居然没被饿死，便开始向我们卖起了肉和牛奶等食物。

我们捕到的用于制作标本的鸟雀很少。自从考察队离开张家口以来，一路上都是如此。这种情况除了跟这一带鸟类品种不算很多有关，另一个重要原因是鸟类眼下正处于褪毛期，大多数鸟儿都不宜于制成标本；还有一个原因是，许多草本植物都已开花结籽，吸引得鸟儿整日钻进草丛不出来，林子里的鸟雀也就显得比较稀少。与此同时，现在的气候跟 5 月完全不同，那种无休止的狂风暴雨天气终于结束了，取而代之的是平静无风的晴天和夏季的炎热。正因为如此，6 月里的植物世界是一派草木葱茏的繁盛景象。从这个月的上半月开始，原本土黄色的原野和光裸的山岩骤然间也绿了起来。野花竞相展露色彩缤纷的容颜。不过，被这些花草装扮起来的蒙古大地还远不如俄罗斯大平原那样娇美多姿。这里看不到俄国式的纯粹由各色野花编织的铺毯，也看不到绿油油的嫩草汇集的草坡。这里的野草即使处于生命的鼎盛时期，也略带几分忧郁和悲凉，都长得齐刷刷，就好像被人按照同一尺寸修剪过似的，看不出谁长谁短，显得单调呆板，缺乏生气。只有

---

[1] 四年以前，法国博物学家阿尔芒·戴维（Armand David，1826—1900）神父从北京前往鄂尔多斯考察时，曾经路过这里。——原注

在某些少见的山泉近旁，草木的样子才格外精神。泛着微光的草叶和偶尔出现的鸢尾花丛，显示出得天独厚的生长条件。

在随后停留于穆尼乌拉山的两个星期，我们经常四处打猎。有时为了赶在日出之前捕猎动物，甚至还在深山里过夜。尽管如此辛苦，我们却连一头马鹿都未能捕得。这种动物本来相当常见，现在却是当地蒙古猎户竞相捕猎的对象。幼嫩的鹿角（即鹿茸）在中国内地价值不菲，这已成了众所周知的事实。马鹿在一年中第三次长出的充血的嫩角被认为最珍贵。这种角越大，内部充血越多，价格就越昂贵，一块往往就能卖五十到七十两银子，而那种又老又硬、内部已变为骨质的鹿角，则卖不了多少钱。

中国对鹿角的需求量极大，每年都有成千上万只鹿角从西伯利亚运抵恰克图，在那里成批分装，通过僻远的驿路运往中国。还有一些中国商人在阿穆尔河沿岸大批收购鹿角，经满洲运往北京。

我在阿穆尔河沿岸以及眼下在穆尼乌拉山停留期间，经常询问中国人需要那幼嫩的鹿角究竟干什么，却始终得不到满意的回答。汉人对这玩意儿的神秘功能讳莫如深。不过，据蒙古人说，在中国，这种角经过特殊加工，即可制成某种烈性的催情剂，专供天朝帝国的男性子民使用。我不知道这种说法有多大的可信度，但不管怎么说，可以肯定的一点是：在中国医学当中，鹿角显然具有相当重要的作用，否则用量不会如此之大，价格也不会如此之高。

在穆尼乌拉山，我们初次感受到山地狩猎的种种困难。这是一项需要体魄和耐力的活动。我们遇到了平原上的居民难以想象的考验，并且几度濒临死亡的边缘。在陡峭的、近乎垂直的绝壁向山顶攀缘时，会感到心跳加速，肌肉痉挛。爬不了几步，就因为紧张和疲劳而大汗淋漓。身旁可能就是深不可测的万丈悬崖，脚下则是风化松动的碎石（在西伯利亚，这种风化的碎石被形象地称为"魔鬼石"）。在这种令人胆寒的地方，稍不留神，就可能把命断送。

而且山里的狩猎本身也极不顺利，情况变化莫测，成功取决于时机的把握，而不能心存侥幸。有时候，眼前突然出现一只美妙的动物，但还没等猎手反应过来，它已钻入树丛，或者飞快地攀到高不可及的峭壁上去了。更糟的是，明明已被活捉的鸟兽，甚至也会乘你不备，逃之夭夭。这里的动物，大都生性机警，对猎人的行踪，似乎都能预先察觉或嗅出气味来，因而很难悄悄接近它们。有时候，好不容易离近了，可就在猎人瞄准目标，扣动扳机的一刹那，猎物却把身子一闪，窜得无影无踪。还有的时候，一枪击中猎物，却未能使之就地倒毙，只能眼睁睁地看它受了致命的创伤，挣扎着攀上无人涉足的绝壁。而一次成功的射击，也可能弥补猎人遭受的所有艰辛。

但群山终究给人带来了许多愉悦的时光。当你历尽艰辛，登上一座高峰，遥望地平线向四面八方展开，你会感到自己比以往更自由，接连一个钟头，你欣赏着绵延于脚下的巨幅画卷。四周是陡直的巨石，有的锁住了幽暗的峡谷，有的傲然耸立，独自为群峰加冕。这时你才发现，这些原本粗蠢的巉岩，竟然也有如此卓绝的美色。我时常在山顶找块石头坐下，倾听身边的寂静。在这片寂静中，既没有溪涧的喧哗，也没有众生的嘈杂，只是偶尔传来几声岩鸽的呢喃和红嘴山鸦尖细的鸣叫，红色翅膀的旋壁雀在峭壁上滑行，或者还有兀鹫从云端向自己的巢穴嗖嗖地俯冲下来，随后，周围的万物又重归阒寂与平静……

离开穆尼乌拉山前夕，我们雇了一个名叫朱利吉嘎的蒙古人来做杂活，并与我们一道前往阴山以南的包头城。我们计划在包头买些大米、黍子和其他一些物品，以备前方旅途之用。考察队将从这座城市出发，向鄂尔多斯前进。

为了翻越穆尼乌拉山，抵达它面向包头城的那一侧，我们需要从一条纵穿此山的峡谷中经过。我们找到了通往峡谷的山口，并在那里停留了一阵。只见当地人骑着驴或骡子，从山口出出入入，特别忙碌。这条峡谷并不狭窄，山间小路十分通畅，只有南坡的某些路段稍显陡峭。

与我们此前经过的地方相比，峡谷两侧的自然特征和地理形态截然不同：山峰急剧地倾没于谷地，树林、山涧和点缀着野花的草地，忽然间都消失了，取而代之的是一片荒野——沙土质，缺乏水分，如地板一般平坦。栖息于丛林和山地的鸟兽不会在这里露面；野山羊响亮的叫声、山鹑"咯咯咯"的啼鸣、啄木鸟敲击树干的声音，也全都再听不到了。出现在荒野上的是黄羊、百灵，以及将自己无休止的吟唱充塞于宁静夏日的无数螽斯。

我们终于越过穆尼乌拉山，向东进入阴山和黄河河岸之间的谷地。这片谷地大部分都已成为人口密集的汉人村落。几乎所有村落都紧贴着山麓，这种布局显然跟人们畏惧黄河汛水的泛滥有关。把村子建在尽可能远离河岸的地方，一定程度上可避免大的洪灾。这里到处是宽广的农田，耕作十分精细，主要作物有黍米、小麦、荞麦、燕麦、水稻、玉米、土豆之类，有些田里还种植豌豆、大豆、南瓜、西瓜、甜瓜和罂粟。

进入谷地的第二天，我们又向前赶了40俄里路。临近傍晚时，终于抵达了包头城。这座城市距离离黄河7俄里，位于古伯察描写过的察罕库伦[1]以西50俄里。城市的面积相当大，整个城区被四方的黏土墙所包围，每面城墙长约3俄里。我们虽未了解到该城居民的确切数目，但是从城市规模即可断定，这里的人口显然不少。包头同邻近的蒙古地区，即乌拉特诸旗、鄂尔多斯以及阿拉善之间的贸易往来相当频繁。这里甚至还有一个铁器厂，专门制造蒙汉居民生活用的大铁锅。像中国其他城市一样，该城看起来也是又脏又乱，没有任何吸引力。

---

[1] 参见古伯察《鞑靼西藏旅行记》第一卷，第309页。——原注

考察队刚一跨入包头城门，几个守城的兵丁马上过来查验护照，看完之后，其中一个把我们带到了衙门，即该城的最高行政机关。我们牵着骆驼和马在衙门等候了足有二十分钟，使得一群前来围观"洋鬼子"的中国人大饱眼福。终于，几个衙役从大堂里走出来说，将军大人要见我们[1]。我们拐到邻近的一条街上，骑着马很快就来到了将军的府邸。在府邸前必须下马，然后才能被差役引领着步入宅院。穿过了几道厅堂，在最后一扇门前，我们随身携带的手枪被收缴了。迈过门槛，只见一袭红色官袍的将军正在内宅门前等侯。我们雇来的那个蒙古人，见到这位大员，吓得一下子跪倒在他跟前。我和佩利佐夫以及哥萨克翻译，则按欧洲人的礼节向他鞠躬致敬。将军把我和我的同伴请入客厅就座（蒙古人和哥萨克则在一旁站立），招呼差役上茶。接着便向我们询问诸如"打哪儿来，来干吗，还准备到哪儿去"之类的问题。当我谈到打算经鄂尔多斯去阿拉善时，将军立即不赞成地说，路上匪盗横行，极不安全。我深知收受贿赂在中国颇为盛行，就把关于旅行的话题岔开，让翻译告诉将军，我有一只很漂亮的俄国怀表想送给他留作纪念。这个主意果真不错。将军起先还略为表示拒绝，推辞了几下之后，就欣然接受了，并答应为我们办理去鄂尔多斯的通行文书。我很高兴事情办得如此顺利，向将军躬身致谢。随后，我又请求他帮我们在包头找个住处。

将军同意派几名衙役帮助我们寻找住处。从衙门里出来，我们便被一大群守候在门口的人簇拥着来到居民区。陪同的衙役一会儿走进这家宅院，一会儿又走进那家，然后说房主都不同意接纳我们。显然，他们在谈租房条件时，还向人家索要回扣。后来，我们找到一处有家丁把门的商人宅院。经过很长时间的商谈，房主终于指了指一间又小又脏的土房，同意我们住在那里。我们费尽

---

[1] 同治四年(1865年)，清政府在归化城以西的萨拉齐(今包头市土默特右旗萨拉齐镇)设置同知，主持包头政务。

口舌并许以重金，指望房主给我们一间条件稍好的屋子，根本无济于事。但不在那里住下，又能住哪里呢？对于那间狗窝一样的土房，无论如何还是应该满足才对。

我们卸去骆驼身上的驮包，把所有东西都搬进住处，原本打算好好休息一下，不料看热闹的男男女女不但挤满了院子，就连旁边的街上也都是人。我们被搅扰得一刻也不得安宁。把土房子的门窗都关紧也不管用。不一会儿，门窗便彻底毁坏了。人群蜂拥而至，其中最粗鲁的要数那几个守院子的家丁。这群不请自来的客人当中，还有几个家伙竟想穿过人墙，用手摸摸我们的身体，可还没等挨到近前，便被不知什么人踹了几脚，人群里顿时爆发出恣意的笑骂声。由于我向几个陪同的衙役事先许诺过好处，这几个人便使出浑身解数，阻挡汹涌的人流。有好几次，他们差点儿跟那帮家伙打起来。后来，宅院大门终于锁死了，而好奇的人们仍不死心，有的竟爬上屋顶，从上面往院子里跳。就这样吵吵嚷嚷，直到夜幕降临，人群才渐渐散去。我们被这场闹剧折腾得疲惫不堪，总算可以躺下来睡觉了。屋子里却又闷又热，加上隔壁的家丁一个劲儿地喧哗，让人彻夜难眠。第二天一大早，我们头昏脑涨地从床铺上爬起来，一致决定，等买够必需的物品之后，无论如何也要离开这个人间地狱。

我们一走上街头，前一天的一幕又重新开始了。人群如同一堵厚厚的墙，将我们团团围住。那几名衙役像挥舞皮鞭一样拼命朝两边的人甩动自己的长辫子，艰难地往前开路。没等我们走进一家店铺，铺子里就挤得水泄不通。店老板被这场面吓坏了，也没心思卖东西了，只是请求我们赶紧离开。后来，还是在衙役的保护下，我们进入一家店铺的后院，从一间库房中买到了所需的物品。

回到住处，大家担心仍会像前一天那样遭到围观，但收了我们银子的衙役格外卖力地担负起保卫任务。他们把门窗全都锁死，并且向那些想要一睹"洋鬼子"

的好事之徒收取"入场费"。老实说，充当怪物任人观赏的感觉可真不是滋味，但我们的处境好歹也算有所改善，至少观众人数已从原先的成百上千减少到现在的几十人，而且这些人的举止相对来说较为文明。

正午时分，衙门的差役前来通知，说是将军大人又要会见我们。于是，我们赶紧带上许诺赠给将军的怀表，前往他的府邸。等待接见的时候，有人带着我们到军营里转了一圈，见识了一下中国士兵的日常生活。驻扎在包头城内的军人有五千名，大多数是来自南部的霍汤人[1]，还有一部分是满洲人及少量的索伦人[2]。这些士兵大都配有火绳枪、军刀和顶端挂着红缨的竹矛，也有少数人使用先进的西式武器。

这些人道德败坏，品行恶劣，在平民眼中，简直就是一帮明火执仗的强盗。此外，中国士兵几乎个个吸食鸦片。在军队营房里，随处可以见到青烟袅袅的烟枪和旁边的瘾君子，不远处则是过足了烟瘾、酣然入梦的人。统领他们的将军，压根儿不知道该如何让自己的士兵戒除这种有害的习惯。他头天见到我们时，还打听有没有治疗烟瘾的良药，如果有的话，他愿出重金购买。

接见地点仍是原先那间客厅。将军收下怀表，问起俄国的情况来，例如"俄国首都离中国多远，那里的土地是以什么方式耕种的"，他的眼睛却盯在了我们的衣服上，专注的目光将我们从头到脚扫了几遍。在随意的品茗聊天之际，主人回赠了几只小巧的丝囊，即蒙古人挂在腰间用于装鼻烟壶的小物件。我们向将军致以谢意，并告诉他考察队今天就想离开包头，希望他命令当地军队在我们过黄河时不要阻拦，将军一口答允下来。我们便与他道别。过了没多久，将军派人送来

---

[1] "霍汤"系蒙古人对回民的称呼。

[2] "索伦"系满清时期对分布在嫩江流域及呼伦贝尔盟索伦旗（今鄂温克族自治旗）等地鄂温克族的称呼。

通关文书和护照。这样，考察队就可以继续自由前进了。我们牵着骆驼和马，在一大群人簇拥下，走出城门，很快就来到兰海子渡口[1]，准备由此渡过黄河到对岸去。

在这个渡口上，用于摆渡人和牲畜的工具是一种平底大舢板，长约 4 俄丈（8.5 米），宽约 2 俄丈（4.3 米），船帮高出水面 3 英尺（1 米）左右，乘坐不太安全。如果遇上大的风浪，骆驼之类的牲畜很有可能坠入水中。

在兰海子，先要跟船夫谈妥渡河的价钱。经过好一番讨价还价，我们同意付四千文钱，相当于四个银卢布。随后卸下驮包，把所有东西都搬运到舢板上，又将马牵了上去，最后轮到安顿骆驼时，却出现了不少麻烦。那些胆怯的牲畜怎么也不敢跨越水面到舢板上去。于是，十名中国壮汉一齐动手，将骆驼摁倒在一块大木板上，使劲地往舢板上抬。同时还有几个人站在前面，拖拽着套在骆驼前腿上的绳索。骆驼又是号叫，又是喷唾沫，就好像有人要宰了它们似的。大家费了九牛二虎之力，终于将它们一一弄上舢板。骆驼上去之后，立即被捆住四蹄，放倒在船底，以防渡河时它们突然起身，把舢板摇晃翻。

忙碌了两个小时，一切都安顿好了。船夫先是拖拽着一条横跨河面的绳索，带动舢板向对岸行进了一俄里多，继而放开绳索，改用桨来划船。我们坐在舢板上，听着哗哗的桨声，看着河对岸越来越近，神秘的鄂尔多斯也越来越清晰地映入眼帘……

---

[1]　又称兰虎圪旦，位于包头市西侧、黄河北岸。

第五章　鄂尔多斯

【1871 年 6 月 13（25）日—9 月 2（14）日】

鄂尔多斯的地理位置及行政区划—黄河北套的自然特征—黄河谷地的自然形态—库布齐沙漠—在盐海子（柴达明诺尔）逗留—蒙古人关于成吉思汗的传说—通往前方的路—葛氏瞪羚—沙日召—由家养变为野生的牛群—我们的日常生活—阿罗布斯山—在磴口的经历

鄂尔多斯幅员广阔，地理位置重要，东西北三面是九曲连环的黄河，南面同陕西和甘肃两省毗邻。逶迤绵延的长城是鄂尔多斯和陕甘两省的分界线，也是高原大漠的游牧生活和辽阔平原的农耕生活之间的畛界。

从自然形态来看，鄂尔多斯是一座地势和缓的干燥剥蚀高原。高原的某些边缘地带分布着一些不高的山丘。该地区的土质多为沙土，或是不适宜耕作的盐碱土，只有黄河谷地土质肥沃，水源充足，汉人定居点星罗棋布。鄂尔多斯的海拔高度大致在 900 至 1100 米[1]，被认为是蒙古高原与中国北部大平原之间的缓冲地带，黄河北部和东部的山脉将它同蒙古高原分隔开来。

鄂尔多斯历来是兵家必争之地。公元 15 世纪中叶，蒙古人的铁骑首次踏上这片土地。到 16 世纪末和 17 世纪初期，这里成为察哈尔人的势力范围，但不久之后便向夺取中国王权的满洲人俯首称臣。占据着鄂尔多斯的蒙古各部随后被划分为现今的七个旗，分别是：北部的达拉特旗和杭锦旗、西部的鄂托克旗和札萨克旗、南部的乌审旗、东部的准格尔旗，以及中部的郡王旗[2]。

正如上文所述，鄂尔多斯被黄河中游的河套从东西北三个方向围绕。黄河是整个亚洲东部最大的河流之一，发源于青海湖附近的高原，继而迂回曲折地在山川之间向南奔涌。黄河从兰州开始，便朝着略微偏东北的方向流去，并且在长达 360 俄里（超过 370 公里）的河段内保持这种流向。然后受到北部蒙古戈壁隆起地带及阴山的阻滞，河水骤然折向南流，使此段的黄河大致与上游呈平行之势。接着，河水的流向又出现了几近直角的转弯，开始向东奔去，直至开封府附近，黄河干流才折向东北，最终注入渤海湾。而它的另一条干流如今已被泥沙淤塞，原先则是注入黄海。黄河下游的改道在历史上曾发生过数次，距今最近的一次是在 1855 年[3]。当时由于开封府附近的大堤决口，黄河之水一泻千里，径直涌入渤海湾，使其入海口由南向北移动了 400 俄里（430 公里）。黄河河道曲折多变，加之上游一带山区夏季多雨，因而这条大河历来水患不断，有时还造成极为严重的洪涝灾害。

---

[1] 距离包头不远的黄河谷地海拔为 3200 英尺（975 米），而磴口以西 27 俄里（28.5 公里）一带的海拔为 3500 英尺（1067 米）。——原注

[2] 现在这一地区仍设七旗，但在名称及划分上有所变化。其中札萨克旗和郡王旗合并为一个旗，改名为伊金霍洛旗，而鄂托克旗又从中分出鄂托克前旗，七旗合归伊克昭盟。

[3] 作者此处有误，应为 1853 年。

渡过黄河之后，我们没有像古伯察、秦噶哗一行及先前的传教士（卫匡国[1]、张诚）那样，选取斜穿鄂尔多斯的最短路径前进，而是决定一路向西沿着黄河谷地勘察。这样可以避免穿越鄂尔多斯腹地的荒漠带，以使我们的动植物考察有所收获。此外，我们还希望通过实地考察，探明黄河在其北部河套诸多分支的情况。

我们从包头对面的黄河渡口出发，沿着河岸总共行进了 434 俄里（463 公里），抵达了位于鄂尔多斯西部的磴口。此次考察的结果表明，黄河在其北套的众多分支，与大多数地形图所描绘的形态并不相像。此段黄河的河道不稳定，常向南北两岸摆动，故而形成许多"死河筒"（即牛轭湖）。

为了让叙述脉络保持清晰，我先概括我们考察的这段黄河及黄河谷地的总体特征，再讲述我们在鄂尔多斯地区的经历。

与世界上源远流长的大河比较，黄河中游那种蜿蜒曲折的形态实属罕见。河水以每分钟 90 米（每秒 1.5 米）的流速在河谷间奔流[2]，河的北岸靠近阴山山脉及其西部的支脉，南岸则与疏松的库布齐[3]沙漠带相接。黄河河底的土质与河岸一样，为颗粒细碎的黏土。水质极其浑浊，我检测到的泥沙含量为 1.3%。不过，黄河之水虽然浑浊，对人体健康却并无妨碍，饮用前只需澄清即可。

就我们所经过的地带来看，黄河的宽度几乎一律取决于水位的高低。在磴口

---

[1] 原名为马尔蒂诺·马尔蒂尼（Martino Martini，1614—1661），意大利天主教耶稣会传教士，欧洲汉学早期奠基人，1650 年春天来到北京，曾觐见顺治帝。当年又受耶稣会中国传教团委派，赴罗马教廷陈述耶稣会关于"中国礼仪之争"的见解，并将当时明清战争的记录带往欧洲。1657 年 4 月动身返回中国，同行还有南怀仁等 16 名耶稣会传教士。著有《中国新地图志》《中国上古历史》《鞑靼战纪》《中国耶稣会教士纪略》《汉语语法》等多部著作。

[2] 我们是在包头城附近的渡口测得这个流速的，河心的流速也许还要快。不过，流速或多或少还取决于水位的低点，我们渡河期间的水位正处于低点以上的中等水平。——原注

[3] 库布齐沙漠位于鄂尔多斯北部，黄河南岸。

附近一座山的对面，我用罗盘仪测出的水面宽度整整 203 俄丈（433 米）。包头的黄河河段宽度大体也如此，或许稍宽一些，但也宽不了多少。考察队在包头的渡口过河时，受到中国人的严密监视，因而我无法测得河面准确宽度。黄河水相当深，找不到蹚水过河的地点。看来，这是一条很适合汽船通航的河流，至少目前就有许多大型木驳船在黄河上定期运行，给驻扎在河左岸上的中国军队运送粮秣。据说，从包头城至宁夏府[1]，车马要走 40 天，木驳船逆流而上仅需 7 天。

我们所经过的黄河河段没有一处河湾，河水只是在匀整低缓的两岸之间流淌着。由于这一带的土质为黏土，加之湍急的水流常年冲刷，造成河岸频频坍塌。

黄河流经穆尼乌拉山西侧时，从左右两岸分出许多支流，宽度为 25 至 40 俄丈（53—85 米），但这些支流很快又与干流汇合，只有一条名为巴嘎哈敦（音译）的分支向东流去，且流得很远。而在黄河北套一带，由于河道不稳定，黄河右岸原有那些支流已不复存在。现在的黄河摆脱了从前的干道，向南偏移了大约 50 俄里。被蒙古人称为乌兰哈敦的黄河故道相当完好，我们从阿拉善返回北京时，曾经在路上亲眼见过。蒙古人一致说，在黄河新旧两条河道之间，有两条支流，一直流到穆尼乌拉山西端。很有可能，这就是某些地图上标明的黄河南面的两条支流，而黄河现今则是顺着第三条支流的方向，即原先各支流中最南面的一条向前涌流。

黄河干流的改道显然发生在不久以前。因为人们至今还普遍认为，鄂尔多斯北部边界并非在今天的黄河南岸，而是跨越了黄河，延伸到旧河道所在地。据当地人传说，有一年夏天，一场暴雨过后，黄河主河道开始向南偏移，分别生活在南北两岸的鄂尔多斯人和乌拉特人之间由此产生了领土争端。为解决这一事件，

---

[1]　按清代行政建制，宁夏地区属甘肃省，宁夏府即今之宁夏回族自治区首府银川市。

北京派来专门的调解人员，最终决定，鄂尔多斯疆域保持原状不变，现已干涸的黄河故道仍被视为其北部疆界。目前归属鄂尔多斯的诸旗，的确有几个旗是地跨黄河南北两岸。这再次说明，黄河改道是在鄂尔多斯划分为现今各旗之后发生的。

我们经过的黄河河谷，宽30到60俄里，土质为冲积性黏土。在黄河北岸，谷地直抵穆尼乌拉山西侧，地势相当开阔，而位于南岸的谷地，在库布齐沙漠的挤靠之下，则显得比较狭窄，与河岸贴得很近。

黄河北部的谷地，只有靠近山脚一小部分为沙石相混的土质，其余地带都很适合耕作，人口稠密的汉人村落比比皆是。河流南岸的谷地，情况也是如此。在黄河两岸的谷地上，成片的草滩随处可见，几条小河潺潺流淌。有些离河岸更远的地方，散布着不大的沼泽和湖泊。河滩草甸上的植物有：疗齿草（Odonties rubra）、鞑靼紫菀（Aster tataricus）、矢叶旋花（Convolvulus scammonia）、蓝刺头（Echinops L）、金色匙叶草（Statice aurea）、苦参（Sophora flavescens）、艾菊（Tanacetum vulgare L）、棘豆（Oxytropis）、车前草（Plantago L）、沼泽水苏（Stachys palustris L）、拟漆姑（Spergularia Presl）、沙参（Adenophora Fisch）等，看起来有些草地与我们欧洲的区别不大。更靠近河岸的地带，生长着野麦（Elymus mollis Trin）、车前草（Plantago depressa Willd）。沼泽地及其边缘密布着芦草（Phragmites communis Trin），在不长芦草的地方，也有水苏拔（Alisma plantago）、杉叶藻（Hippuris vulgaris）、莎草（Cyperus L）、灯芯草（Junrcus effusus L）、狸藻（Utricularia vulgaris L）、花蔺（Butomus L）等水生植物。

库布齐沙漠并非直接与黄河谷地相连接，两者之间相隔一片沙土地带，上面到处是一截一截陡直的土墙，高度为50至100英尺（15—30米），很显然，这曾经就是黄河的河岸。

在这片沙土地带，遍布着高度为 7 至 10 英尺（2—3 米）的小丘，大量的甘草（Glycyrrhiza uralensis）生长于此。这是鄂尔多斯的一种典型植物，蒙古人称之为"齐希尔斯布亚"。这种豆科植物成年植株的根茎长 4 英尺（1.2 米），或者更长一点，粗约 2 英寸（5 厘米）；未成年植株的根茎通常不比人的拇指粗，长度约为 3 英尺（1 米）。当地人常用带有木柄的铁铲采挖甘草，相当耗费体力，因为甘草根一般都近乎垂直地深扎在坚实的旱地里，而采挖就直接在烈日暴晒下进行。

受雇于汉人的蒙古男女，一批又一批地来到采挖地，把挖到的甘草根集中到统一的储存场，然后放置在挖好的坑中晾上几天，再剁去纤细的枝节和根梢。这些棍棒状的甘草根，按照每垛 100 斤重的标准捆扎起来，装上驳船，顺黄河而下，运到加工地。当地汉人告诉我们，甘草根在中国南方用来制作一种清凉饮料。

从穆尼乌拉山的西侧越过黄河，南岸谷地自然特征的变化明显可见。相对肥沃的黏土地消失了，取而代之的是荒凉贫瘠的盐碱土，有些盐分较高的地表甚至覆盖着薄薄的白色盐壳。黄河北岸谷地常有的小河与沼泽，从这一带完全消失。可以说，除了黄河，这里几乎没有一滴水。

随着土质的改变，植物也发生了相应的变化。分布于黄河北岸谷地的草滩，虽然不甚丰美，但不失形态多样。而这里却仅仅生长着大量的茅草（Calamagrostis sp.）和芨芨草。芨芨草的长度可达一俄丈（2 米）左右，茎杆硬如铁丝，一丛丛地长在一堆，拔掉其中一根，都得费很大力气。这些植物的草丛分布很广，覆盖着黄河南岸的广阔区域。在单调的植物群落中，还有一种较为常见的植物——柽柳（Tamarix sp.）。这种灌木有的可以长到 20 英尺（6 米），几乎跟乔木一样高，枝干直径三四英寸（8—10 厘米）。

在距离黄河南岸 20 多俄里处，有一条疏松的沙漠带，离我们经过的谷地不远，几条细窄的小河从这里流向奔涌的黄河。这条沙漠带便是上文提到的库布齐沙漠。蒙语中的"库布齐"意思是项圈，这一名称形象地概括出沙漠的形态特征。从东经 110 度左右开始，库布齐沙漠呈弧形，在黄河流域内向西延伸 300 多俄里，随后越过这条长河的左岸，同阿拉善地区连接起来。

库布齐沙漠上分布着许多沙丘，平均高度四五十英尺，一百英尺高的很少见。这些由细碎黄沙构成的沙丘一座挨一座，表层沙粒在风的吹送下，常常从一个地方流动到另一个地方，形成雪堆般的松散小沙包。

步入库布齐沙漠纵深地带，很快就会对这片不毛之感到厌倦，精神也萎靡不振。这里只有寂寥的天空和漫漫黄沙，生命的踪迹几乎无处可寻。偶尔从不知何处窜出一只孤独的沙蜥（Phrynocephalus sp.），也是惊魂不定的样子，倏忽间就从人的视线中隐遁，只把奇形怪状的爪印留在疏松沙地上。一个人置身在这片死寂的沙海，无异于可怕的折磨。到处悄无声息，就连螽斯百无聊赖的唧唧声也听不见。寂静笼罩着蒙古荒原……难怪蒙古人流传着不少这片恐怖沙地的传奇故事。他们说，这里是彪炳两位君王格萨尔王[1]和成吉思汗不朽功业的纪念地。这两位英雄在戎马生涯中，曾经杀敌无数。根据天神的旨意，狂风从大漠中卷来黄沙，将敌人的尸首掩埋。信奉鬼神的蒙古人煞有介事地告诉我们，时至今日，在库布齐沙漠中，不论白天黑夜，仍然能听到呻吟和哀号，这是因为当年的死者阴魂未散。现在，狂风时常掀起沙丘的表层，显露出银杯之类的各种珍贵物品。但谁如果胆敢捡拾，立刻就会把命断送。

还有一个故事说的是，当年成吉思汗遭到敌人追杀，身陷绝境。危急关头，他抓起一把沙子，往空中一撒，沙子顿时化作一条护身的沙带。接着他又将黄河

---

[1] 格萨尔王是古代藏民族传说中的英雄人物，对格萨尔王事迹的颂扬，形成了传唱千年的英雄史诗《格萨尔王传》。这部史诗结构宏伟，气势磅礴，在中国的西藏、四川、内蒙古、青海等地区均有广泛流传。

水拖向北方，挡住了敌人的进攻。那条沙带后来就成为今天的库布齐沙漠。

据蒙古人说，库布齐沙漠宽度为 15 至 80 俄里（16—85 公里），而死与荒凉并非绝对的主宰。靠近沙漠外缘，散布着一些面积不大的绿洲，有较为丰富的植物群落，其中最占优势的要数岩黄耆（Hedysarum sp.），这种美丽的植物成簇生长，每到 8 月便缀满玫瑰色的花朵。另外，这里还生长着几种低矮的灌木，如沙拐枣（Calligonum mongolicum）和沙芥（Pugionium cornutum）。沙芥是一种少见的十字花科植物，目前世界上仅有两件标本，是德国植物学家约翰·格梅林（1709—1755）于上个世纪采到的，分别收藏在伦敦和斯图加特的两座博物馆。最令我遗憾的是，我原先并不知道沙芥如此珍稀，只是当作普通植物采集了几株，制成标本。库布齐沙漠中的沙芥，植株高度为 7 英尺（2.1 米），根部直径为 1 至 1.5 英寸（2.5—3.8 厘米）。

从东经 110 度左右开始，库布齐沙漠向西延伸达 300 俄里（320 公里），随后越过黄河左岸，而右岸河谷的自然形态也再次改变，呈现出荒凉贫瘠的景象。含有盐碱的黏土层中开始混有颗粒较大的砂石，而谷地本身，尤其在紧贴黄河沿岸的地方，则被纵横的沟壑以及经雨水冲刷形成的干涸凹槽分割得支离破碎。植物种类相当贫乏。大部分土地都是光秃秃的，到处是不高的土丘。土丘上偶尔生长着低矮的白刺草和驼蹄瓣（Zygophyllum fabago Linn.），以及一种表皮厚实，冬季也不落叶的豆科植物。

这些土丘是常年的风力运动造成的。当狂风裹挟着尘沙在原野上飞舞，常常受到地表植物刺棵丛的阻滞。随风飘扬的尘沙便有一部分被拦截，堆积在一起，久而久之，形成了一些不大的丘阜。随后，这里又冒出一些野草，它们深扎的根系将土丘固定住。在雨水浇淋下，土丘表面冲出一道道沟槽，像铲子挖过一样。

在黄河北套的西侧，库布齐沙漠被一些和缓的小丘逐渐取代。这些小丘由低到高，在磴口城对面形成陡峭的山岭。这座山几乎平行于黄河，向南部伸展[1]。上文说到的土丘，像周围的谷地一样，远远望去，一片荒凉。整个鄂尔多斯腹地的自然景观大概也是如此[2]。

就我们考察过的地带来看，黄河谷地的海拔高度起伏不大。例如，盐海子[3]一带为3200英尺（975米），在距离磴口以西27俄里（29公里）处，测得的海拔为3500英尺（1067米）。在盐海子与磴口西侧之间，黄河左岸一带的海拔也是3500英尺（1067米）。

黄河谷地的动物种类并不丰富。常见的哺乳动物有葛氏瞪羚（Antilope subgutturosa）、蒙古野兔、狐狸、狼，以及一些小型啮齿类动物。广泛分布的鸟类有雉鸡、地百灵（Alauda arvensis）、灰百灵（Alauda pispoletta）、沙、戴胜（Upypa epops）。栖息于湖泊和沼泽的主要鸟类有鸿雁、灰雁（Anser cinereus）、针尾鸭（Anasacuta）、赤尾鸭（Tadorna ferruginea）、绿翅鸭（Anas crecee）等，此外，还有一定数量的白翼燕鸥（Hydrochelidon leucoptera）、黑翅长尾鹬（Hypsibates himantopus）、反嘴鹬、田鹬（Scolopax gallinago）。活跃在河面上的典型水禽是红嘴鸥（Larus ridibundus），在峻峭的河岸上，则经常可以见到长尾渔鹰一动不动地站立着。总之，鄂尔多斯地区的羽族种类与蒙古其他地区一样，并不算太丰富。在黄河谷地和库布齐沙漠的绿洲上仅仅发现了104种禽鸟。生活在黄河里的鱼类，品种似乎也较为单一，起码我是这么认为的。有一回，我们用一张不小的渔网只捕捞到六种鱼。其中有鲶鱼（Parasilurus asotus）、鲤鱼（Cyprinus carpio）、鲫鱼

---

[1] 这座山即下文所描述的阿拉不素山，即棹子山，又称桌子山。

[2] 普氏此次考察，未曾穿越鄂尔多斯中部。

[3] 蒙语叫作柴达明诺尔，位于磴口西侧。

（Carassius vulgaris）、圆鳍雅罗鱼（Squalius chinensis）和两个新鱼种。此外还捕捉到几只软壳龟（Trionyx sp.），在黄河流域，这种龟的数量相当多。

鄂尔多斯地区于 1869 年遭到回民暴动的侵扰，因而我们除了在黄河渡口兰海子以西 90 俄里遇到过定居的人家，就再也未见到人烟，甚至连原先的小道，也湮没在疯长的野草丛中。毁弃的村庄和野狼啃过的人骨时不时映入眼帘。触目惊心的惨状让我不禁想起俄国一位著名博物学家所云："历史学家追寻逝去的岁月，旅行家行进在茫茫大地之上，他们随处所见的，是同一幅血腥画面，描绘着人类相互的仇杀。"

我们还是回到旅行的见闻上来。

考察队从包头附近的渡口越过黄河，第二天需要渡过这条大河干流 10 俄里以外的支流巴嘎哈敦。支流宽约 50 俄丈（107 米），渡口名为李王集（音译），撑船摆渡的几个汉人，狠狠敲诈了我们一大笔钱。过河以后，我们立即支起宿营的帐篷，打算早点儿歇息，为了次日清晨尽快上路。谁知我们却意外地待了四天四夜。使旅行受阻的，先是一场突降的大雨。雨下了一整天，道路变得又黏又滑，骆驼根本无法行走。紧接着，不久前在包头买的两峰骆驼跑了一峰。我们的哥萨克和蒙古人找了整整两天。与此同时，所有过路的汉人和蒙古人，全都要钻进我们的帐篷瞧个究竟。这帮纠缠的家伙太惹人生厌了。有一回，来了几个中国兵，竟然要求我们把猎枪或手枪送给他们，甚至扬言，如果拒绝的话，他们就一拥而上，把东西抢走。我们将这伙恶棍撵出帐篷，并且警告说，要是有谁胆敢公然抢劫，一定让他尝尝枪弹的滋味。

后来，走失的骆驼终于找了回来，于是我们便向蒙古人一路打听，来到盐海子岸边。正如别人告诉我们的那样，这座盐湖周围有各种野禽和肥美的草场。我们打算在此逗留一两个星期，好让劳累不堪的骆驼舒服地休养一阵，我们自己也需要好好休息几天。借此机会，还可对黄河谷地的自然特征和生物群落进行更详尽的考察。7 月间，骄阳似火，酷热难当，在这样的天气里，牲畜驮载着重物，走很短的路都特别困难。这也是我们决定在此多待几天的原因。虽然温度计在背阴处指示的刻度从未超过 37℃，但在火辣辣的阳光下，有时将沙地和黏土地烤得像滚烫的铁板，地表温度竟高达 70℃。对这种地方，脚掌光裸的骆驼只能望而却步。我们测得的黄河最高水温为 24℃，而周围湖沼的水温则是 32.3℃。尽管雷雨交加的天气经常出现，但降雨只能使空气暂时变得凉爽。天空一放晴，太阳便又像先前炽烈，空气似乎更加灼热。此时，四周阒然无声，唯有微弱的东南风轻轻拂过原野。

我们对盐海子的种种期望果真没有落空[1]。盐湖周围遍布沼泽，野鸭和雁类多得不计其数，我们吃肉用不着发愁。湖畔的草地很适宜牧养骆驼。此外，我们还能从附近的蒙古人那里弄到酥油和牛奶，要多少有多少。为了尽情享受一番，我们把帐篷搭在一条注入湖中的清澈小河边，蒙古人称之为"达黑尔嘎"。于是，一处绝好的天然浴场便属于我们了。如此理想的歇脚点，无论过去还是后来，我们在整个蒙古地区都不曾遇到过。

去往盐海子途中，我们还路过了乌尔衮淖尔湖（音译）。湖畔如同相邻的黄河谷地，到处是人口相当密集的汉人定居点。除了汉人，也有不少蒙古人，大部分住在蒙古包里，少数人住的是汉式土坯房。这些蒙古人当中，有个别人以种庄稼为生，但田间劳作远非牧民的长项。蒙古人和汉人在耕种方面的差异一目了然。这里的蒙古人比之于汉人，仅有一点丝毫不逊于后者，那就是吸食鸦片。众所周知，英国人从印度弄到中国去的鸦片，像一场毁灭性的瘟疫，在这个国家蔓延。

---

[1] 这一湖泊实质上是一片盐碱性沼泽地，芦苇、灯芯草等沼泽植物很多。——原注

而中国人也给自己制造着这种毒害身心的麻醉剂。他们在大片农田里种植罂粟。尽管法律禁止私种罂粟，我们在黄河谷地却不止一次见过这种艳丽植物，混种于农作物中间。私种当然瞒不过督察人员的耳目，可是这些国家的执法者，并未采取行动将毒苗斩断。他们只要收取了种植者的贿赂，就会默认违法行为。

吸鸦片的习惯经汉人迅速传给周围的蒙古人，在蒙古内陆，这种恶习倒仍未传开。有的吸食成瘾者发展到须臾不离鸦片的地步。鸦片对人体各部分组织均有毒害。但凡瘾君子，无不是面容惨白苍老，身体骨瘦如柴。我本人曾试着吸过几口鸦片烟，并无任何反应。我还记得那气味有些像烧焦的羽毛味。

我们在达黑尔嘎河岸边安顿之后，几乎每天都要花时间去打猎。如果天气实在太热，就躲进帐篷里休息，或者下河游泳。我们的哥萨克却害怕水里的乌龟，无法享受游泳的乐趣[1]。当地的蒙古人声称这乌龟具有魔法。为证实此言不谬，他们将乌龟腹部的纹路指给我看，说这是某种用藏文刻写的符咒。此外，蒙古人还用种种奇谈吓唬我们的哥萨克。他们说游泳的人如果被乌龟附体，就再也无法摆脱。唯一的解救办法是牵一峰白骆驼或一只白山羊来，它们见到吸附在人身上的乌龟，会大声号叫，乌龟也就会将人放掉。蒙古人告诉我们，达黑尔嘎河原先根本没有乌龟，有一天，这怪物忽然从河里冒出来。人们吓得不知如何是好，赶紧去找附近寺里的活佛求教。活佛掐指一算，断言这乌龟乃是神灵，将成为河的主人。从此以后，喇嘛每月都在达黑尔嘎河边作法事祭神，人们也不再惧怕乌龟。

为测定盐海子的纬度，我在河岸上做了一次天象观测。蒙古人闻讯而来，搞不懂这是怎么回事，便疑心我在施魔法害人。幸好我想起7月末的一天夜里，恰好也是这个时辰，天空中出现了群星坠落的景象。根据观测，我断定这次也会有

---

[1]　这种龟就是黄河流域常见的软壳龟 (Trionyx sp.)。——原注

143

星群划过夜空。换作平时，蒙古人才不会注意头顶上的星体，可是这一回，他们都渴望验证我的预言。当夜，天空中果真出现了我提前说的奇观。蒙古人再也不怀疑我的工作了。他们深信我是法力无边的神人。有时候，只要灵机一动，略施小计，便能让自己从困境中脱身。还有一次，为测量某地的海拔，我要做水的沸点测试。围观的蒙古人照例络绎不绝。我们便说，现在进行的是祭天神仪式。围观的人信以为真，也就不再大惊小怪了。

在距离盐海子 11 俄里（11.7 公里）的黄河岸边不远处，高耸着一座顶部浑圆的土丘，蒙语叫作"土穆尔阿尔哈"（意思是"铁锤"），汉人称之为九金府。蒙古人传说，这里埋葬的女人曾经属于成吉思汗。故事是这样的：有个名叫吉钦汗的王公，妻子貌若天仙，不料被盖世英雄成吉思汗看中。这位伟大的征服者威胁吉钦汗，如果他不把妻子拱手相让，必将面临刀兵之灾。吉钦汗吓坏了，只好乖乖交出妻子。成吉思汗带着刚得来的绝色美女一起回北京。路过察哈尔人今天的疆域时，那失去自由的女人突然摆脱众人，直奔浊浪滔滔的黄河，在岸边用沙土堆起一座土丘，钻进去躲藏起来。当成吉思汗派来的追兵识破女人的计谋，眼看就要将她找出来时，可怜女人的走投无路，从藏身之处猛然跃出，纵身跳入了汹涌的黄河。后来，这一带的蒙古人又把黄河称作"哈敦郭尔"，意思是"女儿河"。女人的尸首找到以后，成吉思汗嗟叹不已，命人用一具铁棺将其盛殓，埋葬在美人曾经藏身的土丘中。这个土丘就是今天的土穆尔阿尔哈。

总之，鄂尔多斯流传的成吉思汗的传说，比蒙古其他地方丰富得多，起码我们一路上听到了许多。这些传说当中，我觉得最有意思的当数白色大旗的故事，以及成吉思汗未来的复活。

第一个故事说：有一天，伟大的猎手成吉思汗在穆尼乌拉山中打猎，偶然遇见一位俄罗斯猎人。他问猎人是否一直以打猎为生，猎获的野兽多不多。"我打猎已有许多年头了，"那陌生人答道，"不过，一共才打了一只狼。""那怎么可能？"蒙古人的大英雄惊讶地问，"我几年工夫就猎杀了好几百只野兽。""可我的这只狼不同一般，"俄罗斯人说道，"这家伙身长三丈多，每天要吃十来只动物。我杀了它这一只，难道抵不上你杀的几百只吗？""你真是个聪明的人，"成吉思汗说，"请你到我的大帐中来吧。你想要什么，我就给你什么。"

俄罗斯猎人接受了邀请，来到成吉思汗帐中。他看中了大汗的一个妃子。大汗信守诺言，只犹豫了片刻，就把她送给了客人。这是成吉思汗最宠爱的妃子，临别前，他把一杆白色大旗送给她作纪念。猎人带着女人和白旗回到故乡俄罗斯。"不知道他们究竟在哪儿安下了家，可时至今日，伟大汗王的那杆白旗确实还矗立在你们国家。"蒙古人这样对我们说。

关于成吉思汗复活的传说更有意思：这位蒙古人的统帅去世以后，遗体停放在达布逊湖以南 200 多俄里的郡王旗。盛殓遗体的是两具棺椁，一具为银制，另一具为木制，罩在一顶黄色的绸帐之中，停放在一座喇嘛庙的大殿中央。与棺椁摆放在一起的还有成吉思汗生前用过的兵器。这座寺庙 10 俄里以外，另外建有一座规模较小的庙，停放着汗王二十位至亲的灵柩。

成吉思汗辞世之际，曾经召集自己的心腹，告诉他们说，多则一千年少则八百年以后，他必将死而复生。成吉思汗躺在棺椁里，如同熟睡一般，而普通死者看上去绝不可能这般安详。每天晚上，都有烤熟的羊肉或马肉供奉于成吉思汗灵前，第二天早晨，总是吃得一点不剩。

成吉思汗去世已有将近六百五十年。蒙古人认为，如今距离他的复活还有一百五十到三百五十年。他们说，伟大的复活日来临之际，中国还将诞生一位汉人勇士。成吉思汗将与之殊死决战，并最终赢得胜利。他将引领鄂尔多斯的蒙古人重归故乡喀尔喀。

我们始终未能打听到停放成吉思汗灵柩的寺庙叫什么。蒙古人不知出于什么原因，不愿说出那个圣地的名称。据他们说，每年都有众多香客前来顶礼膜拜。

考察队在盐海子停留了十天，便顺着黄河谷地继续前进。我们在前方遇到的第一条小河名为忽烈浑都（音译），第二条河叫忽拉浑德（音译），也是我们在鄂尔多斯遇到的最后一条河。这两条河蜿蜒流淌在鄂尔多斯腹地，河面都不宽，水量也不大，水流却很湍急，并且十分混浊。尤其是下过雨之后，河水中混进大量的黏土，简直像黏稠的果酱。蒙古人说，黄河本来就是混浊的，它不愿接纳清澈的河水。也正因为如此，上文提及的达黑尔嘎河也就没有注入这条"心胸狭隘"的大河，而是投入了盐海子的怀抱。

我们在忽拉浑德河一带停留了三天。所有时间都用来猎捕葛氏瞪羚（Gasella granti）[1]。这种前所未见的动物，蒙语叫作"哈拉苏利特"（意为"黑尾巴"），无论个头还是长相都很像黄羊，区别仅在于那条不长的黑尾巴（7—8 英寸，17—20 厘米）。瞪羚喜欢将尾巴高高翘起，不停地摆来摆去。这种羚羊生活在蒙古戈壁和鄂尔多斯地区，最北的栖息地大约不超过北纬 45 度；位于南部的整个阿拉善及甘肃地区，也是它生存的家园。走出甘肃，直到青海湖一带，基本上见不到瞪羚的踪影，直到遍布盐沼的柴达木盆地才再度出现。

瞪羚常常选择荒凉的原野或光裸沙地中的小块绿洲，作为栖息之地，完全不像黄羊那样喜欢丰美的草场，只要能远远避开人类，就甘愿吃最差的草。在如此干旱的地方，瞪羚以什么方式解渴，这个问题对我们是一道难解之谜。当然，从瞪羚的足迹来看，我们发现它在夜间也曾到泉眼乃至井边找过水喝。而我们更多

---

[1] 1872 年冬天，在藏北高原的旅行中，作者见过并记录了一种与葛氏瞪羚略有区别的瞪羚，在这份记录中称为"小瞪羚"。详见本书第十二章。

是在那种方圆百十俄里没有一滴水的地方见过它。这种动物显然具有长时间耐渴的本领，只要啃点儿含有汁水的猪毛菜之类的草，就能从容地捱过干渴。

瞪羚通常独来独往，也有一对或三五只一群生活在一起；冬季，偶尔还能见到十来只聚为一群。更大的群体我们一次都没有见到过。瞪羚有自己的生活圈子，即使碰巧和黄羊同在一块草地上吃草，也绝不会混迹于后者的行列。

总的来说，葛氏瞪羚比黄羊更机警，由于视觉、听觉和嗅觉都很灵敏，它可以轻易发现和躲避狡猾的猎人，并且也像其他种属的羚羊一样，特别能忍耐伤痛，因而难以被猎人捕获。

瞪羚一般在傍晚和清晨进食，白天则卧在背风的山丘上安静地休息。它的毛色与周围砂石或黄土的颜色极为接近，躺卧在地上时很难发现。它还喜欢接连一个钟头待在草地或山丘顶部。对猎人来说，这是捕猎瞪羚的最理想地点。只不过需要趁尚未被发现时，悄悄贴近它，否则，还没等猎人开枪，它就逃之夭夭了。

受到惊吓的瞪羚奔逃得很快，但跑不了几百步，就会停下来，把身子转到猎人的方向仔细观察，似乎想弄清楚究竟发生了什么事，然后又扬起四蹄，逃到更远的地方。根本不必循着追踪。它既然跑掉了，一定会跑得很远，而且还会更加机警。

为了捕到瞪羚，我和佩利佐夫耗费了大量时间和体力。一连两天，我们都是空手而归。直到第三天早晨，我才好不容易接近一只漂亮的公羚，一枪打死了它。一只真正独处的瞪羚或黄羊，大都格外机敏。在相距200步的地点根本不值得开枪——可以说，射出的子弹十有八九都是白费。不过，这种规则并非百分之百正确。实际情况也可能是这样：为了捕猎瞪羚，你接连几个钟头，艰难地从一座沙丘走向另一座，松软的沙土没及你的双膝，热汗像雨点般顺着脸颊流淌。忽然间，那只你渴望得到的动物从 200 步远的地方映入眼帘。你很清楚，再靠近些根本不现实，只要稍有疏忽，它便会飞快地逃掉。必须珍惜宝贵的每一刻。你终于徐徐举起精确度极高的双筒猎枪，瞄准目标，猛地扣动扳机，只听"砰"的一声，子弹掠过沙地，径直射入瞪羚胸膛……

如前所述，葛氏瞪羚通常只出没于极为荒凉的原野。但也有例外的情况。1870 年 11 月，我们从阿拉善返回北京时，曾在色尔腾山[1]附近的黄河谷地见过相当多的瞪羚。它们的栖息地与汉人的村落和农田相距不远。那里的瞪羚并未小心躲避着人类。这也许是由于它们长期与当地人相处，却未曾受到侵害的缘故。母羚通常在 11 月怀胎，来年 5 月产仔。繁衍于蒙古的葛氏瞪羚，比黄羊少得多。离开忽拉浑德河之后，我们很快抵达哈尔罕德寺（音译）。这附近有一条经库布齐沙漠通往达布逊湖的路。这座盐湖位于黄河南岸大约 100 俄里的地方。据蒙古人说，它的周长约为三四十俄里，采自该湖的盐被运往邻近的省份。

考察队在通往达布逊湖的路上走了一程，然后沿着黄河谷地继续前进。一天以后，我们在途中见到了一座毁于东干人暴动的大庙——沙日召[2]。这曾是整个鄂尔多斯地区规模最大的喇嘛庙之一，鼎盛时期曾有两千名喇嘛、三位活佛生活于此。如今，偌大一座庙宇失去了昔日的风光，四下里连个人影都找不着，唯有岩鸽、山鸦和燕子，把废弃的庙宇和僧房当成栖身的乐园。那些分布于庙宇周围的僧房大都保留完整，但大殿及所有附属建筑物尽都烧毁，只剩下一堆碎砖瓦散落在院墙里。泥塑佛像几乎都被砸碎或砍为几截，残肢断体满地都是。有几座佛像虽然仍立在原处，身上却被刀剑长矛戳得千疮百孔。大殿中央巨大的佛祖像也

---

[1]　色尔腾山属于阴山山脉的支脉，位于黄河北岸，与乌拉山构成乌梁素海盆地的北缘。

[2]　沙日召位于今之内蒙古杭锦旗境内。

自身难保，被人当胸开了一个大窟窿。显然，暴动的东干人曾在塑像体内搜寻过宝物，因为喇嘛经常把财宝藏在里面。《甘珠尔》的册页和破烂的物件撒落一地，蒙着厚厚一层尘土。

然而，不久以前，高踞在这座寺庙内的佛像，还曾风光无限，领受着各地信徒敬奉的香火。如同其他的寺庙，沙日召中的一切陈设，都是为了迷惑和恫吓心智单纯如孩童的蒙古人。许多佛像都塑造得杀气腾腾，凶神恶煞一般，有的盘坐在狮虎背上，有的以青牛或白马为坐骑，还有的把鬼怪或龙蛇压在身子底下。在保留完好的大殿内壁，到处描绘着类似的画面，令人毛骨悚然。

"你怎么会相信这些黏土的神佛呢？"我问一个和我一起漫步在沙日召废墟上的蒙古人。"我们的佛就活在这些塑像里面，如今佛像毁坏了，他们就飞回了天上。"那个蒙古人如是说。

从哈尔罕德寺往西去，黄河南岸一带杳无人迹，我们在路上只见过两三个窝棚，临时住着几个在当地挖甘草的蒙古人。上文已经提到，两年前席卷鄂尔多斯的东干人暴动，正是造成如今这幅凋敝景象的主要原因。不过，与穆尼乌拉山西侧隔河相望的黄河谷地，在库布齐沙漠紧逼之下，已经相当逼仄，再加上土壤中大都含有盐碱，四处丛生着蒿草和柽柳，因而住在当地的人原本就不算多。在野草和灌木丛中，我们发现了一种有趣的动物——由家养变为野生的牛。以前我们就听蒙古人说过这种牛及其来龙去脉。

在东干人起事之前，鄂尔多斯的蒙古人喂养着成群的牛，不安分的公牛或母牛离群走失的事时有发生。走失的牛在原野上再也不受束缚，逐渐变得野性十足，人们很难将其捕获。这些变野的牛散布于整个鄂尔多斯地区。当暴动的东干人从西南方向蜂拥而来时，许多当地居民惊慌失措，为了保全身家性命，不得不丢家弃产，四处逃难。遗留在当地的牛群无人看管，很快就变野了，即使用专门的索套，也难以捕捉。后来，东干人退出鄂尔多斯，那些变野的牛继续过着自由的生活。它们通常出没于黄河谷地的灌木和野草丛，因为那里既不缺水，也不缺草料。

变野的家牛一般 5 到 15 头聚为一群，年老体弱的牛则离群独居。有趣的是，这愚钝的家畜长期遭人奴役，一旦摆脱束缚，竟然迅速养成野生动物的全部脾性。母牛整天卧在植物的刺棵丛里，显然是在躲避人类。而每当夜幕降临，它就从藏身之处钻出来，在草地上整夜地吃草。如果发现人的踪迹，或者从风里嗅出人的气味，无论公牛还是母牛，就立刻撒开四蹄，逃到很远的地方去。小牛犊一生下来便是自由之身，长大之后野性难驯，机警灵活，比父辈有过之而无不及。

捕猎这种变野的牛相当不容易。我们在鄂尔多斯考察期间，一共才杀死了四头。蒙古人对这种牛不感兴趣，他们害怕为捕牛而重新进入鄂尔多斯，他们的火枪射出的铁砂、石子或铅丸也难以重创体格强健的牛。不过，如果在牛群藏身的灌木带组织一次计划周密的围猎，尤其在冬季，就会轻易地捕获大量猎物。据蒙古人估计，这种由家养变为野生的牛在整个鄂尔多斯大约有 2000 头。毫无疑问，随着蒙古人重返鄂尔多斯，所有的牛都将逐渐被捕杀或重新驯养。毕竟，这里不像南美洲，有着广阔的大草原。当年正是在南美草原上，几头从西班牙人领地逃离的牛，竟繁育出成千上万的后代。

据蒙古人说，鄂尔多斯遭到东干人侵袭没多久，草原上还出现过由家养变为野生的羊群。这些羊现在都已被狼捕食光了。原野上偶尔还能见到小群无人照管的骆驼，我们就曾捕到过这样一峰比较年轻的公驼。

我们第一次遇见变野的牛，是在沙日召以西大约 30 俄里的地方。当时，储备的肉食即将告罄，我们决定不放过这次扩充储备的天赐良机。可我们起先低估了这种牛的应变能力，因而一无所获。后来，在第三天清晨，我悄悄贴近两头正在灌木丛里打架的公牛，趁它们激战正酣之际，突然连发两枪，将两头牛当场击倒在地。

这样的战果的确令人欢欣鼓舞，因为一路上可以有好几普特的肉干了。我们把牛身上最好的部分割下来带回住处，切成薄片，置于通风处晾干。晾在帐篷外的牛肉立刻吸引来大群的秃鹰。为了不让它们把肉叼跑，我们不得不手持武器在一旁守护。与秃鹰一道光临的还有一种长尾渔鹰。结果，它们中有好几只被我们捕获，制成了标本。

晾肉干的同时，我们还在帐篷附近一条断流的黄河支流里捕捞河鱼。河床中一些不深坑洼里仍然贮满河水，聚集着许许多多的鱼。我们用一张不过3俄丈（6米）长的小拉网，断断续续地，竟然捞到两三普特（33—49公斤）的鲤鱼和鲶鱼。我们从中挑出最好的留下，把其余的重新放回到水里。

捕牛和晾肉这两项活动让我们在同一个地方驻留了八天之久。时间耗费得固然有些可惜，但我们拥有了充足的肉食储备，便可以行进到更远的地方。而黄河谷地贫乏单一的动植物群落，现在已经无法引起我们特别的兴趣了。

1871年8月19日，我们又一次启程，踏上西去的漫长旅途。道路左侧仍是茫茫库布齐沙漠，右侧则是奔流不息的黄河。有些地方灌木丛生，难以穿行其间。此外，这里的蚊蚋密集如云，我们和骆驼都被叮咬得浑身是包。骆驼最讨厌这些先前在蒙古北部高原从未见识过的吸血飞虫。

我们上路的第二天，来到古尔班都德驿站[1]，在不远处的库布齐沙漠边缘，有一个与驿站同名的不大的盐湖。我们没有亲眼见到这个湖。不过，据蒙古人说，它的周长约为4俄里，凝结在湖床的盐层厚度为0.5至2英尺（0.15—0.6米）。从

---

[1]　从包头至碛口，在黄河沿岸共有三个驿站，分别是：九金府、古尔班都德和满井。——原注

事采盐的是一些汉人及受雇于汉人的蒙古人。开采出来的盐装进驳船，顺黄河而下，运往其他省份。

几天之后，我们路过了另一个特殊的地方，即兴建于成吉思汗时期的一座古城的废墟。这一历史遗迹在库布齐沙漠中，距离黄河南岸 30 多俄里远。从远处望去，依然蔚为壮观。蒙古人告诉我们，这里原先是一座规模宏大、固若金汤的城池。每面城墙都有 15 里（约 8 公里）长，宽度和厚度各为 7 俄丈（15 米）。如今，一切都掩埋在无情的黄沙中，唯有个别地方仍矗立着几截断壁残垣。

8 月中旬，暑热略有消退之势，到了月末，却再次恢复先前的威力。灼热的天气令旅行者苦不堪言。尽管我们每天总是伴着晨曦早早起身，但收拾物品、装驮包及喝早茶（我们的哥萨克和蒙古人早上若是不喝茶，就压根儿没有精神上路）等，却要占用一两个钟头。因而我们出发时，太阳已从地平线升到天空。蔚蓝的晴空时常万里无云，大地上也感觉不到一丝微风。这些迹象显然预示着一个令人懊恼的热天即将来临。

驼队的旅行每天都差不多。我和佩利佐夫走在队列最前面，一边测量地形，一边采集植物，或者朝偶尔见到的鸟放几枪。两个哥萨克负责管理那几峰拴在一起驮载物品的骆驼；其中一个牵着头一峰骆驼，走在前面，另一个则与蒙古向导在驼队末尾殿后。

就这样趁着早晨的凉爽，行进两三个钟头。这时，太阳已经高高升起，开始炙烤人的肌肤。茫茫原野像滚烫的火炉，冒着缕缕热气。感觉越来越难受——脑袋疼痛欲裂，眼前直冒金星，汗水像小溪一样，顺着脸颊和全身流淌。周身困顿无力，虚弱不堪。牲畜遭受的折磨一点也不比我们轻。骆驼张开嘴走着，全身是汗，仿佛被水浇过。平常在旅途中放声高唱的哥萨克，也默不作声。整个队伍悄无声息，艰难地一步步前行，似乎都不愿相互表达原本就已沉重的感受。

如果有幸碰到靠近水源的蒙古包或土坯房，我们便飞奔过去，先用凉水把脑袋和衣裳浇个透，再灌满一肚子水，让马和狗也美美饮上一通，却不能让焦渴的骆驼饮水。这种畅快淋漓的感觉却持续不了多久，要不了半个钟头，燥热再次袭来，灼烤着每个人。

随着正午来临，终于到了歇脚的时候。"离有水的地方还远吗？"我们向过路的蒙古人打听，回答却令人沮丧——再走五六俄里就到了。我们好不容易来到泉边，选定搭帐篷的地点，卸下驮包放在一旁。骆驼早已谙熟这些程序，无须人的吆喝，就自个儿乖乖地躺卧在地上[1]。搭好帐篷，便把生活和考察用品搬到靠内侧的地方。帐篷中央铺一块毛毡，权当我们歇息的床铺。接着拾来干粪，熬煮砖茶。无论寒暑，我们都喝砖茶水，遇到水质不好更是如此。喝过茶以后，趁午饭还未做好，我和佩利佐夫就开始整理路上采到的植物，把捕获的鸟类制成标本，有时还抽空将当日描绘的地形草图复制好。

与此同时，我们空瘪的肚腹已提出严正声明：该用午餐了。可是不管再怎样饥肠辘辘，仍需耐心等待。路上捕杀的野兔、山鹑或者从蒙古人那里买来的羊肉，仍架在粪火上慢慢烧煮着。不过，我们一般很少吃羊肉，要么无处可买，要么价钱太贵。打猎是获取肉食的主要途径。

一两个钟头过后，午餐终于准备好了，大家狼吞虎咽地吃起来。简陋的餐具与周围环境很协调：烧汤锅的盖子当大盘子用，喝茶的大碗当作小盘子，手指代替叉子，桌布、餐巾一概用不着。我们风卷残云般吃完这顿等了很久的午餐，又喝起茶来。茶足饭饱之后，我和佩利佐夫就去考察或打猎，哥萨克和蒙古人则轮流

---

[1]　在夏天，卸去骆驼身上的驮包之后，无论如何都不能给它们饮水和喂草，应当先让它们在原地待上一两个钟头，直到它们身上变凉一些时为止，以免又饥又渴的骆驼猛然饮水进食而暴毙。——原注

喂骆驼。

夜幕降临，熄灭的粪火重新被点燃，架在火上的铁锅又煮起粥饭和砖茶。马和骆驼被拴起来，安顿在帐篷旁。暮霭笼罩四野，白天的酷热消退了，取而代之的是夜晚的凉爽。劳累了一天，疲惫到极点，总算可以畅快地呼吸一下清新的空气了。过不了多久，每个人都怀着勇士的愿望，酣然入梦。

有一天，我们在黄河边歇脚时，佩利佐夫的坐骑不小心从陡峭的岸上坠入河中淹死了。对我们来说，这匹马损失得极为可惜，因为没有地方再能买到马。我的同伴只好暂时将就着骑骆驼了。那个名叫朱利吉嘎的蒙古人对于马匹的损失负有不可推卸的责任。当时，我吩咐他照管好骆驼和马，可他却钻进草丛里睡了一大觉。

库布齐沙漠向西延伸，越过黄河，绵延至距离磴口 80 多俄里的地方。在这一带，黄河东侧的谷地极度贫瘠。谷地边缘不再是连绵的沙地，而是低缓的山丘。这些山丘逐渐升高，形成与磴口对峙的高山——阿拉不素山。这座山沿着黄河向南延伸，渐渐靠近河岸，最终挨在一起，与阿拉善山脉[1]隔河相望。据蒙古人传说，阿拉不素山上有块巨大的岩石，状若平台，曾是成吉思汗的铁匠用过的石砧。这铁匠是个巨人，身子坐在地上，比山还高出一截。他用石砧给蒙古人的伟大统帅打造了各种兵器和马具。

9 月 2 日，我们来到黄河东岸的一个渡口，从这里过河，即可到达对岸的磴口城。我们准备以该城为起点在阿拉善地区考察。在磴口前后的经历，简直是一场奇遇，令人啼笑皆非。我们对该城的印象，甚至比包头还要糟糕。

几个眼尖的中国人，隔着数俄里之遥，就发现了我们行进中的驼队。不一

---

[1]　阿拉善山脉即贺兰山，详见本书第六章。

会儿，城墙上已是人头攒动，从高处遥望着离河岸越来越近的不速之客。当我们到达城池对面时，一条木船载着 25 名士兵，朝我们这边划过来，一上岸就要查验护照。

我们先把帐篷搭在黄河岸边正对城门处，随后让我们的蒙古人带上护照，跟着那帮中国兵去见城里的长官。木船划走了，过了半个钟头，蒙古人又坐船回来，一起来的还有一个文官模样的人。那人说，他们的长官想见见我们，还想瞧瞧我们的手枪和狗。或许长官大人已经从蒙古人朱利吉嘎那里或多或少地了解到一些情况。我换了一身衣服，带上蒙古人和布里亚特血统的哥萨克，一道坐船驶向对岸。那个蒙古人通晓汉语，能为我们充当翻译。

木船靠岸之后，磴口城里的人蜂拥而上，将我们团团围住。该城规模很小，绝大多数建筑物已遭东干人毁坏，只有一道土城墙保留下来，周长不过半俄里，墙体朽得不成样子，用粗点的杆子随便一捅，就能捅出豁口。城里没有一个平民，只有一支军队驻扎在这里，原先的兵员在千人左右，但有许多开了小差，目前只剩下 500 来人。

十几分钟过后，有人前来通知说长官大人正等着见我们。于是，我们来到一座土坯房。只见那位长官身着红色官服，坐在桌子边。他一见我们，先问我是何许人，此行有何目的。我回答说自己是一个俄国人，出于好奇到这里旅行，一路上采点草药，做几件鸟类标本，准备带回去向亲友展示。另外还跟沿途的蒙古人做点小生意。讲完这些，我又对那位长官说北京签发给我们的护照是何等重要。

长官大人先是板着脸，沉默了一阵，突然开腔道："可你们的护照一看就是假的，要不我怎么认不出那上面的印章和签名。"我赶紧解释说，我只认得几十个汉字，不可能给个儿用汉文填写护照，而且也不知道有哪个中国人善于伪造这类文书。"那你们还剩些什么货？"大人转而问道。"大部分都是从北京采购的普通货色，打算卖给蒙古牧民，俄国货已经卖光了。""你们不是还带着枪吗？""枪可不能卖，"我答道，"根据规定，任何个人都无权向贵国输送武器。我们的手枪和长枪是在路上防身用的。""把你的手枪给我看看，让我放几枪，行吗？""当然可以，我们到外面的空地上去吧。"我随身带着一杆兰开斯特双筒来复枪，哥萨克带的是一杆霰弹猎枪。我用霰弹枪当场击落了一只飞翔的燕子，又用来复枪击碎了一块立在远处当靶子的砖头。那位中国长官见状，要求亲自放几枪。可无论目标怎么摆，他都蹭不着一点边。

此外，我们还展示了几支老式的英国长枪和双筒手枪。长官大人拿起长枪，填好子弹，向一块 20 步开外的石头射击，还是未能命中目标，然后又一连开了几枪，大约是第五发子弹击中了石头，才算获得了满足，洋洋自得地踱着方步，回到自己的屋子。我们则被请到一名军官家里，已经摆好了西瓜、茶水和一盆不知用什么东西做成的汤——这显然就是对我们的款待。

半个钟头过后，我们又被带去见长官大人。"我要检查一下你们的东西，并登记入册，"大人说道，"你们应当向我如实说明，一共带了几杆枪，都是什么类型的。""好的，您请便吧。"我回答道。来了一个书记员，仔细记下我们的枪支、子弹、火药及其他物品的数量。这时候，天已经彻底黑了，屋子里点起一根油蜡和一盏烧胡麻油的小灯。

会见并未持续多久。大人要求卖一杆来复枪给他，遭到了拒绝。于是，他命人把我们带回黄河对岸。回到帐篷时，我们惊喜地看到，猎犬浮士德正安卧在里面。它本来是和我们一起进城的，不料在城里走丢了。也许是它等我们等得不耐烦，加上害怕那帮闹哄哄的人，就独自游过黄河，去找留在住处的佩利佐夫了。

第二天一早，来了一名官吏，还带着十几个身穿红色短装的兵丁，声称奉长官之命，前来核查我们的物品。核查开始了，却漫不经心，我的藏在箱子最底层的测绘图轻易地躲过了劫难。不过，要不是炖在火上的一锅牛肉，也许还不会如此顺利。那些大兵把肉全捞出来，顾不上什么核查，就有滋有味地大嚼起来。

查验完毕，那名官吏说大人还想看看我们的左轮手枪和昨天那支来复枪。起先我不打算交出来，但官吏说，若他不把东西带回去，就无法向大人交差。我只好有条件地同意了他的要求。我的条件是让他们尽快派条船，把我们接到河对岸。一个钟头之后，果真来了一条木船，把我们及全部物品都运到了对岸，至于骆驼和马，他们答应回头再运，佩利佐夫和一名哥萨克留在岸上负责照看。

我们把全部物品捆扎好，堆放在黄河岸边一座盐仓的院子里。随后我去找长官大人，请求他下令把我们的骆驼和马运过岸来，并给我们发放去阿拉善的通行证。这位中国长官未置可否，却说他想亲自检查一下我们的物品，我和他便立即来到盐仓。看完那堆杂七杂八的东西之后，他示意手下人告诉我们，那些玩意儿很惹人喜欢，他想搬回家去好好瞧瞧，再还回来。挑出来的东西有：两支带有来复线的单筒短枪、一把左轮手枪、一把匕首、两筒火药、一盏马灯、十张书写纸。眼看所谓核查变成了公然的抢劫，我忍不住让翻译对长官大人说，我们来这里可不是为了遭人抢劫。当时他只顾欣赏那堆东西，对我的满腔愤懑置之不理。核查就这样结束了。

骆驼和马却还未运过河来，差役借口说天色已晚，现在要运的话，恐怕会掉进河里淹死。我只好对长官大人软磨硬泡，他总算发了慈悲，命人将骆驼和马运过来。由于船帮太高，骆驼怎么也上不了船，那些人就把骆驼脑袋缚在船帮上，用木船拖着它们的身体，硬是渡过了宽达 200 俄丈（427 米）、水流湍急的黄河。我明明知道，骆驼本来就特别怕水，摆渡又如此野蛮，可我又能说什么呢？

骆驼和马刚运上岸来，我就跑去讨要护照，差役却说大人正在睡觉，只有等第二天才能见他。听了这话，我一下子发火了，要求差役务必向他的长官转告，如果再不归还，我们就不要了。但回到北京之后，我们一定控告他的行径。到时候，让他吃不了兜着走。

不知这番话是怎样向长官大人转达的。只过了一刻钟，就来了一名官员，还是带着十几个兵丁。他说大人下令再次登记物品，并禁止我们不带护照就擅自离开碛口。这次登记仅限于箱子、皮囊和口袋的件数。那些兵丁以保护物品、防止失窃为由留了下来。其实他们是奉命看守我们。

我们本来就狼狈不堪，眼下又被一帮厚颜无耻的大兵包围在中间。在此困窘时刻，一名哥萨克偏又得了急病，连身子都动弹不了。这对于我们无异于雪上加霜。傍晚时分，下起雨来，却找不到一个避雨和过夜的地方。我们待的那个盐仓，院子实在太小，把骆驼和马牵进去，就容不下帐篷了。无奈之下，只得把骆驼粪扫到一旁，腾出一小块空地，铺上毡子，将就着躺在上面。幸亏雨很快就停了。雨后的夜空澄澈明净，宛若一块墨蓝色的宝石。那帮兵丁在院门口轮流站岗，直至天明。

第二天，我们一直等到晌午，得到的答复是大人还在睡觉。我想证实他们是否在要弄人，却被兵丁阻拦着不放。大人手下的亲信倒来了好几趟，一再要求我把昨天挑拣出来的东西，包括兰开斯特来复枪都送给他的长官。我表示断然回绝，并对那人说，我可没有富到挥金如土的程度，不可能每见到一名中国官员，就把价值好几百卢布的枪赠送给他。

又过了一个钟头，哥萨克翻译拎着火药筒回来，子弹却一发也未归还。长官大人说，他想把这些子弹留给自个儿用。哥萨克转告说，大人还不甘心，想让他劝我把头天挑选的其余物品都交出来。差役也跟哥萨克一起来了，等我回话。我三言两语就将他打发了。可没过多久，那个差役又返回来，声称大人要我们把那些东西卖给他。我再次拒绝了他的要求，但在一位蒙古章京[1]善意的建议下，又改口答应了这笔交易，条件是必须立即归还护照，并给我们发放通行证。差役走后没多久就回来了，却未按方才达成的协议付给我 67 两银子，而是只给了 50 两，并说剩下的钱等下次见面时再给。我不想因小失大，引起新的风波，便就此作罢。我们把驮包全装到骆驼身上之后，不顾天色已晚，匆匆走出了磴口地界。

那位蒙古章京从半路上赶来送我们，说长官大人得知我打算未经他许可就离开，顿时火冒三丈，大声叫嚷着"非把那小子脑袋砍下来不可"，并派人前来监视我们。瞧瞧吧，这便是时至今日欧洲人在中国所能享受的礼遇。在这里，就连对我们的称呼也是除了"洋鬼子"，就别无其他。

---

[1]　章京为清代官职名称，分不同级别，职责也各不相同。参见本书第二章。

第六章　阿拉善

【1871 年 9 月 3（15）日—10 月 14（26）日】

阿拉善沙漠概貌—当地蒙古人—在阿拉善北部的考察—定远营—阿拉善亲王和他的儿子们—巴登索尔吉喇嘛—销售我们的货物—当今的达赖喇嘛—传说中的香巴拉—同阿拉善亲王愉快的会面—阿拉善山（贺兰山）—猎捕岩羊—返回张家口的原因

黄河中游迤西的戈壁高原南部即是阿拉善，或曰外鄂尔多斯。这是一片光秃秃的疏松沙地，向西延伸至额济纳河（又称弱水），南接甘肃省的崇山峻岭，东连蒙古戈壁腹地贫瘠的荒原。从地形测量学来看，该地区属于地势和缓的平原，显然也和鄂尔多斯一样，曾经是某个大湖或内海的盆底。证明这一观点的事实有：整个区域内的平坦地形、坚实的含有盐分的黏性土壤、覆盖在土层上的细沙，以及散布于低洼地带的沉积盐湖，这些盐湖仍蓄存着古代湖海的最后残余。

在阿拉善沙漠上[1]，百十里之内都是一望无际、寸草不生的流沙。行至此地的旅人，随时都有可能在酷暑中窒息，被狂暴的风沙掩埋。有些沙地如此之广，蒙古人甚至以天空为之命名（蒙语为"腾格尔"或"腾格里"）。这里滴水全无，也见不到飞禽走兽的踪迹，只有一片苍凉死寂的沙海，让误入其中的人胆战心惊。

阿拉善沙漠与鄂尔多斯的库布齐沙漠比较起来，在自然特征方面几乎相差无几，只是面积要大许多。不过，在库布齐沙漠，偶尔还散布着几块生机勃勃的绿洲，而阿拉善则见不到类似的景观。这里只有绵延不绝的黄沙，或者广袤无垠的盐碱地。山前地带则是寸草不生的戈壁砾石。即使长有草木的地方，植物种类也极其贫乏，不外乎几种丑陋的灌木和几十种野草，其中主要的木本植物是梭梭（Haloxylon sp.），主要草本植物是沙蓬（或称戈壁沙蓬，Agriphllum gobicum）

梭梭是一种乔灌木，高度为 10 到 12 英尺（3—3.7 米），粗 0.5 英尺（15 厘米）[2]，通常稀疏地生长在贫瘠的沙地上，木质疏松而柔软，不适合制造器具，但可燃性极佳。梭梭枝条形如刷子，叶片稀少，含有盐分，阿拉善的骆驼最喜欢吃。此外，在赤裸的荒原上，梭梭丛还可为蒙古人遮挡冬季的严寒。这种植物生长的地方是搭建帐篷的最佳地点。据说在这里打井，也很容易出水。

在阿拉善，梭梭的分布十分有限，通常只生长北部；在蒙古戈壁，梭梭生长的最北线为北纬 42 度。简言之，唯有在贫瘠的沙地上，才能经常见到它。

对于阿拉善的居民来说，沙蓬的重要性不亚于梭梭。毫不夸张地说，这是沙漠对人的恩赐。沙蓬生长在光秃秃的荒漠上，周围很少有其他植物，它的高度可达 2 英尺（0.6—0.9 米）。这种多刺的藜科植物 8 月开花，9 月底结出成熟的种

---

[1]　阿拉善沙漠主要包括乌兰布和、腾格里、巴丹吉林这三片沙漠。

[2]　偶尔也有高 18 英尺（5.5 米），主干粗一英尺（0.3 米）的梭梭。——原注

梭梭林中的宿营

162

子。种子颗粒细小，味美可食，富有营养。采收沙蓬草籽的最佳时节为夏秋两季的雨期。若错过这一时期，变干的草籽就会掉落在地上，这意味着阿拉善的蒙古人将在整整一年里忍饥挨饿。

蒙古人把结籽的沙蓬拿到沙地里的小片黏土地上进行脱粒。脱粒后的草籽先在文火上烘烤，然后放进钵子里捣碎，便能得到相当可口的草籽粉，既可制作面食，又可与开水一起冲饮。在阿拉善，我们吃过这种草籽粉。从那里返回时，甚至还带了一些在路上吃。沙蓬还是喂牲畜的优质饲草，不但骆驼特别喜食，马和绵羊也喜欢吃。除了阿拉善以外，沙蓬还生长在鄂尔多斯以及蒙古戈壁中部的沙漠带上，我们在柴达木盆地也曾经发现过这种植物。阿拉善常有的其他几种主要的植物，在鄂尔多斯都有分布。生长在阿拉善黏土地上的典型草本植物为盐爪爪、白刺、刺旋花（Convolvulus tragacanthoides）[1] 和荒野蒿（Artemisa campestris L）。有些地方还能见到沙生旋复花（Inula ammophila）、苦参、骆驼刺（Peganum sp.）、黄耆（Astragalus sp.）等。不过，总的来说，阿拉善沙漠中的植物种类极为贫乏，而且大都长得低矮弯曲，多枝节，样子丑陋。这里几乎见不到蓬勃的植物群落。草木全都无精打采，缺乏活力，仿佛它们本来并不情愿长在这片荒漠中，只不过出于无奈，才从贫瘠的土壤中汲取一些养分，勉强维持生命。

阿拉善的动物群落，如同这一地区的植物群落，也是单调贫乏的，除了葛氏瞪羚之外，并没有别的大型哺乳动物。狼、狐狸和野兔倒不算稀罕。梭梭丛中偶尔能发现刺猬的踪迹。小型啮齿类动物仅有两种沙鼠的数量较多，其中一种只生活在梭梭丛中。这种沙鼠挖掘的洞穴四通八达，常把地面弄得千疮百孔，使人无法在上面骑马行进。整天都能听到沙鼠吱吱地尖叫，叫声单调乏味，却与阿拉善

---

[1]　这是一种低矮的植物，刺极多，通常一簇簇地生长，蒙古人称之为"扎拉"，意即"刺猬"。——原注

的自然特征十分协调。

生活在阿拉善的鸟类当中，最具代表性的当数黑尾地鸦（Podoces hendersoni），个头与俄国的松鸦差不多大，飞翔的姿态有些像戴胜鸟。这是一种十足的荒漠鸟类，仅仅栖息在沙漠最贫瘠的地带。只要某个地方的条件变得稍好些，黑尾地鸦很快就会从那里销声匿迹。因此，它的出现与沙蓬一样，在旅行者看来，总是伴随着某种忧伤的情调。从阿拉善直到甘肃，一路上都能见到它的踪影，随后在柴达木盆地也有发现。黑尾地鸦在蒙古戈壁的分布区域最北可达北纬 44° 33′ 左右。

阿拉善另外一些常见的禽鸟有：成群地飞来越冬的毛腿沙鸡、灰百灵、角百灵（Otocoris albigula）、凤头百灵（Galerita cristata）、沙鵖，以及出没于梭梭丛的麻雀。夏季，这里还有成千上万在沙地上寻食沙蜥的蓑羽鹤（Grus virgo）。由于周围找不到沼泽，这种鸟常常来到水泉边喝水。在这片荒漠中，它们几乎没有天敌，因而胆子很大，一点也不怕别的动物。

以上便是在阿拉善沙漠所能见到的几乎所有鸟类。途经阿拉善的候鸟群，大都飞得很高，并且不在这里驻留。起码我们只在傍晚见过大群仙鹤落到沙地上过夜，翌日清晨就飞向远方。在这片荒漠区，就连喜鹊和渡鸦也无处可寻。唯有贪婪的兀鹰偶尔在旅行者帐篷上方盘旋，伺机从人吃剩的饭食中捡些便宜。

爬行动物中，数量最大的是沙蜥（Phrynocephalus sp.），其次是麻蜥（Eremias sp.）。它们在沙漠上比比皆是，几乎成了飞临至此的鹤、大鸨及兀鹰唯一的食物。就连黄河沿岸飞来的渔鸥，也常以它们为食；因为别无选择，狼、狐狸和蒙古野狗也捕食这些爬行动物。

厄鲁特部的蒙古人是阿拉善地区的主要居民[1]，另外还有一部分来自青海的土尔扈特部蒙古人以及来自俄国的卡尔梅克人。阿拉善蒙古人的长相与喀尔喀人有所不同，在某些方面似乎兼具喀尔喀人及汉人的特征。这南北两地的同一民族在语言上的差异更明显。除了使用的词汇不尽相同，还有一个差别是，阿拉善蒙古人说话时发音较轻，语速较快。

阿拉善的蒙古人主要从事骆驼的牧养，大都十分贫穷。骆驼通常用于运盐及中国内地省份的商品。绵羊、马、牛之类的牲畜喂养得很少，因为这里缺乏牧场。较为常见的家畜是山羊，山区则牧养着王公贵族及其子嗣的牦牛。

阿拉善幅员广阔，人烟稀少，行政上划分为三个旗。几年以前，东干人暴动席卷鄂尔多斯，造成极大破坏，使本来就不多的人口变得更少[2]。阿拉善山西侧的定远营[3]是唯一免遭厄运的城镇，这是阿拉善执政亲王驻地。

我们离开磴口，就向着定远营前进。走了一整天，来到与我们相识的蒙古章京家，停留了三天。我们从章京家人手中购得一峰骆驼，把驼队中两峰脊背受损的淘汰了。中途停留的另一个原因是想让生病的哥萨克休养一下。令人高兴的是，他的身体康复了。蒙古向导朱利吉嘎留在了磴口，还是在那位章京的帮助下，我们另找了一人代替他。此人虽系蒙古人，却信奉回教，人品出色。他引导我们前往距磴口187俄里（200公里）的定远营。前面的路是狭窄小道，有时还隐没在沙海中。必须熟悉这一带的情况，否则会迷失方向。一路上没几个人影，走了

---

[1]　清朝时期，在阿拉善地区设有阿拉善厄鲁特札萨克旗和额济纳土尔扈特旗，定牧在河套以西，不设盟，直辖于理藩院，通常被称为"套西二旗"。

[2]　据当地蒙古人介绍，东干人侵袭阿拉善之后，该地区剩下的蒙古包总共才有将近一千顶，若按每顶蒙古包住五六人计算，那么阿拉善的人口总数就在五六千之间。——原注

[3]　定远营现称巴彦浩特，系阿拉善左旗政府驻地。

二三十俄里，只见到几口水井和搭建在近旁供驿使歇脚的蒙古包。

在第二个渡口附近，我们见到了察罕淖尔盐湖，湖边有一眼冰凉洁净的泉水，被两棵大柳树以浓密的绿荫遮蔽。发现了本地区少有的清泉，我们不由得发出欢呼，精神也为之一振。毕竟，已有两个月没有喝过像样的水了。为这一发现，我们决定停留一天以示庆祝。从泉眼涌出的明净细流，只流淌到几十俄丈开外。但泉水滋润之处，却是鲜绿而茂盛的草地。如此丰美的草地，我们在沙漠上再也没有见过。

8 月末以来，成群的鸟类陆续飞临，进入 9 月，种类和数量都迅速增加，到这个月上旬，我估计飞来的羽族已达 80 多种。不过，候鸟主要还是顺着黄河谷地迁徙，只有一部分才经由阿拉善沙漠往南飞去。有时候，这些带翅膀的朝圣者多得令人叹为观止。许多鸟儿饱受了酷热和饥饿的折磨，死在浩瀚沙海中。我有好几次发现死去的鸫鸟，剖开嗉囊一看，里面空空如也。佩利佐夫在阿拉善山主峰附近的干旱山谷里打猎时，也曾见过一群绿头鸭，全都疲弱到极点，甚至用手即可捉住。

眼下，暑热已经消退，旅行不再像先前那样艰难。布满小沙丘的阿拉善沙漠，像鄂尔多斯一样，植被稀疏，土质干旱。我们整日行进在这片与天际相连的沙海中。沙漠上的小径顺着梭梭丛蜿蜒延伸，时常被一些不宽的沙链横腰截断。行路人知道，夏季的沙漠灼烫如同火炉，一旦迷路会有怎样的厄运。

从距离定远营 70 多俄里开始，路右侧的光裸沙地逐渐消失，出现了平坦的沙土带，生长着蒙古人当柴烧的稀疏蒿草。这片沙土延伸到巨墙般矗立在上百俄里之外的阿拉善山脚下。阿拉善山的轮廓清晰地映入眼帘，在一些峰峦顶端，已有皑皑积雪，但还没有一座山峰超过雪线。

1871 年 9 月 14 日，我们抵达定远营。三名官员奉当地亲王之命出城迎接，将我们送到提前备好的住处。如此盛情的欢迎，在旅行中还是初次遇到。考察队离城还有一整天路程时，亲王就派了三名官员前来了解我们是何许人。这几名使者首先问我们是不是传教士，得到否定的回答之后，便热情地握住我们的手，并解释说，假如是传教士，亲王就不会允许我们进入他的城池。总之，诸多有利因素当中，最关键的是我们一路上从未把自己的宗教观念强加给任何人。

上文已经提到，定远营是阿拉善执政亲王驻地，坐落于阿拉善山中段以西 15 俄里处，在中国大城宁夏府西北方 80 多俄里之外。汉人又把定远营称为"王爷府"，蒙古人则称之为"阿拉善衙门"。

定远营主体是一座周长约 1.5 俄里的城堡。我们在该城逗留期间，城墙已被改为防御工事，雉堞上到处堆放着滚石和圆木，用于反击敌人的进攻。北面的主墙前，还加筑了三座规模不大的栅寨。

城堡中居住着亲王本人。这里还有几家汉人的店铺和一队蒙古亲兵。在主城墙之外，原先还散布着好几百座民房，但全都毁于东干人的暴动。东干人当年未攻下城堡，便洗劫了城外。亲王行宫距离城堡一俄里，与民房一起毁于兵燹。行宫原有小花园环抱，花园里甚至还有一个碧波荡漾的池塘，相比周围凄凉的沙漠，可谓引人入胜。

这便是定远营的概貌。现在，我们把目光转向该城的几个人物，其中最重要的当然要数执政亲王，当地人又称之为"昂邦"[1]，品爵居于二等。亲王对阿拉善实行中世纪式的封建统治。按照血缘，他是蒙古人，事实上已完全汉化。此外，

---

[1] 昂邦为满语词，原意为大臣，这里专指清代中央政府派驻蒙藏及西北地区的办事大臣，其管辖的区域比现在的省、自治区小，和地区、自治州的大小差不多。

他还娶了一位公主为妻，故而与中国皇室是姻亲。不过，几年前这位妻子就死了，昂邦便另立一女子为继室。

阿拉善亲王年近四十，仪表相当俊雅，却因长期吸食鸦片而显得面无血色。他是一名头等贪婪和专横的独裁者。他的任性、贪欲及暴戾是远近闻名的，他以个人的意志，代替了一切律法。他提出的所有要求都必须立即满足，谁都不准说半个不字。可是，在整个蒙古乃至中国，老百姓早就对这样的专制习以为常了。

关上宅邸大门，阿拉善亲王整日待在里面吸鸦片烟打发时光，从不公开露面。原先他还常去京城，自从东干人起事以来，出门旅行就再也没有过。

昂邦有三个已成年的儿子。其中长子日后将继承他的爵位，次子已成为一名活佛，三子名叫西雅[1]，至今未有任何职衔。

活佛是个21岁的漂亮小伙子，性格活泼，富于激情，但已完全毁于不良的教育，总认为自己最高明，容不得半点异议。尽管他的心智并不愚钝，做起事来，却像一个迷失于黑暗的人，一味听信贴身喇嘛们的胡言乱语，自视来历非凡，法相庄严。他丝毫看不清事物的真相，对任何事理都麻木不仁，唯独知道自己拥有的尊号是吸引虔诚信徒，获取权力和财富的不竭源泉。但与此同时，这颗年轻的心灵似乎也在凭本能寻觅着某种美好的东西，而并不满足于拜佛卜算祈福之类的狭隘内容。为了开阔自己的心胸，活佛对打猎十分痴迷，成天都和一帮喇嘛骑快马，挽猎犬，到城外去追猎狐狸。他随后向我们购买了一杆猎枪，就常去郊外园林打鸟，即便如此，可怜的活佛也时常被百般搅扰，不得安宁。有一回，在准备与佩利佐夫一道去打猎时，活佛请他为其赶走所有追随者，因为那么一帮人跟在

---

[1] 我们未能得知亲王的名字，因为蒙古人认为将尊长的名字告诉别人是一种罪过，且不说告诉陌生人。——原注

身后，会把鸟兽吓跑。当然，作为一名佛教圣僧本不该打猎杀生，但周围的喇嘛受制于活佛的森严律令，从来不敢向他提及。东干人暴动期间，活佛把喇嘛们召集起来，组建了一支200人的队伍，并配备了从北京运来的英国滑腔枪，用以打击阿拉善境内的暴乱分子。

阿拉善亲王幼子西雅的性格跟活佛有些相像，生活放浪不羁。他曾亲口对我们宣称，无法忍受书本乃至所有科学的枯燥乏味，但喜好骑马、狩猎和征战。两兄弟专门为我们组织了一次打猎，西雅确实展现了精湛的骑术，追赶狐狸时，把所有人远远甩在了身后。

亲王的长子我们只见过一次，关于他没有什么可说的。据他身边的人说，这位贵胄的性情和两个兄弟都不像。他独来独往，举止高傲，俨然一副未来统治者的派头。

除了上述几个重要人物，还有一个喇嘛也值得一提。此人名叫巴登索尔吉，实际上是亲王和他三个儿子的近侍，负责执行各种指令。索尔吉小时候跟人逃难到西藏，在拉萨度过八年时光，领受了佛家智慧，成为一名喇嘛，又回到阔别已久的阿拉善。他天资聪明，颇有胆识，很快就博得昂邦的青睐，被视为心腹。受亲王委派，他每年都要去北京采购物品，甚至还去过一次恰克图，所以对俄罗斯略知一二。索尔吉的热心和举足轻重的地位，对于我们十分有利。假如没有他，我们或许不会受到亲王和他儿子们的欢迎。索尔吉也是亲王派出城外预先了解我们情况的三名使者之一。随后他向亲王解释说，我们是真正的俄国人，而不是什么其他国家的人。不过，普通蒙古人却把欧洲人一概称作俄国人，而且他们普遍认为，所有外国人都处在同一个察罕汗（即"白皇帝"）的统治下。

当我们渐渐走近定远营，一大群好事者早已守候在城外，然后尾随我们也进了城，潮水般涌入一家汉人客栈的院落。为我们备好的住处就在这家客栈。老板似乎不大情愿让我们住下，开房间的钥匙，他找了好久才找到。我们卸去骆驼身上的驮包，把东西搬进屋子，迅速吃了一顿饭。天色已晚，加上我们走了那么长的路，累得精疲力竭，躺下来很快就进入了梦乡。

第二天清早，我们就被好奇的看客们搅得失去了安宁。这些人拥挤在院子里，爬上屋顶，或者捅破我们房间的窗户纸（中国人常把纸糊在窗户上），透过小孔朝里面张望。为了驱散围观的人群，同时显然也是为了监视我们的行动，亲王派来几名兵丁，可他们也对眼前的局面无可奈何。刚赶走一群人，十分钟不到，又围上来一群。这种令人啼笑皆非的闹剧在我们停留于定远营期间，始终都在上演，起初尤其热闹。简直不能有任何举动，就连偶尔打个喷嚏，也足以引起关注，引来一帮新的看客。正值鸟类迁徙的高峰时节，而气势磅礴、林木蓊郁的阿拉善山就近在咫尺，我们却不得不闲待在肮脏的屋子里，整天无所事事。不过，旅行者跟别的人不同，他的成功取决于机遇——眼下，我们必须听从命运的安排。

到达定远营的次日，我们和亲王的两个儿子——活佛和西雅见了面。第五天，见到了那位长子，直到第八天，才得以拜会亲王本人。我们还未进城时，前来迎接的官员就提醒说要给这几位备好礼物。由于事先没想到带什么特别的玩意儿用以应付这种场合，我便把一块怀表和一只报废了的气压表赠送给亲王，给他的长子一副望远镜，给活佛和西雅的是各种零碎物件，主要是猎具、火药之类。我们从亲王和他儿子们那儿得到的回赠是：两匹马、一口袋大黄和一大块从恰克图弄来的俄国糖。此外，活佛和西雅还赠给我一副银镯，给佩利佐夫一只金戒指。

总的说来，无论亲王本人，还是他的两个小儿子，对待我们都很热情，而且竭力表现得殷勤好客，每天都派人送来大筐新摘的西瓜、苹果和梨，让我们几个长期在荒漠中旅行，吃不到水果的人大饱口福。有一回，亲王特意叫人送来各式各样的中国菜肴。我们还和活佛及西雅出城打了几次猎，并且经常去跟他们聊天，一聊就聊到深夜。尽管通过翻译难以充分表达，但彼此的交流仍然非常愉快，况且我们还可借此暂时摆脱在住处的诸多烦恼。两位年轻贵族举止洒脱，有说有笑，谈吐风趣，兴头上还会露一两手搏击和游艺的绝招。

言谈之间，活佛和西雅表现出近乎狂热的好奇心，向我们询问欧洲的情况，询问那里的生活、居民、机械、铁路、电报等。我们的讲述让他们感觉犹如童话，也让他们萌生了亲眼看看这一切的愿望。两位贵族郑重地请求我们带他们到俄罗斯去。有时，他们还把从北京和恰克图买来的欧洲产品拿给我们看，例如左轮手枪、带有匕首的手杖、上发条的玩具、钟表，甚至还有小瓶的香水。

然而，同亲王的会面却在种种托辞下一再推延，我们也一直得不到进山的许可。索尔吉喇嘛和其他官员每天都前来探望，我们便以高于原价近40%的价格把采购于北京的商品卖给他们，其中卖价最好的是俄国货（针、肥皂、小刀、串珠项链、鼻烟壶、小圆镜等）。可惜我们带的货太少了，总共才值几十卢布，但还是给我们带来了相当大的收益。虽然这种情况比较特殊，但我觉得，在这一带乃至整个蒙古地区，如果能以恰当的方式展开贸易，利润一定十分可观。当然还需要了解行情，善于经营。我个人认为，商品清单中，首先应列入波里斯绒（一种纬织的起毛绒）、呢子、上等山羊革。目前，这几样商品正从俄国大批运往中国。各种零碎的生活用品，如剪刀、小折刀、剃须刀、铜罐、铁碗之类，也肯定走俏。这些东西都是牧民日常生活中必不可缺的，他们现在能够从汉人手中买到，质量却极其低劣。从贸易的长远发展来看，还可输送红黄两色、用于缝制僧袍的柳斯特林（一种有光泽的丝织物）。此外，蒙古人十分看重珊瑚、锦缎、红色项链（华沙项链）、针、怀表、鼻烟壶、小圆镜、立体镜、纸张、铅笔之类的小商品。

索尔吉喇嘛是所有到访者中最热忱的一个。他每天都要来好几趟，向我们讲述许多有关西藏的事。他曾无意间提到，初次前往拉萨朝圣的信徒若想一睹达赖喇嘛的尊容，非得缴纳四五两银子不可。第二次再去见这位神佛化身时，也要交一两银子，但这样的数额只是对穷人设定的，而且他们的住宿和饭食系由西藏统治者；富人和王公贵族觐见达赖喇嘛时，则要缴纳大笔的财物。

当今的达赖喇嘛是个年仅 18 岁的年轻人[1]，佛教徒中间流传着他如何登上宝座的故事：前世达赖喇嘛临死之际，有一个藏族姑娘前来敬拜。达赖喇嘛一眼就认出姑娘正是他未来继承人的母亲，给她一块糌粑和几颗浆果，姑娘吃下去，立刻怀有了身孕。达赖喇嘛指认她为自己的转世灵童的母亲，不久就圆寂了。果然，男孩出世的那一刻，支撑毡包的柱子中突然涌出洁白的乳汁，象征着新生儿的使命和灵性。

索尔吉还对我们讲了关于香巴拉的神奇预言，据说，所有佛教徒终将从西藏进入这个极乐世界。

香巴拉是一座岛屿，位于遥远的北海，岛上遍布金银，谷穗硕大，没有穷人，是个到处流溢着蜜和乳汁的地方。有关香巴拉的预言出现之后，佛教徒仍需等待 2500 年，才能进入这片乐土。据称，预言距今已有 2050 年，故而理想实现的日子已经不太远了。

这个神奇的预言说：西藏有一位活佛，作为神的化身他永生不死，只是从一具肉身转入另一具。预言实现前夕，香巴拉的国王生了个儿子，其实就是活佛再度转世。与此同时，东干人掀起的暴动比现在更猛烈，连西藏也未能免遭劫难，于是西藏人在达赖喇嘛带领下离开家园，向着香巴拉这个幸福国度进发。当时，香巴拉的老国王已经撒手人寰，转世活佛接替了王位。他预言，所有背井离乡的佛

---

[1] 普氏的说法有误，1871 年，他来到蒙古地区，正值十二世达赖成烈嘉措 (1856—1875 年) 在位期间，当时年仅 15 岁。

教徒将在香巴拉的国土安居乐业。而东干人为自己在西藏的胜利所鼓舞，很快又征服了整个亚洲乃至欧洲，最后准备攻占香巴拉。神圣的国王调集了一队骁勇的人马，一举击败东干人，并把他们赶回了老家。国王随后将佛教定为国教。

据说活佛定居在西藏，仍然时常秘密造访香巴拉。活佛有一匹宝马，随时备好鞍辔，一个晚上，就能将主人从西藏送到遥远的乐土，再送回来。人们之所以得知活佛神秘的行踪，实属偶然。事情的经过大略如下：一天夜里，活佛的一个奴仆突发奇想，打算骑上主人的宝马回家乡看看。他没考虑多久，就把静默的马儿牵出马厩，骑到马背上。宝马如离弦之箭，飞驰起来，消失在远方。过了几个时辰，那奴仆发现地面上开始出现森林、湖泊和河流，而这些都是他的故乡从未有过的。他担心走错了路，就掉转马头往回返，还折下一根树枝，准备在马儿疲惫时抽打它。可是马儿并未放慢脚步，黎明前就赶回了寺庙。奴仆擦干马身上的汗珠，又牵回原来的马厩。

活佛一觉醒来，就知道发生了什么。他把奴仆叫来，问他头天夜里骑马去了哪里。奴仆没想到行动暴露得如此之快，不得不道出真相，还承认他自己也没搞明白究竟去了什么地方。活佛闻听此言，告诉他说："你差点儿就要闯入香巴拉这个幸福国度了，去那里的路只有我的马才知道。给我看看你带回的枝条。你瞧，这种树在西藏根本就没有，它们只长在离香巴拉不远的地方。"

我们在定远营闲待到第八天，终于接到同亲王会面的邀请。索尔吉喇嘛显然受了亲王的指派，提前来和我们商议与拜会这位统治者相关的礼节问题。他问我们准备按欧洲方式行礼，还是按蒙古方式叩拜。我们的回答是，当然要按欧洲方式向亲王行鞠躬礼。索尔吉要求我们让步，哪怕叫我们的哥萨克翻译一个人曲膝跪拜也行，但这一要求也遭到我的严词拒绝。

会见是在当晚八点钟，在亲王的会客厅里进行的。这间客厅布置得十分雅致，当中还摆放着一面从北京买来的西式大镜子，价值 150 两银子。桌案上的赛银白铜蜡台点着硬脂蜡烛。摆好了待客的果品，如花生、小蜜果、包在写有诗句的糖纸里的俄国冰糖、苹果、梨等。

我们进入客厅，向亲王鞠躬致敬，他立即请我和佩利佐夫在预备好的位置上就座，哥萨克翻译则站在门边。客厅内除了亲王本人，还有一个汉人，事后我才知道这是一名来自北京的富商。参加这次会晤的还有亲王的儿子们和几名贴身近侍。他们从房门口一直站到过道里。

亲王先是客套了几句，对我们表示欢迎，然后说，阿拉善的土地自古以来从未有外国人踏入。如今，他平生初次亲眼见到我们这些俄国人，实在太高兴了。

接着，他问起俄国的情况，例如，俄国人信什么宗教，农夫如何耕种土地，工匠如何制造硬脂蜡烛，火车又是如何在铁路上行驶的；还问相片究竟是怎样拍摄的。"拍照的时候，难道真要往机器里面放人眼珠子吗？我听人说，天津的传教士就是这么干的。他们假借教育之名，挑选了一些孩子，挖出了这些孩子的眼珠。愤怒的当地人发起暴动，把传教士都杀了。"[1]亲王这样说道。我告诉他这些说法纯属谣言，他便请我下次给他带一架能拍照的机器来。我费了一番口舌，才让他相信，机器上的玻璃在路上很容易被打碎。亲王这才不无遗憾地把照相的话题搁到一旁。

亲王接着又说，据他所知，法国人和英国人是臣服于俄罗斯的，既然如此，那他们每年向俄国的贡奉是多少？我回答说自己一无所知。亲王便追问，英法两国和中国打仗，究竟是受了俄国的指派，还是他们自己挑起来的？"不管怎么

---

[1] 1870 年 7 月，天津确有 20 名法国人和 3 名俄罗斯人被当地人杀了。事情的起因是：有人散布消息称，法国嬷嬷以教育为名，把孩子们骗来，然后剜出他们的眼睛，用于制造照相时必需的一种液体。很显然，这个谣言传遍了中国，人们都信以为真。——原注

说，"亲王颇为大气地说道，"我们的皇帝也是一个宽厚的君主。他出于仁慈之心，非但没有把那伙强盗消灭干净，反而让他们从眼皮底下溜跑了。不过，作为对他们的惩罚，我们已经得到了一笔巨额赔款。"[1]

与此同时，参加会晤的活佛和西雅，却趁着父亲不注意，一个劲儿地朝我们摆手示意，或者用胳膊肘把哥萨克翻译捣两下，还做出顽皮可笑的鬼脸。而事实上，年轻贵族对待他们的父亲，却像奴仆对待主人。父亲是令他们望而生畏的人，他的旨意谁都不敢违抗半分。此外，亲王还常常通过暗探监视手下人的一举一动，将他们每个人的命运牢牢攥在自己的掌心。会晤进行了大约一个钟头就结束了。临别时，亲王赏给哥萨克翻译20两银子，还同意了我们到附近的山里去打猎。次日，我们就进了山，把帐篷支在靠近主峰的一座山头上。骆驼和那个因思乡而再次病倒的哥萨克留在城里，由我们的朋友索尔吉照看。亲王还派了几名随从和一名喇嘛，这几个人显然是来监视我们的。

我们目前置身其中的山脉，绵亘于定远营迤东15俄里（16公里），是阿拉善和甘肃省之间的一道天然畛界。整座山被蒙古人称作阿拉善山，汉人称之为祁连山[2]。它巍峨耸立在黄河西岸，与鄂尔多斯的阿罗布斯山隔河相望。阿拉善山在黄河沿岸自北向南延伸，但有些部分离岸较远。据蒙古人说，这座山的总长度为200至250俄里（213—267公里），宽度却相当小，平均不超过25俄里（27公里）。而山势却很陡峭，峡谷幽深，具有典型的高山特征。这一特征在山的东坡格外明显，表现为群峰林立，层峦叠起，山谷狭窄而深邃，但也没有哪座山峰兀然

---

[1] 关于中国与英法两国在1856—1860年间的交战，在我们旅行所至的亚洲地区，到处都认为获胜的是中国，而不是英法。中国政府显然利用了这类谣传，将所谓欧洲人的失败又做了扩大宣传。——原注

[2] 作者此处有误，应为贺兰山。

突起，超越主峰。主脉的两个最高点是位于中部的巴颜祖布尔峰和布忽图峰。前者的海拔 10600 英尺（3231 米），后者又比前者高出 1000 英尺（300 米）左右。两峰之间的地势相对较低，仅有一道山口贯穿其间，由此可以通往宁夏城。

尽管阿拉善山是一座气势磅礴的高山，其诸多山峰却没有一座超过雪线。甚至在主峰的至高点上，春天的降雪也会完全消融。不过，五六月份，当平原上开始降雨，这里的山地偶尔还飘扬着雪花[1]。总之，阿拉善山区的降水量较为丰沛，溪水却极少，就连山泉也很罕见。据蒙古人说，整座山里仅有两条稍大一点的溪流。其原因在于：耸立在周围平原上的阿拉善山脉，仿佛一道巨墙，虽具有一定高度，山体却过于狭窄。大气降水在陡峭山岩上无法积存，也就无法汇集成溪流或水潭。每当下起暴雨，山里就会出现洪水，迅疾地涌向平原地带，随后消失在那里的沙地，或者在黏土质的凹陷区汇成临时性的湖泽。而洪水随着暴雨的来临和停歇，出现得快，消退得也快。

阿拉善山由地壳运动作用力向上抬升而形成，状如一道狭窄而巍峨的高墙，矗立在平原上，自然形态相当特殊。据我们考察，这座山是完全孤立的，其南段与黄河中上游的群山并不衔接，北段隐没于阿拉善东南部的沙漠。构成山体的岩石种类有：片麻岩、石灰岩、霏细岩、隐晶斑岩、云母砂以及火山熔岩，如布忽图峰的部分山岩就是火山石英砾岩。此外，阿拉善山还蕴藏着优质的石炭，东干人起事之前，汉人对这种矿藏的开采已初具规模。

阿拉善山靠近平原的边缘地带，生长着野草和稀疏的灌木丛。在海拔约为 7500 英尺（2300 米）的西坡上，分布着云杉、山杨和蒿柳的混生林。山的东侧也

---

[1]　9 月里，当我们初次见到阿拉善山，北坡上一些山峰已有积雪；到了 9 月底，山顶和半山腰就不再下雨，而总是飘着雪花。——原注

有一些林木，多为植株低矮的山杨，其间混杂着不少白桦、松树、高塔柏。生长在林间的灌木和低矮乔木及草本植物主要有绣线菊和榛树，分布在山腰的主要是刺锦鸡儿（Caragana jubata），蒙古人称之为"德门苏"，即"骆驼尾巴"。海拔最高的群峰上覆盖着高山草甸[1]。

原先在阿拉善山区生活着相当多的蒙古人，并且还有三座喇嘛庙坐落在山间。自东干人起事以来，这里人口锐减，寺庙也尽遭毁弃。

出乎意料的是，阿拉善山的禽鸟种类十分贫乏。我认为，造成这一现象的主要原因是山里缺乏水源。诚然，我们来到这一带时，正值深秋，大部分鸟类已迁往南方。但1873年夏天，我们再度来到这里考察时，也未发现多少鸟类。

栖息于阿拉善山的留鸟当中，最出色的当数角雉（Crossoptilon auritum）。这种鸟被蒙古人称作"哈拉塔夏"，意即"黑鸡"，属于雉鸡中特殊的一类，最明显的特征是脑后有两撮长长的羽毛，很像猫头鹰的耳羽。角雉的个头比普通雉鸡大许多，脚爪强健有力，大尾巴好似翘起的屋顶，其中有四根羽毛特别长，并且朝下垂落；身上的羽毛大部分为铅蓝色，尾羽则是白底透着铁青，脑后及额下几撮羽毛为白色。鸟喙两侧无毛处和脚爪一样，是红色的。雌鸟的毛色和雄鸟几乎完全相同。秋季，4至10只角雉聚成一小群，出没于针叶林和阔叶林带。据蒙古人说，这种鸟在阿拉善山原先有许多，但1869至1870年间，多雪的冬天致使它们大量死于寒冷和饥饿。目前，雉鸡在这里倒是相当常见。

我们在阿拉善山中发现的其他留鸟有：兀鹫、胡兀鹫、旋壁鸟、山雀、鸸鸟、蜡嘴雀（Hesperiphona speculigera）、斑翅山鹑（Perdix daurica）、石鸡（Perdix chukar）。9月底，往来的鸟类只有赤颈鸫（Turdus ruficollis）、岩鹨（Accentor

---

[1] 对植物群落更详细的描述，可参见第十四章。——原注

montanella）、红肋蓝尾鸲（Nemura cyanura）。在这个草木凋零的时节，禽鸟的大群迁徙已告结束。雪花已经开始飘落，夜间时常出现寒流，群山中已然一派晚秋景色。

与鸟类的贫乏相比，哺乳动物更为稀少。不过，这些动物，尤其是大型哺乳动物，在数量上的丰富却能弥补种类的不足。通过前后两次考察阿拉善山，我们仅仅发现八种哺乳动物，它们是：栖息在山脉西坡针叶林中的马鹿、麝鹿（Moschus moschiferus）、蒙古人称之为"蓝羊"（库库亚曼）的岩羊（Pseudos burrhel）；食肉动物有狼、狐狸和黄鼬（Mustela sp.）；啮齿类动物仅有鼠兔和野鼠。此外，蒙古人还告诉我们，在山脉北段不长树木的地方，栖息着盘羊。

阿拉善山里马鹿数量极多，这主要是因为亲王禁止捕猎。然而，它们仍难免被偷猎，尤其在夏季，雄鹿头顶萌出珍贵的嫩角时，偷猎行为更为频繁。我们进山的时候，正值马鹿发情期，雄鹿嘹亮而急切的呼唤从早到晚回荡在丛林中。听到这样的声音，我和我的同伴都按捺不住打猎的欲念。我们从凌晨到深夜，一直在山上追寻着这种机警的动物，结果总算捕杀了一头雄鹿。我们把鹿皮填制成标本，收藏了起来。

更让人兴味盎然的是猎捕大量栖息在阿拉善山中的岩羊。它们通常选择半山腰最为荒僻的角落作为生息之地。公岩羊的个头比普通山羊略大，毛皮为灰褐色或棕褐色。口鼻上端、胸脯、腿脚正面、从腹部到两肋以及尾巴尖都是黑色的。腹底呈白色，腿脚的背面为淡黄色。犄角大而匀称，从根部以上稍稍翘起，角尖则向后翻卷。母羊比公羊稍小些，身上毛皮呈黑色的部分略显暗淡，一对犄角又短又直，几呈竖直之状。

岩羊或独来独往，或成双成对，或 5 到 15 只聚为一小群，但也有大量麇集在一起的特例。我的同伴佩利佐夫就曾遇到过一大群，数量有上百只。每个群体中都有一只或几只公羊担当领头羊和保护者。遇有危险，它们就用时断时续的尖叫声发出警报，像极了人的口哨声，我第一次听到时，还以为是哪个猎人发出的信号。迫不得已时，母羊也会大声尖叫，平时则比公羊沉默得多。

受到惊吓的岩羊在陡峭的山岩和绝壁上逃得飞快。望着它矫捷的身姿，我感到大惑不解：这种个头不算矮小的动物，究竟凭借什么样的本领，在如此险峻的山地腾挪自如呢？峭壁上一个很小的突起，就足以托住岩羊肥厚的四蹄，并使其身体保持平稳。有时候，岩羊脚下的岩石突然松动，随即轰隆隆地滚下山崖，别以为岩羊也跟着滚了下去——只见它纵身一跃，就稳稳落到另一块岩石上。一旦发现猎人，尤其是忽然发现他逼得很近时，岩羊就迅速蹦跳到不远处，然后停下来，一边发出三两声尖叫，一边仔细观察到底发生了什么险情。这一瞬间是向它瞄准射击的最佳时机，不能有丝毫的迟疑。否则，岩羊只站那么几秒钟，随着几声尖叫，就闪遁在远处的乱石间了。当周围静下来时，处境安全的岩羊便悠然地踱着脚步，或者低垂脑袋，飞跑一阵儿。

岩羊生性谨慎，极其多疑，嗅觉、听觉和视觉都非常发达，在有风的天气里，没有人能潜入距它200步的地方。它总在傍晚时分出来吃草，最喜欢的草场是分布在山顶的高山草甸。早晨，当太阳已经升起，就返回到危岩绝壁上的栖息地，经常接连几个钟头，悄然站立在突起的岩石上，只是偶尔把脑袋左右摆动两下。有一次我看到，一只岩羊这样站在岩石斜面上休息时，臀部早已高过了脑袋，但仍然保持着姿势，似乎毫不费力。正午时分，岩羊通常躺卧在岩石上睡觉，夏季大都躺在山岩的北面，那里显然比其他地方凉爽一些；有时，它还像狗一样伸开四肢，侧卧着身子入睡。

据蒙古人说，岩羊的发情期始于9月，到10月份才告结束。在此期间，无论白天黑夜，都能听到公羊对母羊的痴情呼唤，听起来极像山羊的"咩咩"叫声。

白腹盘羊

盘羊

阿拉善岩羊

与此同时，公羊之间争斗得十分厉害。不过，即使不是处于发情期，它们也经常像家山羊那样一边蹦跳，一边用两角牴架。岩羊如此好斗，以至于成年公羊的犄角尖很少有完好无损的。来年 5 月母羊产仔，每胎一般只产一只幼仔，很少有两只的。小羊羔与母亲形影不离，直至母羊新的发情期来临，才离别母羊独立生活。

猎捕岩羊殊为不易。但这一带有几位技艺高超的蒙古猎户，专门用自己简陋的燧石枪猎杀岩羊。他们熟知地形，深谙野兽的脾性，这些优势能够弥补猎具的不足。一只成年公羊身上可出两普特（约 30 公斤）净肉。秋天，岩羊长肥了，肉质鲜美无比。蒙古人把岩羊皮上的毛除去，用来缝制皮囊和打猎穿的皮裤之类。

进入阿拉善山之后，我和佩利佐夫整天都在追猎岩羊。由于不了解地形，我带了一位蒙古猎人与我同行，他对这里的山势及岩羊习性都了如指掌。清晨，当霞光在天边若隐若现，太阳微微露出地平线，我们便离开帐篷，迈向高峻的群峰。在晴朗宁静的早晨，站在山巅向两侧眺望，一帧迷人的风景画徐徐展开。只见黄河仿佛一条狭长的缎带，在山的东侧飘舞、闪光，遍布于宁夏城周围的小湖，宛若颗颗钻石，光彩熠熠；在山的西侧，有一片赤裸的荒漠，由近及远渐渐延伸，最终如缥缈的云烟从人的视野中消失。散布在荒漠中的黏土质绿洲，犹如一座座绿色小岛，飘浮在茫茫的黄色沙海上。在我们周围，万籁俱寂，只有呼朋引伴的马鹿偶尔叫几声，才将这一派静谧暂时打破。

我们在山顶休息片刻，就小心翼翼地走进一片层峦叠起的山地，这里离岩羊大量出没的东坡最近。我跟在那位蒙古猎人身后，来到一块高大的岩石后面，探出脑袋四下里张望。我们仔细地把所有凸起的地方和灌木丛都扫视了一遍，没有发现什么动静，便又向前走过几块巨石，继续观察。就这样，山坡上的石堆几乎搜寻遍了。我们一边察看，一边细听是否有岩羊轻微的脚步声，或者是否有岩石被它踩翻，从什么地方滚落下来。有时我们自己也把巨石推进长满树的峡谷，好让岩羊从藏身之地跑出来。岩石朝深谷滚落的景象蔚为壮观。只要稍微用点力气，推搡一下，勉强立着的风化的巉岩就松动了，随后从山体脱落，滚动起来，越往下滚，速度就越快。到后来，简直像巨大的炮弹，带着刺耳的尖啸，飞快地冲向峡谷，所到之处，许多树木都被轧倒。另有一些略小的石块，也被巨石牵带着跟在后面一齐滚动。接着只听一阵訇然喧响，巨石坠入谷底，山坡上留下一片片倒伏的草木。与此同时，山谷中先是传来众多鸣响，继而汇聚成同一种声音，在崇山峻岭间来回荡漾。回声惊起一群群鸟兽，慌里慌张地逃向峡谷另一头。然而，过不了几分钟，回荡在峡谷中的喧响便逐渐停息，重新归于阒静。

我花了半天时间，四处搜寻岩羊，却一无所获。看来，必须具有一双鹰眼，才能在一大片空间里，将岩羊发灰的毛色与同样呈灰色的岩石区分开来，也只有具有一双鹰眼，才能认清楚躲藏在灌木丛中的猎物。那位蒙古猎人视力惊人，能看清很远的东西，有时，距离我们几百步之遥露着犄角的岩羊也会被他发现，可我用望远镜都看不见。

随后我们又继续四处寻觅岩羊。有时要走得很远，爬上陡峭的山岩，从一块岩石跳到另一块去，或者跃过很宽的罅隙，甚至顺着峭立的绝壁向上攀缘。总之，每前进一步都面临危险。岩石蹭伤手掌，鲜血淋漓，皮靴和衣裤也撕破了。然而，这一切都被置之脑后，唯一的念头就是向追寻已久的野兽开枪射击。这种念头却总是被无情地粉碎。经常出现这种情形：我们好不容易靠近一只岩羊，不料被附近的另一只发现了。这机警的动物赶紧用尖厉的叫声向同伴发出警报，或者踩翻脚下的岩石，提醒同伴注意危险。那只被我们追踪的岩羊旋即逃之夭夭。这样的经历实在令人懊恼。所有辛苦都白费了，一切还得从头做起。

但运气偶尔也有好转，我们得以贴近岩羊，相距仅有 200 或 150 步，有时甚至更近。这时候，我一边竭力抑制心脏的狂跳，一边从岩石后面伸出来复枪的枪筒，小心翼翼地瞄准目标。一声枪响过后，荒凉的峡谷中顿时荡起断断续续的回声。岩羊被子弹击中，猝然倒在岩石上，或者从山坡上滚落，留下一条宽宽的血迹。但有时候，如果岩羊仅仅受了点轻伤，就会拼命地逃窜，那么来复猎枪的另一支枪筒便派上用场，装在里面的第二发子弹一般都会将受伤的野兽击倒在地。不过，岩羊的忍耐力极强，有时即便受到致命的创伤，仍然能逃得很远。有一次，我向一只母羊连发三颗子弹，分别击中腰部、颈部和臀部，可它还是跑了一刻钟才倒下。

我们朝那被猎杀的岩羊冲过去，剖开身体，蒙古人把内脏都留给自己，连羊肠也不丢弃。随后，他捆住岩羊的四蹄，扛在肩上。就这样，带着沉甸甸的猎物，我们回到宿营的帐篷。

在春季，如果遇上严重的旱灾，山里的野草会全部枯死，岩羊只得啃树叶，为了填饱肚子，甚至还会爬上树梢。当然，这种情况实属罕见。不过，1871 年 5 月，我在黄河左岸附近的山地边缘，就曾见过两只岩羊爬在一棵高约 2 俄丈（4 米）的枝叶茂密的榆树上啃食树叶。我是从距离不到 60 步的地方发现树上有岩羊的，起初都不敢相信自己的眼睛。直到那两只动物从树上跳下来逃跑，我才顿然醒悟过来。其中的一只当场就摔死了。

总之，岩羊是山地间攀缘的健将，但有时也会陷入进退两难的绝境。在青海湖附近的山区，我曾经发现一座悬崖上站立着一群岩羊，一共有 12 只。它们究竟是怎样攀到那里去的，我至今百思不得其解。悬崖的三面都是万丈绝壁，还有一面连接着风化松动的山体，大概只有老鼠才能从上面爬过去。离这座悬崖大约 100 来步远的地方，另一座山崖与之并排耸立，看上去并不十分险峻。我正是从那里突然发现在悬崖上有一群岩羊。只见一只年老的公羊面对着我，站在一块突起的岩石上，那岩石窄得仅能容下它的四蹄。我朝它开了一枪，子弹射入胸脯以下某个部位。公羊似乎知道这回在劫难逃，并未即刻挣扎着逃命，而是站在原地迟疑了一会儿。蓦地，它仿佛终于拿定了主意，猛然腾起四蹄，跃入深达 60 俄丈（120 米）的峡谷。从谷底先是传来沉闷的轰响，接着响起一阵隆隆的回声。其余岩羊受到惊吓，在山崖顶端逃窜几步，就不知所措地停了下来。忽然又是一声枪响——一只母羊一头栽进刚才那只公羊跃入的峡谷。这种场面确实惊心动魄，先后目睹了两只大型动物一边在空中翻着跟头，一边飞快地坠向可怕的深渊，连我自己都不由得紧张到了极点。然而，猎人的强烈欲望很快战胜了内心的闪念，我又一次把子弹装入枪膛，接着朝那群惊魂不定、无路可逃的岩羊连开两枪。就这样，我从原地总共射出七发子弹，直到岩羊终于下定决心，顺着山崖顶部冲下来，最后从一块高达 12 俄丈（约 25 米）的巨石上——跳入峡谷。

除了阿拉善以外，岩羊还大量分布在黄河北套靠近河岸东侧的谷地周围，而穆尼乌拉山和蒙古北部的群山中却未见踪迹。岩羊还经常出没于南部的青海及西藏高原，但确切地说，这已是岩羊的变种，甚至可能是特殊的新种——那呼勒岩羊（Pseudois nahoor）。

我们在阿拉善山盘桓了两个星期，才回到定远营，决定由此返回北京，为下一次旅行筹备资金及一应必需品。眼看距离青海湖只剩 600 俄里（640 多公里），也就是 20 天左右的路程，却不能向着渴望的目的地前进，真让人感到难过。但无论怎么说，我们都别无选择，只能做出这样的决定。尽管我们一路上节约得跟守财奴差不多，抵达定远营时，口袋里的钱却只剩下不到 100 卢布了。卖掉货物和两支猎枪，也仅够回程的费用。加之目前我们的两个哥萨克既懒惰又不可靠，根本不可能带着这样的帮手，展开一场比刚结束的旅行更艰险的跋涉。促使我们返回的最后一个原因是，凭借北京上次签发的护照，我们只能到达甘肃边界。而进入其腹地，则不在地方当局许可的范围之内。我的心情十分沉重，只有已然接近自己向往的门槛却又不可能迈过它的人才能理解。必须向现实妥协。就这样，我们踏上了回返的路途。

第七章　重返张家口

【1871 年 10 月 15（27）日—1871（1872）年 12 月 31（1 月 12）日】

　　我的旅伴得了重病—吉兰泰盐池—哈拉那林山—东干人的特征—黄河左岸谷地—艰难的冬季旅行—我们的骆驼走失了—被迫在席力图召附近停留—抵达张家口

　　1871 年 10 月 15 日，考察队离开定远营，踏上去往张家口的旅途。临行前的傍晚，我们的朋友活佛和西雅两人前来送行。他们怀着依依难舍的深情，伤心地与我们告别，并请我们尽快返回来。我们以自己的照片相赠，同时一再表示，永远不会忘记在阿拉善受到的盛情接待。上路之际，索尔吉喇嘛和一名官员赶来，转达了亲王儿子们最后的道别，将我们送出城外。

　　从定远营到张家口，大约有 1200 俄里（1280 公里）。我们必须尽可能不间断地走完这段漫长而艰难的路程。冬天越来越近，随之而来的将是蒙古高原惯有的严寒和肆虐的狂风。正当我们面临重重困难，却又发生了一件糟糕透顶的事情：离开定远营没多久，我的同伴米哈伊尔·佩利佐夫就得了严重的伤寒热，考察队被迫在阿拉善北部边界的哈拉莫里特泉（音译）附近耽搁了九天。

虽然我们也带有一些药品，我却压根儿不懂医学，无法对佩利佐夫采取适当的医救措施，只得眼睁睁看着他的病情加重。幸亏他年纪轻，体质好，总算熬过了危险期。他的身体仍然极度虚弱，时常出现昏厥，但已能勉强骑在马背上。与此同时，我们不得不加紧赶路，日复一日地从黎明走到黄昏。

为了解黄河左岸以及与黄河谷地相连接的山脉，我决定取道与阿拉善毗邻的乌拉特诸旗，径直向北行进。在距离定远营以北 100 俄里（107 公里）处，我们见到了蒙古人称作"吉兰泰达巴苏"的巨大的沉积盐湖[1]，即吉兰泰盐池；其海拔只有 3000 英尺（945 米），是整个阿拉善地区地势最低的地方。吉兰泰盐池周长约为 50 俄里，储有丰富的优质盐，凝结在湖面上的盐层厚度为 2 至 6 英尺（0.6—1.8 米）。但目前这一自然资源的开采量微不足道，仅有几十个蒙古人从事采盐，采得的湖盐由骆驼驮载，运往宁夏城和包头两地。

采盐过程中，首先要把盐层上泛着白色盐分的浮土清除掉，然后用铁铲将底下的盐铲起来，用清水过一遍，再置入事先挖好的坑里积存晾晒，待盐粒晾干，即可分装进口袋，用骆驼运走。一峰骆驼每次可驮六七普特（115—164 公斤），在当地，这么多的盐仅值 50 文钱，即 5 戈比。吉兰泰盐池岸上驻有一名特派的蒙古官员，负责监督采盐，所得全部收入均纳入亲王府库。此外，亲王从赶骆驼的雇工身上还可赚得相当高的收益。雇工把盐运到交易市场上卖掉，必须上缴 90% 的利润，而他们仅得到剩下的 10%。蒙古人告诉我们，在包头城，每峰骆驼驮运的盐可以卖到 1.5 到 2 两银子。

---

[1] 又称察罕布鲁克池，位于内蒙古阿拉善左旗境内，面积约 120 平方公里，是我国著名盐湖，蒙语中"吉兰泰"是"六十"（六十户人家），转义为富足。

　　吉兰泰盐池四周几乎寸草不生，很是凄凉，尤其当盛夏来临，采盐活动全部中止，就显得越发冷清了。吉兰泰盐池熠熠闪光的盐层，远观似水，近看像冰，甚至迷惑了迁徙的天鹅。它们还以为在浩瀚的荒漠中发现了水泊，纷纷从空中向湖面俯冲，等发现上当受骗，便又气恼地号叫着飞上蓝天，飞向远方去了。

　　在阿拉善北部距离哈拉莫里特泉（即我们因佩利佐夫生病而停留的地方）不远处，耸立着不宽但十分陡峻而又荒凉的杭乌拉山，与哈拉那林山首尾相连[1]。后者起始于哈柳图河附近，随后紧贴黄河左岸，自东北向西南延伸约300俄里（320公里），终止于阿拉善北界。在这里，哈拉那林山变成嶙峋的山丘，向平缓的沙地延伸；只有同杭乌拉山相接的南段才具有相当的高度，但随后又分成数条细小的旁支，倾没于吉兰泰盐池以南。哈拉那林山的东段为低矮的山丘，这些山丘时断时续，与色尔腾山连在一起。

　　像张家口周边的山脉一样，哈拉那林山也属蒙古戈壁边缘直至黄河谷地的隆起部分。这座山的东段比西段高出2400英尺（730米）。只有紧挨黄河谷地的部分山体，才呈现出充分发育的地质形态，如同峭拔的高墙，间或有狭窄的山口贯穿其间。哈拉那林山的最高部分位于中段，但包括这一部分在内的整座山脉从始至终都较为荒凉，主要的岩石种类有：花岗岩、前震旦纪片麻岩、隐晶斑岩、石灰岩、砾岩等，由此构成的巨大山岩在山体两侧相互交错，有的还兀然耸起，给山峰平添一道风景。有些地方的山岩已风化，宽阔的风化带从峰顶一直延向谷底。某些平缓山坡上，可以见到野桃和无毛榆的树丛，但大多数地方寸草不生。动物种类倒是相当丰富：山崖之间栖息着大量岩羊，在山势较和缓的西段，经常

---

[1]　这里所说的杭乌拉山及哈拉那林山（意即黑石岭），皆属阴山山脉的支脉狼山。因阴山山势断续，支脉多，故当地蒙古人对山脉各段有不同的叫法。

有盘羊出没。哈拉那林山的一个突出特点是，泉水和溪涧比较多见。在植被如此稀疏的山上竟有如此丰富的水源，不失为奇异的现象。

从杭乌拉山开始，我们面前出现了两条路：一条沿着山麓通往相邻的黄河谷地，另一条从山脉西段伸向乌拉特诸旗的隆起地带。我选择了后一条路，目的是摸清这一带的情况，继而了解整个蒙古戈壁高原的自然形态。

我们穿过一片山石嶙峋的低矮丘陵，就逐渐步入缓缓抬升的高原。这里的自然景观令人想起阿拉善沙漠——同样是一派荒凉，到处裸露着同样的疏松沙地，植物种类同样极为贫乏。较常见的植物仅有沙蒿和刺旋花这两种。不过，再往东北方向去，就发现土质已有所改善，在距离阿拉善北界大约 120 俄里（125 公里）处，终于出现了长满纤细野草的沙土相混地带，同时还出现了蒙古高原上的"常住居民"——在整个阿拉善都未见踪影的黄羊。

随着地势的升高，气候也骤然改变。在阿拉善的平原区，10 月正值秋高气爽的时节，天气相当暖和，甚至在这个月下旬的午间，背阴处气温仍可达 12.5℃，25 日这天中午，我们测得的沙漠表面温度竟高达 43.5℃。尽管夜间比较冷，但日出前的气温仍不低于零下 7.5℃。

与此同时，当我们刚刚走近哈拉那林山，凛冽的严寒就扑面而来。11 月 3 日这天，大自然用一场只有在西伯利亚才会遇到的暴风雪，款待了我们这些远道而来的客人。随后，这种状况逐日逐月持续不断。雪花被狂风搅成碎屑，时常与浓云般的黄沙相混杂，在天地间胡乱地飞旋，以至于十步之内，一物莫辨。不可能睁着眼睛，屏住呼吸，逆风而行。我们将出发的念头搁置一旁，整天躲在帐篷里，直到傍晚才出来清除周围的积雪，以免简陋的住所被雪堆掩埋。黄昏时分，暴风雪来得更猛烈了。我们那几峰中午就牵到草地上的骆驼，不得不待在夜幕笼罩的原野上，听凭命运摆布。直到第二天，才能将它们找回来。

一夜暴风雪过后，积雪厚达数英寸，帐篷周围尽是巨大的雪堆。严寒一天接着一天，旅行越发艰难，我那有病在身的旅伴受尽了痛苦的煎熬。没过多久，我们的两峰骆驼和一匹马怎么也走不动了，只能弃之荒野，取代它们的是从阿拉善买来备用的骆驼和马。

就这样，考察队在哈拉那林山的西段行进了 150 俄里（约 160 公里）。我们注意到，这座山的几条分支并未深入与之毗连的高原腹地，于是考察队就在乌加河[1]的峡谷附近横越山岭，于 11 月 11 日进入黄河谷地。转眼之间，我们从冬天又回到了大自然遗留在阿拉善的温暖秋天。根本没有降雪天气。正午的高原上，通常指向零度以下的温度计，此时又能测得冰点之上的温度了。但此种气候差异，仅仅出现在方圆 20 俄里的范围内。

我们在黄河谷地，很快又感受到冬天的迫近。水面已经结冰，黎明前的气温降得很快，有时甚至可达零下 26℃。白天倒不觉寒冷，平静无风时尤其暖和，天空里几乎没有一丝云。

在哈拉那林山西段考察期间，我们没见到一户人家。因为害怕从青海湖周边流窜至此的一小撮强盗，蒙古人都逃往黄河谷地。在毗邻东干人聚居区的蒙古各地，当地人背井离乡的情况很多。东干人频频出没，这群乌合之众，手中的武器不过是大刀、长矛和少量的火绳枪，却对蒙古人和汉人造成极大恐慌，以至于听到"东干人"这几个字，人们便落荒而逃。我们停留于定远营期间，阿拉善亲王正在调遣军队清剿这帮人。一名官员奉亲王之命向我们借大檐帽，用来吓退敌人。这名官员振振有词地说："这帮家伙大概知道你们就在此地。一旦看见我们的人戴着你们的大檐帽，他们肯定以为俄国人在为我们撑腰，立刻会不战而逃。"

---

[1] 乌加河，今称五加河，流经河套北缘。

从阿拉善的疏松沙地开始，黄河北套左侧的河谷逐渐出现成片的草地，与黄河右岸别无二致。黏土地长满又高又密的芨芨草，河岸两旁分布着灌木林，靠近山脉的地表是砾石层。像鄂尔多斯一样，这一带的海拔不超过 3500 英尺（约 1070米）。人口密集的汉人定居点随处可见，但大都集中在河岸，从高原地带及鄂尔多斯逃难来的蒙古人则生活在山脚下。每个村庄都有中国军队驻扎，准备抵御东干人进犯。从宁夏城至包头城，各地驻军总数达七万人之多。然而，据说严重的开小差现象已导致军队减员过半。这帮大兵的道德败坏到了极点。他们专干偷窃抢劫的勾当，对当地居民而言，不啻于可怕的灾祸。蒙古人曾经不止一次告诉我们，以保护者的面目驻扎于此的军队，实际上比暴动的东干人还坏。毕竟，东干人只会猖獗一时，而军队则长期为患。

我们也未能躲过中国大兵的屡屡纠缠。有一次，他们硬要把我们的骆驼抢去驮自己的东西。还有一次，两个兵痞命令我们从井里提水饮他们的马。这帮无赖每次都被我们狠狠教训一通，灰溜溜地离去。

在靠近河谷的群山脚下，我们发现了一条黄河故道，宽度约为 170 俄丈（363米），轮廓清晰，但已彻底干涸，到处布满荒草。据蒙古人说，黄河当年是从鄂尔多斯伸入阿拉善的荒漠上改变流向的。这条旧河道顺着河谷边缘的山麓弯曲地延伸，直到穆尼乌拉山的西侧附近才与今天的黄河交汇在一起。

在黄河故道和如今的干流之间，有两条小河，在酷热的夏季经常干得滴水全无。当黄河水位升到很高时，这两条河里也涨满河水。除了黄河干流及其支流所经之地，河谷地带其他部分全都缺水。井是唯一的水源，但总要深挖才能出水。

我们在黄河谷地发现了几种越冬的鸟：红隼（Cerehneis t.）、鹞子（Circus sp.）、拉普兰雪鹀、大鸨（Otis tarda）、鹌鹑（Coturnix muta）、赤麻鸭（Tadorna ferruginea），以及不计其数的雉鸡。雉鸡生活在芨芨草丛中，因那里是旱地，它们常到水井边喝水，人只要躲在附近开枪射击，即可获得大量猎物。不过，我更喜欢带上猎犬到野地里打猎。在浮士德的协助下，我第一次就猎得 22 只雉鸡，同时还有许多中了弹，挣扎着逃脱了。猎犬当然会紧追不舍，但追不了几十步，就发现地上还有一些或死或伤的雉鸡，便不再追前面那些受伤的，而是把散落在地面上的猎物一一叼给主人。雉鸡行动飞快，在平地上很难徒步追上。

在黄河谷地某些具有草原特征的区域，生活着大量的葛氏瞪羚和黄羊。我们几乎每天都能猎捕到这两种动物，前方的路途中也就有了肉食保障。对于我们的哥萨克以及从阿拉善雇来的蒙古人而言，饮食当中必不可少的却不是肉类，而是砖茶。这几个人饮茶的量大得惊人，特别是弄到牛奶的时候。他们将奶兑入茶水，使之成为鲜美的饮料。用哥萨克的话来说，这"发白的玩意儿"好喝得要命。这样的"琼浆玉液"，他们每次差不多能喝下一桶。他们对于喝茶如此痴迷，简直是对我和佩利佐夫的摧残，旅途中经常会有这样的不愉快：眼看就要上路，蒙古人和哥萨克却非要等茶熬好喝完之后才肯动身。就连心境的好坏，也取决于喝茶，尤其取决于那"白色玩意儿"喝了多少。所以，每当他们又在进行可恶的豪饮时，我都装作视而不见，心里别提有多烦了。

我们在黄河谷地顺着边缘的山岭前行。这道山岭一直伸向哈柳图河，从附近骤然分为数条细小的旁支，继而形成低矮的丘陵，并渐渐偏离黄河谷地的边缘。这道山岭实际上是谷地边缘与向东延伸至昆都仑河[1]的色尔腾山之间的纽带。色尔腾山险而不高，植被稀疏，从某些迹象来看，似乎很缺水。

色尔腾山的南部，是耸立在包头城附近的穆尼乌拉山。位于黄河北岸的谷地一直伸入两山之间的开阔地带。这里到处是人口密集的汉人村落，同时开始出现

---

[1] 昆都仑河是一条发源于包头北部阴山山脉的河流。

一条疏松的沙带。如果一个旅行者由东向西来到这条沙带，就意味着他已踏上鄂尔多斯和阿拉善的可怕荒漠的起点。

考察队从昆都仑河岸继续向东行进。首次考察的成果为旅行带来了便利，我们不用再摸索着前行，只须按照地图的指示即可，而且也用不着再绘制地形图。这就是所谓事半功倍吧。我个人也因为摆脱了繁琐的工作而感到莫大的愉悦。要知道，在冬天，尤其在寒风凛冽的日子里测绘地形，是一件多么艰难的事情。有一次，我在野地里摆弄罗盘仪时，每只手都被冻伤了两根手指。

11月底，我们终于将黄河谷地甩在身后，随后越过绍霍因达坂（音译），进入地势较高的蒙古高原边缘地带。迎接我们的又是肆虐的严寒。太阳初升时，气温降至零下32.7℃。刺骨的寒风终日刮个不停，有时还会出现暴风雪。就在寒冬笼罩的同一地带，我们在夏季却经受了高达37℃的炎热。可见，到亚洲荒原旅行的人，不仅需要忍耐酷暑，又要能抗御西伯利亚式的严寒，对于气候从一个极端向另一个极端的急剧变化，也应有相当的承受能力。

行进在途中，感觉还不太冷，因为大多数时候都在步行。唯有佩利佐夫大病未愈，身体仍很虚弱，只能用羊皮袄裹住身子，整天骑在马背上。而冬天在我们的宿营地仍然要向人施以颜色。我至今忘不了徐徐隐没在西方的血色残阳和夜晚飘动在东方天际的暗蓝色云带。每当目睹这样的景象，我们就赶紧卸下驮包，支起帐篷，提前等候雪的到来。尽管雪不会很大，却像沙粒般细碎而干燥，随风扬在脸上，犹如针扎一般疼痛。燃料问题是下雪天的难题。如果路上事先拾不到干粪，就派一名哥萨克到蒙古包去买。干粪卖得很贵[1]，但这还不算什么。最可气的是，人家还不愿意卖给你呢。有几次我们遇到的汉人就是这样。还有一次，我

---

[1]　一袋两普特左右的（33公斤），我们经常要付出相当于50戈比的价钱。——原注

们冒着严寒和风雪，一连走了 35 俄里（约 40 公里），停下来休息时却怎么都弄不到干粪，简直狼狈之极。无奈之下，只得劈开马鞍，烧煮了一顿寒伧的茶饭。

当帐篷中燃起粪火，马上就有了暖意，起码身体挨近火塘的部分相当暖和。眼睛却被烟熏得刺痛，风一吹，痛得更厉害。准备晚饭时，敞开的饭锅里冒出缕缕热气，令人有置身澡堂之感，只是帐篷里的温度没那么高。刚煮好的肉，才啃几口，就彻底凉透，弄得手和嘴巴结起厚厚一层油脂，饭后，必须用刀才能刮去。

夜晚，我们用所有驮包把帐篷出入口尽可能堵严。但这个简陋的栖身之所只比野地里稍微暖和些，因为从晚饭后到次日晨，火塘里都不再生火。为了取暖，只有把皮袄皮衣全盖在身上。我们通常不穿衣服睡觉，这样睡得更香。由于从头到脚都裹得严实，有时还往身上再盖几层毛毡，睡觉时并不觉得特别冷。佩利佐夫常常让猎犬浮士德跟自己一起睡，后者受到邀请非常兴奋。

夜晚很少有安宁的时刻。狼群四处游荡，经常把骆驼和马吓得拼命地叫，蒙古人或汉人的家犬有时竟肆无忌惮地钻进帐篷里偷肉。遇到这类情况，得要有一两个人起身去安顿受惊的骆驼和马，用枪驱赶狼或行窃的狗。等处理完所有的麻烦，再次回到帐篷里的人往往手脚冰凉，牙齿打战，很长时间都暖不过来。

走在这条熟悉的路上，我们原以为对周围的情况比较了解，旅途中不会再有什么意外。但出乎预料的是，旅行接近尾声时，我们再次遭到劫难。以下是事情的来龙去脉。

11 月 30 日傍晚，我们行至席力图召[1]附近，停下来过了一夜。席力图召坐落于归化以北通往乌里雅苏台的大道上。第二天早晨，我们将七峰骆驼，除了生病的一峰，全都放到帐篷附近的草地上，与来自归化的几队骆驼一起吃草。周围

---

[1] 席力图召位于内蒙古呼和浩特旧城石头巷，又称延寿寺。

的草差不多都被啃光，我们的牲畜便翻过前方不远处的小山丘，去寻找更好的草场。它们的身影消失在肆虐了五天的狂风中。过了一会儿，我叫哥萨克和蒙古人去把走远的骆驼牵回来，却发现它们已不在山丘背后，地面上只留下许多骆驼混杂在一起的狼藉的脚印，再加上被风吹过，更显得模糊不清。得知我们的骆驼丢了，我赶紧派刚才那几个人四处寻找。找了一整天，把周围所有驼队中的骆驼都认了个遍——可我们的牲畜仿佛钻进了地缝，偏偏不见踪影。

次日一早，我就派哥萨克翻译到辖治这一带的席力图召去，向寺里说明骆驼走失的情况，并请求采取行动，帮我们找回丢失的骆驼。那个哥萨克来到席力图召，费了好一番口舌才被放入山门。寺里的几个喇嘛接过北京签发给我们的护照，看了其中标明的一项条款——"必要时，请予以协助"，极其冷漠地说道："我们又不是给你们放骆驼的，骆驼丢了，你们自己找呗！"没办法，我们只好向一个蒙古官员求助，他的答复也是同样的冷漠。

同时，我们请附近的汉人卖些草料，喂养仅存的病驼和两匹马，但谁都不愿卖给我们。过往的骆驼早就啃光了周围的牧草，小山脚下也找不到一块草地，我们那可怜的牲畜只有忍饥挨饿。夜里，一匹马冻死了。两天以后，生病的骆驼也断了气，尸体就倒在正对帐篷出入口的地方，使我们原本低落的心绪更添几分颓丧。我们只剩下一匹马，却已疲弱不堪，只能勉强行走。这匹马之所以没有饿死，是因为我们用死去的骆驼跟汉人换回的 25 捆优质饲草挽救了它。死骆驼身上还有相当多的肥肉，汉人拿去着实美餐了几顿。

几天以后，派出去寻找骆驼的蒙古人和哥萨克回来了。他们跑遍方圆几十俄里，逢人便问，还是未能打听到任何消息。要想找回骆驼，没有当局的帮助显然是不可能的。我决定干脆在附近雇一名汉人作向导，由他引路去归化，再从那里找个向导，把我们带到张家口。可是，一向贪婪的汉人这回却不为重金所惑，说什么也不愿为我们带路。显然，他们是害怕得罪地方当局。

我们几乎陷入绝境。幸亏在阿拉善卖掉货物和猎枪所得的 200 两银子还未动用。我决定派一名哥萨克与蒙古人一道去归化买几峰骆驼回来。但又出现一个问题：他们怎样去那里呢？眼下只有一匹马，而且还弱得走不动路。考虑到这些，我便带上哥萨克翻译去蒙古包挨个询问有谁肯卖马。转了一整天，好不容易买到一匹。次日一大早，那两人就骑这匹马前往归化，买回了几峰极差的骆驼。考察队在席力图召附近滞留了 17 天之久，终于可以骑骆驼上路了。经过一番周折，我们浪费了许多时间，还遭受了巨大的物质损失。此前，因途中饥渴、严寒等问题就死掉了不少牲畜。算起来，第一年考察期间，我们一共损失了 12 峰骆驼和 11 匹马，而且马匹大都相当不错，是花很大价钱从蒙古人那里买来的。

由于骆驼走失，考察队被迫停留在原地，哪儿都去不了。这里除了百灵和沙鸡，再没有别的鸟类。我们整天百无聊赖地待在帐篷里，甚至很少动笔。在这寒冷的冬日，想写点什么都非常困难。首先要把结成冰的墨水融化，还要时不时地把蘸墨水的羽毛笔凑到火上烘烤，以防书写时冻住。我喜欢用羽毛笔写日记，只有万不得已才使用铅笔，而铅笔磨损很快，写出的字迹容易变得模糊。

每天都有不少蒙古各地的驼队从我们身边经过，前往归化，用毛皮换回汉人的黍子、茶叶、烟草、面粉、棉布等日用品。其实，除了茶叶之外，其他东西完全可以由我们俄罗斯人提供，只要扩大俄蒙之间的贸易往来。

在晴朗无风的日子里，我偶尔去打黄羊。它们大量出没在离我们的帐篷 5 俄里左右的地方。当时，一场疫病正在黄羊之间传播。染病的动物瘦得只剩一把骨头，很快就会死去。草原上到处都是倒毙的黄羊，让渡鸦和狼大饱口福，甚至还有汉人从归化赶来，与这些"老饕"一起分享美食。

骆驼买来之后，考察队加快速度，赶往张家口。一路上只在舒玛哈达山停留了两天，为的是捕猎盘羊。我一共捕杀了两只年老的母羊。有一天，旅途中又发生了一个不幸的事件。我的旅伴佩利佐夫骑的那匹马不知受了什么惊吓，突然狂奔起来。久病未愈的佩利佐夫在鞍子上没有坐稳，一头栽到冻得坚硬的地上，被我们抬起来时，已不省人事。幸亏他只受了点轻伤，很快就恢复了知觉。

温暖的中国内陆对蒙古这片边缘地带影响显著。在没有风或刮着微弱西南风的日子里，天气相当暖和。12 月 10 日这天，我在背阴处测得的气温竟达 2.5℃。然而，只要蒙古冬天惯有的西风或西北风刮起来，天气马上就变得异常寒冷。日出前温度计上的刻度有时会低于零下 29.7℃。夜间如果多云无风，黎明前的气温则在零下 6.5℃左右。大多数时候，天空都是晴朗的。整个 12 月，总共下过三场雪。有些积雪厚达数英寸，但大部分地方见不到积雪。

总之，在与中国内陆毗连的蒙古边缘地带，气候远不像偏远戈壁高原那样严酷。尽管这一带海拔也比较高，却很少出现可怕的严寒。来自西伯利亚的朔风、万里晴空、光裸的盐碱地加上高海拔的地势——这些因素集中在一起，才使蒙古荒原成为在整个亚洲气候最恶劣的地区之一。

我们与张家口之间的距离一天天缩短，急于抵达这座城市的愿望也一天比一天强烈。终于，渴盼的时刻来临了，考察队赶在新年前一天到达了目的地[1]。傍晚时分，我们找到了在当地的俄国同胞，他们像上次一样热情地接待了我们。

第一次考察活动就此结束。一点一滴累积的成果，现在看来确实喜人。我们尽可问心无愧地说，第一阶段的任务已经出色地完成了。这一结果令人内心燃起了更炽热的愿望，我们决意再度深入亚洲腹地，向遥远的青海湖沿岸进发[2]。

---

[1] 普尔热瓦尔斯基的考察队于 1872 年 1 月 12 日抵达张家口。按俄历，这一天正值 1871 年岁末。

[2] 据普氏在写给友人的信件中计算，这次考察行程一共有 3700 公里。

第八章　再次考察阿拉善

【1872年3月15（27）日—6月19日（7月1日）】

为再次考察做准备—新来的哥萨克—蒙古东南部的3月和4月—阿拉善的春天—阿拉善亲王阻止我们继续考察—与唐古特商队一起前往甘肃省—阿拉善南部的自然特征—长城及大靖城

返回张家口没几天，我便赶往北京，筹备下次考察所需的一应物品及资金。我的旅伴佩利佐夫和两名哥萨克留了下来，为新的旅行陆续购进各种必需的零碎物件，还买了几峰骆驼，因为从归化买回的那几峰实在不中用。

不知不觉间，1月和2月过去了，时间都用来采购物品、整理驮包、往恰克图发送动植物标本和撰写考察报告了。几乎像上一年度一样，我们的物质状况仍然窘困，在北京，我未能得到即将开始的新一次旅行所需的足够资金。但在弗兰格里将军的殷切关怀下，资金上的困难很快缓解——他又给我借了一笔急需的钱款，数额甚至超过俄国有关部门拨给我的年度款项。同时，将军还四处奔走，与中国政府再三交涉，终于使我们获准前往甘肃、青海及西藏。不过，中国当局给我们签发护照的同时，还郑重声明了一点：赴上述三地区旅行者，一旦遇到暴动的东干人或其他强盗的侵袭而遭不测，中国政府概不承担责任。

鉴于此种情况，我决定最大限度地扩充武器装备。我们分别从北京和天津购进一批左轮手枪和速射式来复枪。这批枪支当中，性能最好的是一支带有来复线的伯丹步枪，平射中的射程超过 400 步，这对于无法测定目标远近时的射击极为重要。我把它留给自己使用。佩利佐夫和一名哥萨克各配备一支斯奈德来复枪，发给另一名哥萨克一支（17 响）带弹匣的亨利·马蒂尼（Henry Martini）长枪，另有一支斯宾塞猎枪留作备用。这五支枪备有近 4000 发子弹。此外，我们还有 13 把左轮手枪、两把列明戈顿（Remington）速射手枪、一支兰开斯特双筒来复枪、4 支普通猎枪。这些枪支总共备有 8 普特（超过 131 公斤）枪砂和 2 普特（33 公斤）火药。

这便是我们准备在此次考察期间用于交战和打猎的全部装备。其他方面则须减少用度，因为手头的钱还是太少了。为弥补购置各种物品的费用，以使我们的旅行拥有更多资金，我去了一趟天津[1]，从欧洲人的店铺采购了价值 600 卢布的零碎商品。这些东西到了阿拉善可能会卖上好价钱。后来，从离开张家口踏上新的旅程开始，在为期将近两年的考察中，我们身上的现钱最多不过 87 两银子（174 卢布）而已。

考察队的人员组合重新做了调整。上一年跟随我们的那两个哥萨克，为人不可靠，还时常想家，我终于将他们打发走了。不久前进驻库伦的俄国军队给我们派来两名新的帮手。这回的人选很合我心意。两名新手非常勤快，忠于职

---

[1]　天津位于北京以东 100 俄里，距离白河（译者按：此处为海河应当更切）入海口不远，中型海船沿该河逆流而上，可直达天津。——原注

守。其中一名是个十九岁的俄罗斯小伙子，名叫潘菲尔·恰巴耶夫；另一名是个布里亚特人，叫顿多克·伊林奇诺夫。我和佩利佐夫很快就与他们融在一起，结下了深厚友谊。这对于事业的成功殊为重要。在远离故土的异乡，在与我们格格不入的陌生人中间，考察队所有成员像亲兄弟一样同甘共苦。这两个伙伴令人终身难忘。他们勇敢非凡，对事业忠心耿耿，考察的全部成果均与他们密切相关。

两位哥萨克来到张家口之后，我给他们发了来复枪和左轮手枪，每天练习实弹射击。离开张家口前夕，还进行了一次反袭击演练。将标靶置于 300 步开外，每个人以尽可能快的速度开枪射击。演练的效果十分理想，速射式来复枪的子弹还未停止尖啸，左轮手枪就朝附近另一个靶子射击了。"噼噼啪啪"的枪声如炒崩豆般此起彼伏，将标靶打得稀烂。中国人围聚在一旁，目睹了如此火爆的场面以及"洋鬼子"超凡的身手，不禁摇晃着脑袋，啧啧称奇。有几个人还走上前来夸赞我们，并且声称，如果他们也拥有一支这样勇猛的军队，哪怕只有一千人，东干人的暴动恐怕早就平息了。

除了忠实的猎犬浮士德之外，为加强夜间警戒，提防高大凶猛的蒙古狗前来骚扰，我们又弄来一条名为"卡尔扎"的公狗。这条狗一直跟随考察队，走完第二次旅程，做出了许多贡献。它很快就把自己的蒙古主人忘在脑后，而且好像专与汉人作对，经常替我们把纠缠的来访者撵跑。从初次见面的一刻起，浮士德就痛恨卡尔扎，在整个考察期间，它们始终相互为敌。有意思的是，欧洲种的狗很少与中国狗及蒙古狗和睦相处，哪怕它们一起生活很久也是如此。

这次携带的各种物品当中，还有四只用于装水的大扁壶，每只壶的容积约为三维得罗[1]。头一年考察时，由于没有这种水壶[2]，我们在炎热的夏季曾数次陷入焦渴。我们从痛苦的经历中吸取教训，对盛水容器格外重视。总之，考察队这次的装备要大大优于上一次。不过，这样一来，全部用品的重量加起来竟有 84 普特（1370 公斤）之多，给九峰骆驼增添了沉重的负担。我们每天和两个哥萨克一起把这堆东西反复装上又卸下。那个跟考察队一道抵达张家口的蒙古人拒绝继续漫长的苦旅，而替换他的帮手我们未能雇到。

上路前夕，我给俄罗斯皇家地理学会发去了关于初次考察的书面报告，在报告结尾我写道："在俄国驻北京公使鼎力相助下，我获得了中国政府新签发的护照，可以深入青海和西藏。我还选定了两名新的帮手，我觉得这两个人相当可靠——如果他们每人都企盼成功，那么我和佩利佐夫就有希望幸运地克服恶劣自然条件带给旅行者的困难，克服当地人的敌对态度所造成的种种障碍。"[3]后来的事实证明，我的期望没有落空，内心的夙愿终于实现了……

1872 年 3 月 5 日早晨，考察队一行四人离开张家口，踏上了前一年去往黄河流域以及从阿拉善返回的老路。当天傍晚，我们便再次领略了蒙古在气候上的严酷多变。在张家口，从 2 月底开始，天气已逐渐转暖。大群水禽自南方翩然北归，各种昆虫也先后冒出来。可是才走出几十俄里进入高原边缘地带，就完全是一副冬天的景观。诚然，地上并无积雪，但河面上仍结着厚厚的冰，白天和黑夜气温很低，料峭的寒风时刻不停地吹着，连一只候鸟的影子都见不到。总之，这片原野依然沉睡在冬天的长梦里。

---

[1] 维得罗为俄国液体容量名，约等于 12.3 升。

[2] 夏天，蒙古人行进在戈壁时，总是随身携带这种叫做"忽毕那"的水壶；每峰骆驼可驮载两只灌满了水的忽毕那。——原注

[3] 《俄罗斯皇家地理学会 1872 年公报》第八卷，第五期，第 179 页。——原注

正如去年春天，三四月间乃至 4 月上半月，严寒、狂风、暴风雪和转瞬即逝的暖流照旧在蒙古荒原上轮番登场。天气复杂多变，冷暖气流的更替尤为频繁。例如，3 月 13 日中午 1 时，背阴处测得的气温为 22℃，而次日同一时刻，温度计却指示着零下 5℃。又如在 3 月底，接连几天都比较暖和，甚至还有过一场大雷雨。但 4 月 1 日这天，雪却下了 2 英尺（0.6 米）厚，气温骤然降至零下 16℃。接着，严寒和雪持续到 4 月下旬方才消退。此后，（在黄河谷地）天气突然变得跟夏天一样炎热。

相比去年同期，今年早春暴风雪更频繁，西北风相对较少。空气一如既往，极其干燥，证实这一点的不仅有干湿计，还有裂开一道道血口的嘴唇和双手，裂口被风一吹，犹如刀割般疼痛。

直至 3 月，依然没有多少候鸟从南方归来，本月之内一共才见过 26 种禽鸟，其中有些是准备栖息在当地的候鸟，有些只是偶尔飞临的过客。而且它们大多三三两两在一起，很少有大规模的群体。只有大群的鹤或鸿雁偶尔出现在天空中，但飞得都很高，几乎不做停留。甚至在 4 月下旬，我们在森林茂密的穆尼乌拉山，也未曾发现多少候鸟。从南方迁往北国的鸟类，大都先经过中国内陆，然后沿着蒙古高原边缘的群山飞行，迫不得已时才飞向饥寒的高原。这些来自温暖平原、志存高远的羽族，无论愿不愿意，都必须飞越干旱的荒漠。一旦越过，敞开怀抱迎接它们的便是富饶的北方乐土，是的，那正是俄罗斯的西伯利亚。无论这个名字听来多么可怕，但与蒙古高原的荒漠相比，简直是一座天堂。春天的西伯利亚既不贫寒，也不丑陋，反而告诉人们何谓真正的春天。而我们目前置身其中的这片沉睡的原野，无论 3 月还是 4 月，均无任何复苏的迹象。三四月间，到处仍是凄凉死寂的景象。灰黄色的原野摆出冷若冰霜的面容，对旅行者不理也不睬。只有百灵或沙鹏偶尔在歌唱，歌声消逝，原野越发寂寥。溪流依旧干涸，有些小的咸水湖滴水全无。这便是蒙古荒原的春天留给人的印象。

考察队离开张家口，走了一个多月才到达穆尼乌拉山。我们决定停留几天，以观察某些雏鸟的形态，并采集一些山里的春季植物。上次从阿拉善返回时，我们曾打算在来年2月底越过冰封的黄河，进入鄂尔多斯，然后到柴达明诺尔（盐海子）岸旁观察禽鸟春季迁徙。但这一想法目前已无法实现，因为我们4月10日才来到穆尼乌拉山。此时，多数鸟类大规模迁徙已告结束。这样一来，重返鄂尔多斯的计划便搁置一旁，只能将考察重点放在穆尼乌拉山。

从4月中旬起，这座山里的植物迅速萌生，尤其在南面的山脚和半山腰上更是一派生机勃勃。此时，野桃还未披上绿衣，粉红色的花朵就已绽放枝头，把陡峭的山崖装扮得分外妖娆。在峡谷开口处，特别是容易接受到阳光恩泽的地方，已经冒出一片片绿意正新的嫩草。白头翁（Pulsatilla sp.）、银莲花（Anemone barbulata）、黄芪（Astragalus sp.）、顶冰花（Gagea sp.）等草本植物也竞相开出各色花朵。杨树、松树和蒿柳的新鲜枝条散发出迷人的清香。白桦树上黑白相间的叶芽已胀得鼓鼓的，随时都会绽出娇嫩的新叶。在山顶，高山草甸仍未见绿意，但雪已经消融，就连最高的顶峰上也看不到积雪了。

矗立在荒原上的穆尼乌拉山，恰好位于蒙古南北方交界处，山上有茂密的森林。在这个季节，这样一座山似乎应该吸引大群鸟儿，可事实并非如此。在为期11天的考察中，除了去年7月见过的鸟类，我们只发现了另外四种。而且这几种鸟的数量都极其有限，仿佛是偷偷摸摸或偶尔不留神才飞到这里来的。

看来不能指望在这里取得鸟类学的收获了。于是考察队于4月22日离开穆尼乌拉山，沿着去年冬天返回张家口时走过的路向阿拉善进发，但这次我们不打算翻越哈拉那林山。我们在蒙古人称为霍洛逊努尔（音译）的一个小地方度过了三天。这里有汉人引黄河水灌溉的大片稻田。从这片水泽，很快发现了以水禽为主的大约 30 种鸟类。今年春季，在干旱的蒙古原野上，我们还从未见过这些种类的禽鸟，而数量倒不算多。羽族大举迁徙的季节已经过去，仅剩下栖息在本地和少量耽误了迁徙的鸟。总之，我们今年春天在鸟类方面的收获少于去年同期。经过观察，只得出一个结论：南来北往的羽族对蒙古荒原根本不感兴趣。

我们用猎枪打鸟，同时也用猎枪捕鱼。这个时节，即 4 月底，正值鲤鱼产卵期。成群的鲤鱼一早一晚游到水田最浅处戏水。我们早就想吃顿鲜鱼解解馋了，于是带上猎枪，脱掉皮靴，来到鱼儿出没之地。鲤鱼在水中嬉戏正欢，压根儿没发现人。它们时常蹿出水面，距离猎手仅有几步之遥，这时只要眼疾手快，一枪就能打死一条。就这样，我们每天都能收获几条又大又肥的鲤鱼。

4 月下旬的黄河谷地已然十分炎热，背阴处最高气温可达 31℃，河水温度升至 21℃，我们甚至能够在汉人开挖的引水渠中游泳了。降雨天气却几乎没有。这种状况自然对植物不利。正如前一时期的严寒，目前的持续性干热严重阻碍着植物的生长。黄河谷地泛着灰黄的土色，难以产生美感。偶尔能见到一些绿色的草丛，或者披针叶黄花（Thermopsis lanceolte）、黄芪、角茴香（Hypecoum sp.）、委陵菜、鸢尾花（Iris sp.）等植物开出的孤零零的花朵。这些花草仿佛是寄人篱下的流浪儿，在这片死寂的土地上怯生生地瑟缩着身子。有些地方的土壤表层结着薄薄的白色盐层，远远望去，很像白茫茫的雪地。这里很少有绿色的蒿草，唯有乱蓬蓬的干枯的芨芨草丛。频频而来的旋风，把含有盐分的尘土卷扬到空中，形成一缕缕烟柱，飞快旋转着，在旅行者身旁兜圈子，嚣张的气势像是告诫人们，还会有更多的痛苦降临在这燥热的荒原上。只有黄河谷地个别地方才略有几分悦目的景致，那里的枯草已被春天的野火烧尽。从 5 月初开始，泥土中终于冒出一丛丛生机盎然的嫩草，仿若大自然系在这片贫寒大地上的绿色丝绦。

在靠近黄河左岸谷地的山野，草木同样也未萌发。高峻的山崖和起伏的山坡上至今仍是冬天般的荒凉，甚至在山口，也见不到些许绿意和生机。赤裸的山岩、风化的山体、三两株没精打采的无毛榆、一小簇孤芳自赏的野桃花，还有从岩缝中伸出茎叶的一枝黄花——这就是展现在旅行者眼前的画面。不知从何处涌出的小溪，仿佛对恐怖的荒漠心怀畏惧，流不了多远，就从地面上彻底消失。长有绿草的小块土地，总是被蒙古人的羊群啃得一干二净，留在地表的只有一片黄土和一堆堆羊粪蛋。

阿拉善与鄂尔多斯之间是开阔的流沙带。尽管已是暮春时节，这一带的植被却极其稀疏，自然景观与去年深秋我们所见几乎毫无区别：同样是无际的黄沙，同样是稀稀落落的芨芨草丛，隆起的黄土丘上同样长着乱蓬蓬的骆驼刺，偶尔能见到几株开花的植物，如苦参、紫丹（Tournefortia arguzia）、野旋花、刺旋花、飞廉（Carduus sp.）、绍别尔白刺、沙拐枣之类。其中沙拐枣正值花期，但通常生长在黏土地带，并且分布得很零散，并不能从根本上改变这一带凄凉的外观。

这里的动物群落可以说更为乏味。诚然，在黄河谷地被春汛淹没的地方，栖息着某些水禽和鹳形目鸟类，在芨芨草的刺棵丛里有大量的雉鸡出没，可随着流沙向阿拉善纵深蔓延，鸟儿也越来越稀少，甚至与去年秋季都无法相比。当时，我们还曾在这里见过一些前来过冬的禽鸟。可如今，不但听不到鸣禽悦耳的歌唱，就连普通鸟儿的叽喳声也成了荒漠中难得的乐章。

同样的死寂笼罩着与黄河左岸谷地相连的群山。5月初，为了捕猎岩羊，我曾在霍依尔博格达峰（音译）附近过夜。那儿无论早晨还是夜晚，都像冬季一样死气沉沉。只有孤独的寒雀在凄婉地鸣唱，红嘴山鸦和鹰的号叫听起来特别瘆人。

这一带的气候与自然景观是相吻合的。4月底的持续高温过后，天气骤然变冷，5月5日黎明，气温只有零下2℃左右。几天之后，天气再次热起来，随后时而温暖，时而酷热。到了5月底，背阴处的最高气温竟达40℃。

无论 4 月还是 5 月，有风的日子都少于去年同期，但偶尔仍会出现风暴天气。大风飞扬，卷起浓重的沙尘，遮蔽了整个太阳。风停之后，所有物品都蒙上厚厚一层尘埃，人的眼耳鼻口也都灌满沙土。风向时常变换，4 月里占优势的是冬天的西北风和西南风，等到 5 月，就转为夏季的东南风。

5 月的降雨天气比 4 月频繁[1]，经常伴有电闪雷鸣，但持续时间都不长，荒原上的空气依旧干燥异常。我们的一些物品常因过于干燥而受损，采集来的植物放在标本夹，必须保持湿度，否则就会枯干碎裂。有时连写日记都很难，羽毛笔刚蘸上墨水，转眼就干了，就像在冬天会冻住似的。结果，在同一地区，由于两种截然不同的原因——严寒和酷热，产生了同样的干扰。

考察队于 5 月中旬进入阿拉善地界，不久便遇到亲王从定远营派来的两名官员，由他们专程迎接并引导我们穿越沙漠。而他们之所以前来，更主要的原因是亲王和他的儿子们希望尽快得到我们的礼物。有关礼物之事，是巴登索尔吉喇嘛告诉他们的。今年 4 月，我们在穆尼乌拉山停留时，曾遇到了奉亲王之命前去北京公干又返回的喇嘛。当时，我们赠给索尔吉几件礼物，感谢他去年的热情接待，又展示了准备赠给亲王及其儿子的礼物。我们指望用这几样东西打动阿拉善统治者的心，接下来的青海湖之旅很大程度上取决于他们。

迎接我们的官员马上就提起礼物的事，说亲王和他的儿子急欲见到东西，请我提前把礼物送上。我同意了这个要求，拿出送给亲王的一大块双面方格毛毯，一把左轮手枪；给亲王长子的是同样一块毛毯和一架显微镜；给活佛和西雅的是配有上千发子弹的列明戈顿速射手枪。当时天色已晚，但其中一名官员接过礼物便飞身上马，直奔定远营而去，另一名官员则留下来陪我们。

---

[1]　5 月里共有 12 个雨天，4 月的雨雪天加起来才有 6 天。——原注

5月26日，考察队一行抵达定远营，在事先准备好的客栈里住下。好奇的人像先前一样，再次纷至沓来，使我们一刻不得安宁，后来不得不把凶狠的卡尔扎拴在门外。这一招果真奏效，那帮好事之徒再也不敢近前打扰了。

到达定远营的当天，我们就与老朋友——活佛和西雅见了面。我穿了一身专门从北京带来的俄军总参谋部制服，两位年轻的贵族颇感惊异。他们将制服端详一番，更加确信我是受沙皇重用的官员。去年见面时，他们就经常问我是否身居要职，如今一见我这身气派的制服，就彻底相信了自己的猜测。从此我便被视为"沙皇派来的大员"，并带着这一尊号完成了在蒙古其他地方的旅行。我从未试图消除蒙古人对我所抱有的敬畏之心，此种心理对我而言不失为一张有效的通行证。当地人纷纷传说，俄罗斯的察罕汗（即"俄罗斯白皇帝"）派了一名钦差前来察看风土人情，钦差回去以后，要将所见所闻全都报告给自己的君主。

第二天一大早，索尔吉喇嘛与亲王及其儿子的亲随便来到我们的住处，想看看并购买我们带来的货物。王爷们要求我们别把东西卖给这些亲随之外的任何人。枯燥乏味的交易开始了。一个喇嘛挑了一架显微镜，说要带回去向亲友展示，另一个挑了一架立体镜，还有一个挑选了一堆呢绒、针线之类。他们拿走东西之后，很快又派人退还回来，又挑了一些玩意儿，然后又退了回来。与上次情况完全不同的是，阿拉善王爷们并不热衷于购买我们的商品，尽管今年的商品要价比去年低得多，唯独一架带有美女图片的立体镜引起了阿拉善亲王浓厚的兴趣。他毫不犹豫地买下立体镜，连同附带的好几打图片。这位放荡的亲王随后竟派一名贴身侍从向我们询问，能不能帮他从俄罗斯弄几个图片上那样的美人来。

与此同时，前往青海湖的大好机会到来了。我们获悉，定远营城内有一支由

27 个唐古特人[1]和几个蒙古人组成的商队，近日要去西宁城东北约 5 俄里（65 公里）处的却藏寺[2]。从该寺到青海湖仅有五天路程。我们要求结伴而行，唐古特人愉快地答应了，他们希望遇到东干人袭击时能受到有效保护。为了使未来的旅伴确信我们拥有强大的武装，我们用来复枪和左轮手枪练习了一次齐射。一大群人前来围观，目睹了即将一同上路的旅行者非凡的身手，唐古特人全都被速射武器的威力震住了，激动得手舞足蹈。

与唐古特商队搭伴同去却藏寺，意味着我们的考察有了成功保证。若失去这次机会，我们未必能找到合适的向导，就连穿越阿拉善南部的计划恐怕也难以实现。唐古特人告诉我们，却藏寺附近有巍峨的群山，山上有茂密的森林，栖息着大量鸟兽，这番话越发使人兴奋。总而言之，一切情况好得不能再好，眼下只要阿拉善亲王允许我们与唐古特人同行就万事大吉了。没有亲王的许可，唐古特人不敢擅自带我们上路。

然而，就在这节骨眼上，亲王却千方百计地阻挠我们前往青海。我不明白他究竟居心何在。或许是亲王从北京得到了什么指令，或许是对于手下人去年热情接待了俄国人而心怀不满。

巴登索尔吉是亲王旨意的主要执行者。他首先建议我们让当地喇嘛算一卦，看旅途是否顺利。喇嘛卜算的结果无疑是此番旅程极其凶险，我们必将遭到种种劫难。记得去年我们初次来到阿拉善时，也曾见识过这类鬼把戏。当时，有人要求我们公开真实身份，并威胁说，如果不照办，那就请活佛来算算，准保教我们这帮人现出原形。但无论当时还是现在，这类伎俩都起不了一点作用。我们对卜

---

[1]　唐古特一词是俄罗斯及欧洲文献对青藏地区某些藏民及蒙藏混血居民的称谓，详情见本书第十章。

[2]　却藏寺，位于青海省互助土族自治县境内，详见本书第九章。

算的任何结果压根儿不理会。

索尔吉喇嘛一计不成又生一计，称唐古特人行进速度很快，一天能走50多俄里，照这样走下去，我们根本吃不消，何况夜间也不停歇。喇嘛得到的回答是，他不必操这份闲心，我们自会知道该怎么做。索尔吉见我们不领情，便又说，去往却藏寺的路上尽是高山大川，骆驼肯定翻不过去。最好再等上一两个月，到时候亲王一定会派自己的向导带我们去青海。正是说这话的喇嘛，去年甚至几天前还告诉我们，在阿拉善，无论出多少钱都找不到一个肯去青海的向导，原因是本地人畏东干人如虎狼，就是打死他们，也没有谁敢铤而走险。为了让我们落入圈套，一名蒙古官员，当然是在索尔吉授意下，却又故作神秘地说，亲王已吩咐衙门里准备两个带路去青海乃至西藏的向导，如果我们真想去的话。

而我们与亲王本人的会面也一天天地搁置，理由是"亲王身体不适"。其实，掩藏在这背后的实情显然是，亲王怕我再三向他提出要求，允许我们与唐古特人同行。我们也未能见到他的长子，活佛和西雅从第一次请我们做客之后，也再未发出过邀请，尽管他们自己曾几次到过我们的住处。总之，阿拉善王公们如今对待我们，远不像去年那样热情。

此外，我们在物质上也几乎山穷水尽。原有的87两银子，眼下仅余50两，而且为了继续旅行，需要再买六峰骆驼和两匹马。从张家口出发的十一峰骆驼，在路上死了三峰，还有两匹马也死掉了。我们只有靠卖货赚点钱。要是阿拉善亲王得知我们的处境，一定会毫不客气地利用机会，不但自己不买我们的东西，也会禁止属下购买。这样，一旦唐古特商队先离开定远营，我们即使弄到再多的钱，恐怕也去不了青海。乞丐般的穷困令我们陷入了何等境况！

但这一次，我们幸运得却连自己也都大为吃惊。活佛愿以六峰骆驼，外加100两银子，换一支斯宾塞速射来复枪。这等于他把每峰骆驼的价格定为50两银子。老实说，我向活佛的报价比买价贵十倍[1]。如今，加上卖别的货赚得的120 两银子，我们便拥有一笔虽不很多，却能有效运转的资金了。我告诉索尔吉，考察队无论如何也要跟唐古特人一道走，并要求亲王把应付清的货款交给我们，或者干脆把东西退还回来。

6 月 1 日傍晚，唐古特人出发前夕，索尔吉喇嘛来找我们说，亲王命令唐古特人在城里再停留两天。于是，在这两天里，喇嘛继续说服我们留下来，并说亲王对我们这么快就要离开阿拉善感到很伤心。为了增强这番说词的表现力，索尔吉还格外强调，亲王不但非常喜欢俄国人，也喜欢他们带来的俄国货，如立体镜、铜壶、呢绒、肥皂、蜡烛之类。狡猾的喇嘛一边说，一边滑稽地掰着手指头列举。此外，他还要求我们向亲王及其长子各赠一把手枪，或者其他可以拿得出手的玩意儿，哪怕是俄式布拉吉（连衣裙）。总之，无论亲王还是他的儿子，丝毫没有餍足之心。通过自己的亲信，他们提出百般要求，搞得我们还没等客人登门，就提前把许多东西都藏起来，以免他们像乞丐般讨要。

经我一再要求，亲王派人送来货款，共计 258 两银子。这笔钱跟原先的钱加起来，我们目前一共拥有 500 两银子，另外还有十四峰骆驼。

幸运之神显然站在了我们这一边。同唐古特人明天一道出发的计划总算定下来了，我们虽未获得亲王首肯，但已不再有人劝我们留下。亲王的亲信看我们去意已决，也就不再说什么，活佛还派人牵来两匹马作为送行的礼物。

临行前的夜晚，怀着难以抑制的狂喜——这种喜悦因近来种种遭遇而越发强烈，我们忙忙碌碌，捆扎物品，给骆驼套鞍子，收拾路上用的小物件，折腾到后半夜才躺下歇息。早晨，天蒙蒙亮，我们就起身，给骆驼装驮包。干到一半的时

---

[1] 我在北京花了 50 美元买了这支枪，外加上千发子弹，卖给活佛的价格是 400 两银子。——原注

候，突然跑来一个唐古特人通知我们，他们今天不打算走了，因为有消息说一伙东干人已窜至定远营附近。我不信他的话，便请佩利佐夫和一名哥萨克前去打听究竟，他们去了没多久，就回来说唐古特商队已做好了上路的准备。

这时，索尔吉喇嘛来找我们，又说起东干人的事。我实在无法忍受如此无耻的欺骗，禁不住用俄语责骂起喇嘛来。他连忙解释说，是唐古特人自己不想与我们搭伴的，并称他们是一伙坏人，尽管不久以前他还一再夸赞这些人。

与此同时，我得到消息说，唐古特人的商队正在出城。于是，我们立即动手往骆驼身上装剩下的驮包，一大群看热闹的人密密麻麻地挤在院子里。考察队终于出发了，还没等走出几百步，西雅便骑着快马撵上我们，说有关东干人的消息千真万确。尽管唐古特人出了城，但亲王已经命人将他们追回。这位年轻贵族力劝我们留下，待局势明朗后再走。和西雅一起还来了一个唐古特喇嘛，他是商队的头领。正是这位头领，不久前还盛情邀请我们与商队同行，可现在，显然是在亲王授意之下，附和着西雅，用同样的腔调建议我们先留下来，等几天再说。

唐古特喇嘛的出现及其立场的骤然转变，在我们看来，比阿拉善王爷们此前所有恫吓更具威胁性。现在已无法将这位未来的旅伴视为朋友，而应将其视为敌人。在此情况下，是否还有必要再坚持与唐古特商队结伴同行呢？

我决定使出最后的对策，尽管心知这未必奏效。我问西雅，他是否能保证我们没有被要弄，而且唐古特人不会甩掉我们走自己的路，"我当然可以保证这一切绝非谎言，"西雅答道，似乎掩饰不住达到目的而流露的喜色，哪怕让我们多待一天也算没有枉费心机。那位充当商队头领的喇嘛也声称，一定会与我们搭伴上路。随后，我们来到亲王的郊外园林，在那儿搭起帐篷，等待事态进一步发展。

我们当时的焦灼心情难以言述，这样的经历确实令人煎熬。为了长期深藏在心底的夙愿，我们付出了多少努力，这一切眼看就要付诸实现，却突然被搁置，何时梦想成真，唯有上帝知道。假如刚到定远营时，我们与唐古特人结伴的请求遭到拒绝，内心痛苦也就不会这么大，当初谁都没料到会碰上这么好的机会。如今我们遭到了拒绝，这只会加剧痛苦，毕竟我们每个人都已经开始期盼成功了。

我们在焦虑不安中度过了一整天。索尔吉和其他喇嘛再未露面。傍晚时分，西雅来到我们的住处。我一见他，就威胁说要向北京控告阿拉善当局滥用职权。年轻的贵族对自己参与了一场丑剧似乎有些愧疚。他请求我再忍耐一下，并声称唐古特商队无论如何不会扔下我们，自己上路。由于吸取了前面的教训，我不再听信类似的许诺，而打算另选一条在蒙古考察的路线。6 月 5 日傍晚，西雅突然又一次前来，告诉我们，唐古特人此时离城不远，我们明天即可与他们一道出发，因为派去侦察敌情的探子已经返回，并报告说东干人的传闻纯属谣言。西雅此番话当然无从相信，其实压根儿就没有东干人进逼定远营这回事。不过，阿拉善亲王显然曾派人到宁夏城，向办事大臣征询过处置我们的意见。当地人在外国旅行者面前竟有如此之深的城府，我对此至今无法理解。阿拉善亲王究竟为何在考察队出发前一刻，将我们阻拦两天呢？但当时哪还顾得上考虑这些，大家完全陶醉于突如其来的喜讯，心中重新荡起对事业的憧憬，激动得彻夜未眠。

与我们结伴的商队，属于蒙古章嘉呼图克图[1]。这位大活佛驻在北京，地位显赫，掌管着北京及蒙古许多寺庙的事务，甚至还包括距离归化不远的五台山各寺。章嘉呼图克图出生于却藏寺附近，这正是我们的旅伴要去的地方。商队里除了我们 4 人之外，还有 37 人，包括阿拉善活佛派来执行保卫任务的 10 名喇嘛兵，其余大多数是生活在却藏寺周围的唐古特人。另外还有几个前往拉萨朝圣的蒙古

---

[1] 章嘉呼图克图为内蒙古地区藏传佛教格鲁派最大的转世活佛。满清时期受政府册封，总管内蒙古佛教事务，至清末共传六世。

人。整个商队中，连我们的牲畜在内，共计 72 峰骆驼和 40 匹骡马。商队的主要领队是两名唐古特司库喇嘛，心地善良，待人热情。为了让这两人更加关照我们，我送他们每人一块不大的双面方格毛毯。

商队中的唐古特人和蒙古人有的配备了火枪，有的使用长矛和大刀。他们似乎是勇敢的人，甚至胆大包天，因为他们敢于涉足的地方，正是东干人聚居和活动的地方。然而，后来的经历表明，我们的同行者不过是外强中干，有时就连假想中的危险都能将他们吓得失魂落魄。

喇嘛兵配备有欧洲制造的滑膛枪。这些枪支是中国政府先向英国人购买，又从北京运到阿拉善的。枪的质量很差，再加上保管不善，大都破损严重。喇嘛兵身穿红色短装，头缠红布条，骑坐在骆驼背上，样子有几分古怪。不过，他们这身装束倒与中国普通士兵并无太大区别。

商队中最有意思的是一个由北京返回西藏的唐古特人。此人名叫朗增巴，年约四十，心地善良，性格开朗，爱跟人唠叨，乐于助人，喜欢管闲事。朗增巴说起什么都绘声绘色，并带有极富表现力的手势。因此我们给他起了个绰号——"口若悬河的阿瓦库姆"[1]，很快就在整个商队传开了。此后谁都不再称呼朗增巴的真名实姓，而改称他为阿瓦库姆。

阿瓦库姆的主要爱好是狩猎和打靶。打靶也是商队上下都喜爱的活动。我们每到一处，总有几个人利用空闲，随便找个东西当靶子，开枪射击。旁观的人起先无动于衷，看着看着不觉技痒，纷纷拿起自己的枪，加入射击者的行列。阿瓦库姆往往是这类场合的主角。哪怕旅途劳顿，刚刚进入梦乡，只要一听到枪声，他就会睡眼惺忪地赤着脚跑来，提出各种建议，如怎样摆放标靶，应该

---

[1]　阿瓦库姆（1620—1682 年），俄国东正教分裂派首领和思想家，以睿智和雄辩著称，后被沙皇处以火刑。

装什么子弹，如何把枪校准，等等。同时，这位出色的射击手，为了校正一杆老枪的准度，会试射许多发子弹，在强大后座力的撞击下，他的肩膀经常肿起很高。

阿瓦库姆骑马行进在旅途中，让他的两个同伴牵着载货的骆驼走在后面，自个儿却时而往东，时而向西，搜寻瞪羚的踪迹。一旦发现目标，马上跑来找我们，建议大家一块儿射击。有时他也独自一人拿着预先打着引线的火枪，悄悄逼近瞪羚。肩负重担的同伴，似乎对他的行径相当不满，有一回，终于忍无可忍，干脆把骆驼全扔给阿瓦库姆照管。结果，我们惊讶地看到这位朋友不是悠然骑在马背上，而是可怜巴巴地牵着骆驼。不过，自由不羁的阿瓦库姆并未让这种拘束持续多久。就在当天，就像故意似的，冒出一大群瞪羚，阿瓦库姆的同伴为此大伤脑筋。只见他一下子爬到骆驼背上，如饥似渴地向远处那群动物张望。当我们追赶一头瞪羚时，阿瓦库姆按捺不住，也跟着凑起热闹，自己的骆驼却忘到了九霄云外。他的同伴好不容易才把无人看管的牲畜从一片凹地里找回来。他们一致认定阿瓦库姆属于不堪造就之人，不如任由他浪荡好了。于是这个不安分的人又得意地回到马背上，每当发现瞪羚，又像以前那样发疯地追赶。

由于经常出现驮包滑落等情况，我们在半路上不得不短暂停留。为了不耽误唐古特人赶路，考察队始终行进在商队末尾。我们在定远营卖掉货物之后，携带的物品重量本应减轻许多，但是当得知惨遭战乱的甘肃极为缺粮，便预先购买了7 普特（114 公斤）稻米和黍子[1]，因而物品的总重量并未减去多少。此外，从半

---

[1] 鉴于旅途中花销很大，自己准备些粮食，心里更踏实。我们在阿拉善花 15 卢布，买了 7 普特稻米和黍子，而为了驮运这些粮食，动用了一峰价值 100 卢布的骆驼，这峰骆驼后来死在了甘肃。——原注

路上买来的零碎用品，如备用的绳索、毡子，加在一起也不轻。我们的九峰骆驼只能像原先一样勉强背负着所有这些东西。我们担心被唐古特人落得太远，只能紧追他们的商队行进。如此一来，考察队中的四个人便因各种杂务忙得不可开交，无暇顾及考察工作。我曾出重金试图雇一个阿拉善的蒙古人做帮工，但谁也不愿承揽这份苦差。后来总算以每天一卢布的代价，打动了商队中的几个人，他们答应每天傍晚把我们的骆驼和自己的放在一起喂。

为避开白天的炎热，我们通常半夜就起身上路，走上三四十俄里，再找一口水井，在井旁歇息。如果找不到井，就动手挖个坑，咸水很快就渗出来。在唐古特商队中，有几个人已经沿着这条路线往返了几趟，对沿途情况相当熟悉，单凭感觉就能指出从哪儿能挖出水，有时只需挖 3 英尺（约 1 米）即可。一路上，水井难得一遇，即使有，水质也十分恶劣，而且东干人时常将他们杀害的蒙古人抛尸井中。有一回，我们喝了这种井水烧的茶，准备饮骆驼。等把井底的水舀干，才发现里面有具腐烂的死尸。时至今日，想起那一幕，我还直犯恶心。

因为天气酷热，我们在宿营地也得不到休息。沙漠热得像火炉，空气中有时连一丝风也没有。而且每次宿营都要立即卸下骆驼身上的驮包，以免捂坏了它们的脊背。饮牲畜的时间每次都超过一小时，因为水是一勺一勺从井底舀上来的，而每峰骆驼一次就要饮两三桶水。在炎热的夏季，每天都要饮骆驼，当然，前提是能找到水。在夜间休息的几个钟头里，我们常因劳累过度而噩梦不断。

在旅行的最初阶段，我们的帐篷里经常挤满好奇的唐古特人。他们见了什么都特感兴趣，更别提枪支了。五花八门的问题无休无止。一件不起眼的小玩意儿也要拿起来端详、嗅闻好几遍。同时，我们还要没完没了地向每个新来的客人讲解别人刚刚询问过的事物。这实在令人感到厌烦，但也只能硬着头皮忍受。否则就难以博得这些命运与共的旅伴们的好感。

在戈壁上的水井旁歇脚

216

就连采集植物、观测气象、写日记等活动也会招致唐古特人的好奇乃至猜疑。为消除他们的疑心，我解释说，我要把亲眼见到的一切都记在本子中，这样回国后就不会对上司无法交差。采集植物是为了药用，制作动物标本是为了拿回去展示，而观测气象则是想提前知道天气情况。有一次，我根据气压表上的刻度准确预报了一场降雨。于是所有人都对我预知风云变幻的能力深信不疑。从抵达定远营至今，我一直被视为所谓"沙皇派来的大员"，这一尊号对于消除唐古特人的种种疑虑也大有帮助。在旅途中，某些极有价值的考察工作，如磁力测试、观察天象、测量地表土及井水温度等，都未能进行，因为对这类活动的猜疑实在难以避免。无奈之下，我只好决定将测试放到返回时再做，并且也只能是大致的目测。这次考察的路线令人满意，而考察的成果却极为有限。我本来有两只袖珍罗盘仪，在定远营时被迫送给了阿拉善亲王，因而无法准确测量地形。此外，我们常常被唐古特人围着脱不开身。这些人如影随形，甩都甩不开。当迫切需要做记录时，我就故意落在商队后面，假装蹲在地上解手，然后掏出小本子把见到的情况记下来。这时仍须高度警惕。否则，我只要被发现一次，唐古特人就会觉得我们的旅行是不折不扣的骗局。

在路上采集标本时，同样麻烦重重。还没等我们挖起一株什么花草，一帮人立即围过来，没完没了地问，"这是什么药材"，或者"这花有什么益处"。如果偶尔打了一只小鸟，可以毫不夸张地说，几乎整个商队的人都会跑过来看，每个人反复问着同样的问题："这是只什么鸟呀？它的肉好不好吃？怎样把它打下来的？"若想应付此类纠缠，只有采取敷衍，可是天长日久，勉强装出的耐心也会彻底丧失。在此情况下，面对这帮讨厌的人，真是活受罪。

离开定远营以后，我们首先向南行进了一程，随后几乎径直向西，朝着甘肃省边界的大靖城[1]前进。

从自然特征上看，阿拉善南部与北部及中部并无太大区别，到处同样是典型的沙漠。不过，这里的流沙更广阔，难怪蒙古人称之为"腾格里"（天空）。腾格里沙漠位于阿拉善沙漠的南缘，据蒙古人说，一直延伸到黄河岸边，向西绵延至额济纳河。在这次考察中，我们经过了腾格里沙漠东段宽约 15 俄里（16 公里）的狭窄地带，由此认识了它的总体特征。

如同阿拉善其他部分，腾格里沙漠也由无数沙丘构成。这些沙丘杂乱无章，一座紧挨一座，高度多为五六十英尺（15—18 米），也有的超过 100 英尺（30 米）。沙丘由黏土地上的细碎黄沙堆积而成，有些地方露出数俄丈宽的黏土层。在这种黏土地乃至沙丘上，长有沙竹（Psammochloa villosa）、沙蒿以及少量低矮的豆科植物。但这点可怜的植被根本无法改变这片沙漠的死寂。这里的动物只有沙蜥和一种黑色小甲虫。流沙被太阳晒得灼烫，经常在风力作用下改变位置，沙丘之间会出现漏斗状或槽状的洼地，在上面行走非常困难。沙漠中根本没有灌木，偶尔能见到不知何时倒毙的骆驼的骨骸。旅行者如果不幸遇到沙暴，那可要遭殃了。狂风肆虐时，沙丘上尘烟滚滚，天空中沙云密布，遮天蔽日。雨后在沙漠上行走最容易，沙地已相当瓷实，骆驼四蹄不会陷得太深，行进速度很快。

在阿拉善的南部和北部裸露出黏土层的地方，主要生长着芨芨草和沙蓬，偶尔也有沙蒿及低矮的驼蹄瓣（Zygophyllum fabago Linn.）。这种地方的表面略呈波状，有时能见到隆起的小丘。当许多小丘彼此相连，便形成短小的山岭，高度不过超几百英尺，通常干旱无水，植物稀少，如果有什么植物，也与周边无异。

与唐古特商队一道旅行期间，沿途从未遇到定居的人家，一切都毁于东干人

---

[1] 大靖，位于甘肃省古浪县以东 80 公里处，历史上曾是甘肃的四大名镇之一。

古代文化遗迹——蒙古的草原石人

的暴动与洗劫。这伙人现在有时还会穿越阿拉善南部，向更远处流窜。一路上经常见到死人的骨架。在两座破败的寺庙里，我们甚至发现了成堆的半腐死尸，全都被狼群啃过。

我们走出腾格里沙漠，在沙漠南缘的荒原上继续前行。这里主要生长着两种含盐分的草。前方很快就显现出甘肃山脉（即祁连山脉）雄浑的群山之链，遥远的地平线上，古浪和凉州（武威）的皑皑雪峰也隐约可见。我们向前走过一程，山的气势越发壮观。沙漠和群山之间界线分明，数俄里之内，绵延西去的黄沙已被精耕细作的农田和缀满野花的草地所取代，一座座土坯房密布其间。良田和荒漠，生命和死亡，在这里彼此联结，令旅行者深感惊异，难以相信自己的眼睛。

游牧生活和农耕生活之间，有一道鲜明的人工界线，这就是著名的万里长城，我们在张家口和古北口两地已经见识了它的形态。长城在群山之间蜿蜒西去，绕过整个鄂尔多斯南部，同阿拉善山相接；从阿拉善山南侧开始，在甘肃省北缘继续延伸，先后越过兰州、凉州、甘州（张掖）、肃州（酒泉），终止于嘉峪关。

我们在北京城附近见到的长城，高大坚挺，雄伟壮观，但如今在甘肃北部所见，却不过是一道被岁月无情剥蚀的土围子；每隔五俄里多，就有一座黏土夯筑的敌楼，高约 3 俄丈（6 米），底基宽度也一样。目前这些敌楼均已废弃，而原先每座上面都驻有十名士兵，一旦发现敌情，便向周围驻军发出警报。这种建筑相互联为一线，据说从伊犁一直延伸到北京，警报信号沿此线传送，速度非常之快。从敌楼顶端点火升起浓烟，即是信号。点火用的燃料是狼粪，通常掺有少量羊粪，蒙古人告诉我们，狼粪燃烧冒出的烟总是笔直向上，甚至刮大风时也如此。但我觉得，这一说法只是出于天真的臆想。

长城之外两俄里处坐落着大靖。这座小城未遭东干人损毁。我们路过这里时，见到一支上千人的中国军队，所有士兵均为满洲的阿穆尔河沿岸调来的索伦人。

他们对俄罗斯人都很熟悉，令人惊奇的是，有的还会用不太标准的俄语向我们问候："你号（好），过得怎么样？"

我们没有进城，而是即刻停留在长城边上，以免好奇的看客不请自来。尽管如此，我们到来的消息还是不胫而走，顷刻间传遍全城，好事者蜂拥而至。有些家伙从远处观看"洋鬼子"还不满足，竟然钻进帐篷，搅得人心烦意乱。我们撵他们走，甚至把狗放出来，却无济于事。一群人离去，又出现一群，闹剧方才结束，又重新开场。还有形形色色的官吏也来找麻烦，要求给他们看武器，送礼物，要是未能如愿，就提出查验护照，并以不放行相威胁。在商队停留于大靖城附近的两天里，闹哄哄的场面持续不断。不过，我们竟然弄到了一种用发酵面粉烤制的酸味面包，这可真是意外的收获[1]。不知这种一路上都没吃过的面包所从何来，也许是当年在阿穆尔河沿岸跟俄罗斯人打交道的索伦士兵把烤制工艺带来的吧[2]。

从阿拉善到却藏寺乃至西宁城和青海湖，最便捷的一条路需穿过河交邑[3]和平番（永登）。我们却取道向西，首先抵达大靖，以避开人来人往的中国城镇，尽管这些城镇大多分布于东部，道路更容易通行。我们的唐古特旅伴深知，在人口密集区旅行，会遇到当地官兵怎样的勒索，故而决定选择一条山间小道，从大靖前往却藏寺。这条小道所经之地，要么人迹罕至，要么已经毁于东干人的侵袭。

---

[1] 在中国，只有一种清淡无味的白面馒头。——原注

[2] 不过，古伯察神父在自己的鞑靼旅行记中，提到了可口的酸味面包，这种面包是在甘肃的河交邑附近遇到的，那儿离大靖也不远。参见古伯察《鞑靼西藏旅行记》第二卷，第33页。——原注

[3] 原文为Ca-янь-чин，按音译应为"萨彦城"，或许为当时的蒙语名称。"河交邑"一名，来自古伯察《鞑靼西藏旅行记》汉译本。按照古伯察的记述，河交邑在地图上对应的是大通县。

第九章　甘肃省

【1872 年 6 月 20 日（7 月 2 日）——10 月 14（26）日】

从大靖到却藏寺—却藏寺概貌—达尔德人[1]—甘肃山脉（祁连山）—山地的气候特征、动植物群落—夏季进山—索吉索鲁克苏姆峰和甘珠尔峰—杰姆楚克湖—冒险在却藏寺外宿营—准备去青海湖—前往默勒札萨克行营—大通河上游流域特征—来到青海湖岸边

6 月 20 日清晨，考察队离开大靖，当天就向祁连山进发，立刻遇到了新的气候和新的自然景观。高海拔，巨大的群山，有的达到雪线边缘，黑土，再加上极为湿润的气候，以及此种气候生成的大量水源——这便是我们对甘肃高原最初的印象。这里距离阿拉善沙漠仅有 40 俄里（42 公里）。植物和动物群落同样变化剧烈：极其丰富的草本植物覆盖着肥沃的草原和山谷，茂密的森林占据了高峻的山坡；动物也多种多样。

---

[1]　生活在祁连山南山一带的蒙古人。

我们还是依照顺序来展开。

如同蒙古的其他山脉，祁连山边缘朝向阿拉善平原的一侧，全是高大的山岭，另一侧则是短而低缓的斜坡。甚至距离我们的道路 50 俄里（53 公里）、终年积雪的古浪和凉州山地及远处可见的山岭，它们向高原一侧的下坡也都不太陡，而且在这片区域亦即南坡，只有小片的零星积雪。

从周边山麓到山口最高点，地势顺着峡谷向上升起，峡谷两侧是陡直的土褐色片岩；路相当好，甚至车马也可通行。山峰本身也高，山坡陡峭，覆盖着绝好的牧场，山脊周围也有一些小树林，但主要分布在我们的道路一侧。

在山口附近，距离上述山脉外缘 28 俄里（30 公里）的地方，有一座经历了东干人洗劫的汉人小城，叫作大义谷（音译），考察队到来期间，由上千名中国士兵驻守。这里的海拔高度为 8600 英尺（2621 米），而大靖仅仅高出海平面 5900 英尺（1798 米）[1]。

向右经过同遭东干人损毁的小城松山（松山城），我们径直沿着起伏的草原进发，这片草原将我们身后的边缘山脉和前方的高山分隔开来。

现在，我们不再为牧场和水担心了，因为每个凹地都有溪流，草原也有优质的牧草，让人想起俄国的草场。这片地方确实像丘陵，但草原特征更为明显，甚至再度出现了阿拉善所没有的黄羊，而且数量甚多。除了黄羊，我们还遇到了一群马，东干人起事之后无人看管，恢复了野性，十分警觉，我们费了一番功夫，一匹都没捉到。

东干人洗劫的印迹随处可见。沿途经常碰到村庄，均遭到破坏，尸骨遍地，

---

[1] 登上甘肃高原之后，我们的气压计不再显示气压，在接下来的旅程中，只好根据水的沸点来测算海拔高度。——原注

看不到活人的踪影。与我们同行的唐古特人心怀恐惧，夜里连火也不敢点，每逢中途休息，都要向自己的武器祈求平安，并不断地央求我们走在前面。这种担心很快变得越发滑稽了。

在庄浪河谷，同行的喇嘛看到有几个人匆匆逃向山里，想当然地以为这是东干人，而人数又这么少，顿时按捺不住，不顾对方距离甚远，就开枪射击。我和旅伴及两名哥萨克也以为真的遇到袭击，一齐冲向枪声传来的地方，直到弄明白是怎么回事，才停下来，旁观这几个唐古特人的"伟绩"。他们继续射击，火力越来越猛，虽然逃跑的人连影子都看不到了。他们每次开枪，都扯起嗓门吼叫两声，然后再填子弹。中国士兵和东干人交战时也一样，为了恫吓敌人，总是一边射击，一边发出疯狂的叫喊。

我们的勇士放够了枪，开始追赶并捉住了一个人，原来这是个汉人，但也可能确实是东干人，因为信奉穆罕默德的中国人与他们信奉孔夫子的弟兄在外表上并无差别。喇嘛们决定一到宿营地就处死俘虏，在此之前，他得跟我们的驼队先走一程。半道上，这个俘虏故意掉队，躲进浓密的草丛，但还是被发现了，人们将他的辫子跟骆驼尾巴拴在一起，以防再次逃脱。

到了宿营地，场面就更热闹了。喇嘛们将俘虏捆在驮包上，当即在他身旁磨起了刀，准备砍掉他的脑袋。喇嘛之间就此展开了激烈的争论，有的主张立刻处死，有的打算放了他。这个汉人懂蒙语，很清楚他们在说什么，却不动声色。不仅如此，等烧好了茶，喇嘛们像平常待客一样，也请俘虏喝茶。令我们诧异不已的是，他居然喝得津津有味，就像在自己家里。喇嘛们一边给他一碗接一碗地倒茶，一边继续刚才的争论。我们对此种场面极度反感，赶紧去到附近的山里游览。当我们傍晚回来时，看见那个汉人还活着，并且得知，幸亏商队头领说情，那可怜的家伙才幸免一死，捆到第二天早晨就被放了。

庄浪河是一条不小的河，向西南流经平番县城。过河之后，我们再度进入山里，但这已不是边缘山脉，而是堆叠在祁连山高大台地上的山峰。这座山在黄河上游最大支流大通河的北岸，南岸是另一座同样高大的山峰，下文里将对此予以详述，现在还是继续讲述去往却藏寺路上的见闻吧。

渡过庄浪河，我们沿着雅尔林（音译）河谷和一条山路向上攀登。这条路在东干人起事之后被废弃，路面良好，足以通行车马。居民仍然不见踪迹。我们在路上经过好几个从前的淘金点，据说当地山里的溪流富含黄金。四周的群山水源充沛，山地特征十分鲜明。像穆尼乌拉山一样，阿拉善及蒙古地区大部分山脉的外缘都很荒凉，离山口越近，周围景观则越柔和。不过这一带偶尔也有高大的山峰，譬如在我们路途左侧的甘珠尔峰；山上仍有冬天的残雪，但并没有永久积雪的山峰。

在我们现在翻越的山地，首次出现了丰富的灌木，接着是森林，南坡上尤其茂密；山谷里和半山腰开阔的山岩上，到处是丰美的草地。新的植物品种俯拾皆是，几乎每次放枪都能击中新的鸟类；但我们只能匆忙获取这些珍贵的资料，因为我们的旅伴急于赶往却藏寺，并且担心东干人袭击，一路都不停歇。更糟糕的是，每天都有降雨，空气异常潮湿，采集的标本无法在途中晾干，全都腐坏变质了，枪和所有铁器也都严重锈蚀。

翻过上坡平缓、下坡略陡的山口，考察队停下来在山里过夜。在这儿又出了一件事。临近傍晚，我们的两个哥萨克去捡柴火，在附近一条峡谷里发现一堆火，旁边有几个人。他们立刻向营地报告了情况，大家马上行动起来。有人推测，这是东干人，打算待到夜里袭击我们。我们决定先发制人，趁天还未全黑。驼队里的八个人，包括我们的朋友朗增巴，一道加入进来。我们进入峡谷，悄悄地靠近篝火，但那几个人发现了我们，立刻逃散了。喇嘛们叫喊着去追他们，可是在浓密的灌木丛里实在难以展开追击，况且天已经昏黑，还下着大雨。大家聚拢到火堆旁，火上架着一口铁锅，里面正煮着吃的；旁边还摞下一个口袋，装着杂七杂八的物件。根据篝火来判断，刚才待在旁边的人不多，可能也不是东干人。我们的人先后用蒙语、唐古特语和汉语向逃跑者喊话，让他们回到篝火旁。作为回应，岩壁间的灌木丛里传来一声枪响，子弹呼啸着从我们身边掠过。为如此放肆之举，我们可要教训一下那个放枪的人，于是对准山上枪响过后冒出一团烟气的地方，连发了十几颗子弹。喇嘛们也投入了射击，朗增巴当然是其中的主角。返回营地后，当同伴们问起此次速射枪行动，他好久都说不出话，只是一个劲儿地重复："唉，喇嘛，喇嘛！唉，喇嘛，喇嘛，喇嘛！"[1] 一副摇头摆手的样子，显得惊讶到极点。

夜里，决定派人轮流放哨。我们像往常一样把枪当作枕头，躺下睡了。还没等我打起盹来，就听到帐篷近旁响起枪声和叫喊声。我们几个赶紧抄起猎枪和左轮手枪，冲到外面，但随后就弄白了，这是巡逻的喇嘛朝天开了一枪。"你为什么开枪？"我问他。"为了强盗们知道，我们有人放哨。"喇嘛回答说。此种巡逻方式我们后来在中国军人那儿，尤其是却藏寺守卫人员那儿也遇到过。

第二天早晨，真相大白。天刚蒙蒙亮，来了两个唐古特猎人，解释说，他们就是昨晚从篝火旁逃跑的人，另外还有两个同伴，开枪的是其中之一，他把我们当成了东干人。至于我们还击后，那人情况如何，他们也不知道。他们请求喇嘛们归还装有衣物的口袋，但我们的旅伴非但没有答应，反而对他们一顿痛打，理由是他们的同伴竟敢向我们开枪。

我们再次上路，没过多久，就初次看到了唐古特人的游牧点、他们黑色的帐

---

[1] 此种用语相当于俄罗斯人说的"哦，天哪！"——原注

篷和一群身披长毛的牦牛，蒙古人称之为"萨尔雷克"。随后，又翻过几座大山的支脉，我们来到大通河畔，在唐古特人的天堂寺[1]附近停下来过夜。得益于易守难攻的山势，这座寺庙未遭东干人洗劫，周边地区的唐古特人口仍相当密集。

关于唐古特人，我将在下一章里详述。现在我只提一点，那就是他们的外表很像我们俄国的茨冈人，这种相像我们第一眼就看出来了。

考察队此时所在的位置是大通河中游，宽20俄丈（约43米），水流湍急，河床上布满大大小小的砾石。有些河段几乎被巨大的陡壁从两侧封闭。这条狂放的河流，任性地冲击着河槽，在岩石间喧响，奔涌。在山峰离岸稍远的地方，大通河造就出风景如画的河谷。天堂寺就坐落在其中一段河谷的峭壁下。

寺庙的住持活佛非常好学，得知俄国客人光临，立刻邀我们到寺里喝茶，相互认识。我们送给活佛一件立体镜，他感到非常满意，彼此之间当即建立了良好的关系乃至友谊。遗憾的是，这位唐古特活佛，不会说蒙语，只好找了一个懂唐古特语的蒙古人当翻译。在我们的布里亚特血统的哥萨克和这个翻译帮助下，我们与活佛进行交流，每句话经过两个人，才能传递给对方，回复的方式也一样。天堂寺的活佛居然还是个画家，后来，他把我们初次会面的情景画了下来。

大通河谷深深地锲入祁连山山体，所以天堂寺的海拔仅有7200英尺（2195米）。这是我们在整个祁连山地发现的最低点，当然，越往东，也就是越靠近黄河，大通河谷地也就越低。

只有在低水位，才可能蹚水越过大通河，但难度极大，因此在天堂寺上游3俄里（3.2公里）处建有一座桥。两端桥头各有一道窄门，背负驮包的骆驼无法穿过，只得卸下驮包，雇几个汉人把东西搬到河对岸。我们的哥萨克切巴耶夫不巧

---

[1] 位于甘肃省天祝县境内。

也生了病，我们不得不搭起帐篷，就地停留了五昼夜。我们的旅伴们等不了这么久，便先行一步，一起去往距离此地不到 70 俄里（75 公里）的却藏寺。

对我们来说，在大通河沿岸的被迫停留是莫大的愉悦。在此期间，我们对附近的山脉进行了几次考察，粗略认识了当地的动植物群落。丰富的动植物让我决定到达却藏寺后，再返回这里，用整个夏天对天堂寺周围群山展开更细致的研究。

据我们的旅伴和当地人说，骆驼背负驮包无法翻越大通河右岸（南岸）的山峰，我们只好把这些牲畜留在天堂寺，雇了几个中国人用骡子和驴将我们的行装运往却藏寺，为此付出了 17 两银子。7 月 1 日，我们向大通河支流之一郎赫达河（音译）上游行进。一条羊肠小道穿越峡谷，唐古特人就生活在这里，其中一部分住黑色帐篷，更多人住的是小木屋。周围群山上，森林遍布，直到半山腰才出现浓密的灌木。四面八方耸立着巨大的巉岩，将两端的山口紧紧封闭。山坡大都很陡，行至山口尽头，道路在近乎垂直的山崖上盘旋。载有驮包的牲畜，在这里举步艰难。但由此向外眺望，一片起伏的平原即刻映入眼帘，展现出壮丽的景象。我永远都不会忘记，当时正是从这座山口，我们看到了卷曲、白亮的云朵覆盖着平原，太阳闪耀在我们头顶碧蓝如洗的天空上。

在与大通河流向相反的方向，山脉尽头现出陡峭的短坡。更远处是绵延起伏的广阔平原，连同一些山地，一齐伸向西宁城，城外则是高峻的山岭，部分节段白雪皑皑。整片区域都是良田，汉人、唐古特人和达尔德部落密集于此。这里坐落着碾伯[1]、威远堡[2]，以及更靠西的西宁、丹噶尔[3]和三关[4]等众多城镇。

---

[1] 位于青海省海东地区。

[2] 今青海省互助县。

[3] 今青海省湟源县。

[4] 青海省大通县城关镇旧称，亦称毛伯胜。

我们到来时，三关与西宁正处于穆斯林叛军掌控之下。

在生活于甘肃省这片区域的以上三个族群当中，我只对碾伯、威远堡、西宁及却藏寺附近的达尔德人略作描述。该部落半数人口分布在却藏寺周边。

较之汉人，达尔德人的外貌更接近蒙古人，尽管他们像汉人一样住土坯房，过定居生活，从事农耕而非畜牧。达尔德人面部扁圆，颧骨突起，眼睛和头发为黑色，中等身高，也有人身材高大；体格相当结实。男性剃去胡须和头发，但也像汉人那样留有发辫；年轻女性将所有头发盘在脑后，头戴中国土布缝制的方形帽子，奇大无比。上年纪的妇女不戴这种帽子，而是把脑后的头发编成辫子，额发则从中间分成两半。无论男女，服饰上都与汉人相像。他们同汉人及定居的唐古特人混居在一起，信仰佛教。

我们只是匆匆经过此地，所以我无法提供更详细的情况[1]。"一群穷鬼，脑子也坏掉了"——这是蒙古人对我们所说的达尔德人。同样按照他们的说法，达尔德人的语言是蒙语、汉语和他们本族语的杂烩[2]。

却藏寺坐落在上文地势起伏的平原之北缘，是我们历次考察甘肃的出发点。

这座寺庙位于西宁东北60俄里（64公里），根据我对北极星高度的观测以及凭借现有地图大致推算，它的坐标为：北纬37° 3′，普尔科沃东经[3]70° 38′（格林尼治东经100° 58′），海拔高度8900英尺（2731米）。佛寺由土墙围起的大殿及

---

[1] 达尔德人生活在却藏寺周围七八俄里以外的区域。为了不引起怀疑，我们不可能近距离地研究该部落的特征，而就此展开询问也极其困难。——原注

[2] 对于中国文献中关于达尔德部落乃至甘肃其他定居人群的记述，俄国汉学家、巴拉第修士大司祭（1817—1878，俗名彼得·伊万诺维奇·卡法罗夫）做了很有意义的梳理，并发表在《俄罗斯皇家地理学会公报》1873年第9期上（第305页）。——原注

[3] 此处依照俄罗斯科学院普尔科沃天文台标准。该天文台始建于1839年，位于圣彼得堡市中心以南19公里处的普尔科沃高地，故而以天文台所在地命名。——原注

其他附属建筑构成，还有百十座土坯房与之相连。所有这些均在三年前毁于东干人之手，仅有大殿因围墙阻挡而未遭损毁。

这座殿堂是砖木结构，像所有佛教庙堂一样，呈正方形。侧殿面南背北，大门朝南开，有三个入口；门前建有石台，可拾级而上。大殿的屋顶向两翼倾斜，样式很普通，以鎏金的铜皮包裹，屋脊每个角上都塑有几条龙。

大殿正中供奉着释迦牟尼佛的鎏金坐像，高度为 2 俄丈（约 4.2 米）。佛前灯盏长明，并且摆放着硕大的黄铜器皿，里面是水、酒、大米和大麦粉之类的供品。佛的左右两侧各有一座高大的神像，面前也是装有食物的器皿，但没有长明的烛灯。

围绕殿堂三面墙的壁龛里，供奉着一千尊小型铜佛，大小为 1 至 2 英尺（0.3—0.6 米）。每个神佛姿态和所持法器各不相同，其中有的面目狰狞。

所有这些佛像都是江吉活佛在多伦诺尔订做的，从那儿先运到阿拉善，再由阿拉善亲王自掏腰包，运抵却藏寺。

却藏寺所在的庭院被一条与主墙相连的回廊环绕。回廊每一面长约一百步，全都绘满彩画，介绍各路神灵及英雄的伟绩。这些画面中的想象力，尽管粗鄙，却表现得淋漓尽致：蛇类、魔鬼、形形色色的怪物，可谓千姿百态，精彩纷呈。

在分隔回廊墙面的格架上，每隔 1 俄丈（2 米）设置一只不大的铁质经筒，内中放入书写在纸上的经文。虔诚的信徒每天都会来到寺庙，不仅念诵经文，同时还转动经筒，按照他们的理解，这相当于祈求佛祖双倍的赐福。

却藏寺的喇嘛，在考察队逗留期间，共计 150 名[1]，此外，活佛也住在这里。佛寺的供养依靠江吉活佛出资和信徒的施舍。重大节日里，寺里用奶茶和当地人

---

[1] 东干人起事之前，据说这里的喇嘛是现在的两倍。——原注

称为"糌粑"的烤大麦粉招待这些信徒。糌粑是甘肃和青海一带所有唐古特人和蒙古人日常的食物，做法非常简单：先用火烘烤裸麦[1]，再将其磨成面粉，用热茶冲泡，即可当作主食。

却藏寺里除了喇嘛，当时还驻有将近一千名护卫人员（由蒙古人、汉人、唐古特人和达尔德人组成），防备东干人来袭，而后者的据点距离寺庙仅有15俄里（16公里）之遥。东干方面时常有人赶牲畜来放牧。守护佛寺的兵卒几乎手无寸铁[2]，只能任由他们大白天骑着马，在墙根底下为所欲为。

寺庙以东7俄里（7.5公里）也有同样的一截土墙，带有几座塔楼。据当地人说，这截残破不堪的城墙，起始于西宁，经大通城延伸至甘州。

考察队一到却藏寺，先期抵达的旅伴们就来迎接，然后在一间很大的空房子里安顿下来。房间曾经作为仓库，用来存放粮食和一些不知为何废弃的佛像。在这座宽敞的建筑中，我们把沿途采集的样本摊开晾干，由于整个甘肃高原过于潮湿的气候，这些样本受潮严重。像往常一样，从第一天起，就有众多好事者围观我们这些稀奇的客人，从早到晚络绎不绝，令人厌恶。我们刚一出门，人群立刻一拥而上，哪怕我们的人有要事在身，也不肯放过。标本更是引发了惊奇和猜疑。有人觉得，我们采集的植物、鸟兽皮毛之类，可能都是值钱的玩意儿，只不过当地人还蒙在鼓里。幸好有传言说我是采药的医生，才或多或少打消了此类怀疑。

我们在却藏寺逗留了整整一个星期，为进山度过剩余的夏日做准备。首先花费110两银子买了四头骡子，又雇了一个懂蒙语的唐古特人。

---

[1] 一种生长在甘肃的大麦，成熟后去皮，取用种实。——原注
[2] 长矛几乎是他们唯一的武器。——原注

231

零碎物品的采购十分困难，因为暴动的东干人来回流窜，贸易彻底陷入停滞。在同行的喇嘛们帮助下，总算买到一些必需品，尽管付出了高昂的代价。顺带说一下，我们在却藏寺再次遇到了新的币制、新的重量和容量单位。譬如一两银子在这里平均兑换 6500 文钱，50 两可算成 100 两；重量单位"斤"也有两种：一种相当于 16 两，另一种则是 24 两。除了称量谷物的通用单位"斗"，还采用新的单位"升"，5 斤糌粑或大麦约为 1 升。

我们把所有多余物品留在却藏寺，用才买来的骡子加上原有的两匹马驮着必需品，于 7 月 10 日向大通河中游天堂寺附近的山脉折返。

我在这里要岔开话题，对青海湖以北和西北部山地的总体特征略作说明，这是我们在甘肃境内考察过的部分。

这座高山湖周围的盆地并不开阔，四面环山，这些山又跟西藏[1]东北角和黄河上游地区的群山直接相连。从这里，也就是从黄河上游起，巨大的山体像两条手臂，从南北两个方向环抱青海湖，继而向西伸向更远处[2]，形成半岛状，其南部与柴达木盆地众多盐沼毗连，北部则是广袤的戈壁平原。正如上文所述，祁连山地与戈壁平原连接的一侧，峭拔陡峻，如同直立的墙，"墙内"是绵延的高大台地，经过青海湖和柴达木，一直延伸到地势更高的西藏高原北缘的布尔汗布达山脉。

仅从我们考察的甘肃山地来看，就不难发现，它们系由三座平行的大山组成。其中之一伸向阿拉善外围的一片高大台地，另外两座堆叠在这台地上，该地区最大的河流大通河奔涌在两山之间。越往东靠近黄河，三座山的高度就越低，而西

---

[1] 此处指的是青藏高原。

[2] 根据当地人的说法，环绕青海湖的山脉，向西延伸的长度为 500 俄里（并越过昆仑山）。——原注

段的山势则逐渐抬升，最终在额济纳河和讨赖河[1]源头达到雪线[2]。很有可能，这三座山就交集于此，或者形成新的支脉，但起码在这几条河的源头以西，它们的规模再度缩小，很快聚合为另外一道明显的山岭，但也可能消散于通常意义的戈壁高原。

中国人将这几座山统称为"雪山"或"南山"。其中每一座都没有专属的名称，为避免混淆，我把大通河左岸的山称为"北山"，右岸的称为"南山"，向阿拉善延伸的称为"边缘山脉"。我使用这些名称只为方便描述，并非想要以此确定上述几座山的命名。

北山和南山颇为相像，尤其是都很荒凉，具有典型的高山特征——狭窄幽深的峡谷，高大的山崖，随处可见的陡坡。大通河中游的个别山峰高达 14000 英尺（4270 米）[3]，却未及雪线。如上文所述，雪山的位置更靠西，它们耸立在兰州和甘州附近以及大通河和额济纳河上游。除此之外，西宁城外也可望见皑皑雪峰。接下来，在甘肃境内、黄河以西的其余山地，如同在青海湖流域，没有一座常年积雪的山峰。

较之于南山，北山虽然山口较低，更容易翻越，但它的山峰却更高，其中包括贡嘎雪山[4]。这两座山的高峰都被唐古特人奉为圣山，统称"阿姆讷"，意思是"始祖"。这样的圣山共有十三座，大都分布在大通河中上游，南山山脉却只有三座"阿姆讷"，即特恰列卜峰、勃夏加尔峰和古姆布姆达玛尔峰。北山山脉的圣山

---

[1] 发源于青海省祁连山脉中段，出冰沟口流经嘉峪关、酒泉、金塔，汇入中国西北地区第二大内陆河黑河。

[2] 额济纳河及其左侧支流讨赖河径直北流，一路浇灌着甘州和肃州附近的农田，随后流进沙漠，注入苏古诺尔湖及邻近的嘎顺诺尔湖。——原注

[3] 甘珠尔峰位于北山山脉。——原注

[4] 这座山位于大通河上游永安营（译者按：青海省门源县境内）附近。——原注

自西向东依次是：墨拉峰、贡嘎峰、纳木尔济峰、乔卡尔峰、拉尔固特峰、勒塔赫齐峰、小龙嘴、马尔恩图峰、加戈里峰和三布峰[1]。

这里的山岩种类包括：黏土岩和绿泥岩、石灰岩、硅长岩、片麻岩和一部分闪长岩。矿产资源主要是石煤和黄金，据说当地山区所有溪流里都有黄金，天堂寺周围则是汉人开采石煤矿的地点。

甘肃高原地震频发，当地人说，有时甚至会有强震，造成房屋垮塌。我们只经历了一次微弱的地震[2]，地表震动微不足道。

气候方面最主要的特点是降水量充沛，尤其是夏季，部分地区春秋两季也不少；至于冬季，据当地人说，则以晴天居多，刮风时很冷，风一停就相当暖和。夏季几乎每天都有雨，不仅在山里，甚至远离山区的地方也如此。据我们观察，7 月里有 22 天下雨，8 月有 27 天，9 月有 23 天。不过，从 9 月 16 日起，山上和山谷里，到处都下起了雪，最近一段时间，有 12 天都是雪天。丰富的水量导致土壤极度潮湿，峡谷间的溪涧和小河也连绵不绝。

相对于北纬 38 度的地理位置，该地区夏季平均气温偏低。在高山地带，甚至是 7 月，每到夜晚草木都会披上白霜，会有细密的小雪。8 月期间，半山腰以上时常白雪皑皑，但遇到阳光就化了；进入 9 月，雪落下来就不再融化。

夏天，只要一出太阳就很燥热，但不会有过高的气温，我们测得的 7 月最高温（在大通河谷背阴处）为 31.6℃。总的来说，风比较小，多为东南风，而且停得也快。雷雨天更多出现在 7 月和 9 月[3]；9 月的雷雨偶尔还伴有降雪乃至暴风雪。

---

[1]　这些名称均为音译。
[2]　1872 年 7 月 29 日（8 月 10 日）早晨 10 点，在南山。——原注
[3]　我们在 7 月经历了 14 次雷雨，8 月有 2 次，9 月有 9 次，但都不是很大，持续时间也不长。——原注

正如期待，祁连山区的植物群落非常丰富，种类繁多。充足的水量、肥沃的黑土[1]，再加上深谷底部到雪线边缘的各种物质条件——这一切都有利于植物的多样性发展。不过，只有在南山，并且仅限于它的北坡，才有真正意义的茂密森林。这种仅在北坡才有树木生长的现象，不仅出现在蒙古的干旱山区，譬如穆尼乌拉山和阿拉善山，甚至也出现在降水充足、气候潮湿的祁连山地，仿佛这里的树木也在躲避夏日里本来就不常见的太阳。

如同其他山区，祁连山脉的森林主要生长在半山腰以下直至深谷底部，向上蔓延到9500至1000英尺（2900—3050米）之间。这里的山坡上，特别是峡谷和湍急的溪流两岸，植物大小和种类各不相同，如此繁多，迄今为止我们在蒙古地区的山里尚未见过。高大挺拔的树林、密不透风的灌木、千姿百态的花草——所有这一切令人不禁想起阿穆尔边疆美不胜收的森林世界。越过不毛的阿拉善沙漠之后，这种愉悦的印象越发强烈。

一进入甘肃的森林，旅行者就见到各种各样的树，既有熟悉的种类，也有先前没见过的。新树种当中最引人注目的当数喜马拉雅白桦（Betula bojapattra），它的树皮为红色，高35至40英尺（10—12米），直径1至1.5英尺（0.3——0.45米），外观很像普通桦树，最显著的区别只是树皮会脱落，一团一团挂在树干上。唐古特人用这种细而软的树皮代替纸来卷烟。这陌生品种旁边就长着我们俄罗斯最常见的白桦（Betula alba）。这两种树在山腰底部的森林中占多数。

接着是山杨（Populus tremula），时而密集，时而稀疏，令人赏心悦目；山坡上的松树（Pinus massoniana）和云杉（Picea obovata）也一样，要么孤零零，要么连成一片。而枝繁叶茂的杨树（Populus sp.）和柳树几乎只长在山谷里。俄国常见的

---

[1]　只在没有森林的山崖和山坡顶部为黏土。——原注

花楸树（Sorbus aucuparia）和另一种白色果实的白花楸（Sorbus sp.）相互挨在一起，高仅有 2 俄丈（4.3 米），却十分美观。高塔圆柏（Juniperus sp.）高度可达 20 英尺（6 米），有的直径超过一英尺；有别于其他树种的是，高塔圆柏只生长在海拔 12000 英尺（3660 米）向阳的南坡，接近高山灌木林分布地带，唐古特人和蒙古人视之为神树，将树枝用作宗教仪式的熏香。

像通常一样，山间溪谷是这片森林里灌木种类最丰富的地方。展现于我们面前的有：两俄丈高的山梅花（Philadelphus coronalius），在 7 月里散发着浓郁的花香；两种野蔷薇，一种开白花，另一种开粉色的花；两种小檗（Berberis sp.），高度均为两俄丈左右，其中一种刺长 1.5 英寸（约 4 厘米）；中国接骨木（Sambucus chinensis）；刺李（Ribes sp.）——高约 10 英尺（3 米）的巨大灌木，乳黄色的果实硕大，味道发酸；多刺的悬钩子（Rubus pungens），结有橘黄色的漂亮果实；另一种悬钩子（Rubus idaeus）跟我们欧洲的品种很像，但高度不超过 2 英尺（0.6 米），只在开阔山坡的高山灌木丛里繁衍生长。再往前，还有七八种金银花（Lonicera），其中之一结有椭圆形的紫色果实，可食用。

甘肃森林里还能遇见其他一些种类的灌木，例如：合叶子（Spiraea sp.）、黑醋栗（Ribes sp.）、樱桃（Prunus sp.）、卫矛（Evouymus sp.）、野胡椒（Daphne altaica）、栒子（Cotoneaster sp.）和刺五加（Eleutherococcus senticosus）。但一过穆尼乌拉山，来到阿拉善山和祁连山，刺五加的近亲——胡枝子（Lespedeza）就见不到了；而穆尼乌拉山和阿拉善山极为多见的毛榛，在这里同样也没有。

我们继续记述甘肃的灌木林。值得一提的是，这里的山涧两岸经常有茂密的柳树和高达 15 英尺（4.6 米）的沙棘（Hippopharhamnoides），沙棘的尖刺使人难以行进，而开阔的山坡上还生长着山楂（Crataegus sp.）、黄色的锦鸡儿（Caragana sp.）和白花金露梅（Potentilla glabra）。

这片森林的草本植物更加丰富。湿润的黑土土地上遍布草莓（Fragaria sp.），在覆盖着苔藓的小块台地，美丽的马先蒿（Pedicularis sp.）开满粉色的花朵。在森林和林间草地，到处是芍药（Paeonia sp.）、橐吾（Ligularia sp.）、缬草（Valeriana sp.）、唐松草（Thalictrum sp.）、老鹳草（Geranium sp.）、耧斗菜（Aquilegia sp.）、熊葱（Allium victorialis）、地榆（Sanguisorba officinalis）、盘绕在灌木上的铁线莲（Clematis sp.）等，柳叶菜或铃兰（Epilobium angustifolium）将它们粉色的花铺满山坡。再晚些时候，同样在这片森林，还会出现细叶黄乌头（Aconitum barbatum）、白喉乌头（Aconitum leucostomum）、翠雀（Delphinumu sp.）、艾菊（Tanacetum sp.）、匹菊（Pyrethrum sp.）、旋覆花（Inula brilanica）、升麻（Cimicifuga foetida）等；多足蕨（Polypodium vulgare）、掌叶铁线蕨（Adiantum pedatum）、铁角蕨（Asplenium）也很多。

在开阔的山坡林带，生长着虎耳草（Saxifraga）、红百合（Lilium tenuifolium）、青兰（Dracocephalum ruyschiana）、千里光（Senecio pratensis）、苞裂芹（Schultzia sp.）、野葱（Allium sp.）、龙胆（Gentiana sp.）、筋骨草（Ajuga sp.）。

春天，在通透的山谷中，燕子花（Iris sp.）开遍森林，一到夏季，这里还会有紫菀（Aster tataricus）、酸模（Rumex acetosa）、蓼（Polygonum polymorphum）、西伯利亚报春花（Primula sibirica）、勿忘草（Myosotis sp.）、柴胡（Bupleurum sp.）、龙胆、银莲花（Anemon sp.）、艾蒿（Artemisia sp.）、臭草（Melica sp.）、披碱草（Elymus sp.）、大油芒（Spodiopogon sp.）、黑麦草（Lolium sp.）、毛茛（Ranunculus）、棘豆（Oxytropis）和委陵菜（Potentilla）。

蕨麻（Potentilla anserina）是委陵菜的一种，在俄国很常见，这里叫作"珠玛"，根可食用，春秋两季许多汉人和蒙古人都来采挖。根挖出后，清洗、晾干，然后用水煮，与油或大米一道食用，味道像四季豆或花生。

这里也有常见于阿拉善山的醉马草（Achnatherum inebrians），蒙语叫作"霍洛乌布苏"。这是一种对所有牲畜都有毒害的草，对骆驼尤其有害，当地的动物知道这种草的特点，所以从来都不吃。

这片森林带最出色的植物非药用大黄（Pheum palmatum）莫属，蒙古人称之为"沙拉摩套"[1]，唐古特人的叫法是"朱穆察"。关于大黄，我要说得略为详细些，因为据我所知，这是欧洲人迄今为止尚未研究过的植物。

大黄根部生有三四片浅裂叶，叶形硕大[2]，呈深绿色。从这些叶子中间长出一支 7 到 10 英尺（2—3 米）高的花茎，基部直径约为 1.5 英寸（4 厘米）[3]。有些成熟的大黄，根部生出 10 个或更多的叶片，但即便如此，花茎也不会更多，平均来看，三四片叶子才有一支。叶柄剖面呈椭圆形，粗细与人的手指相当，有的长度可达 26 英寸（66 厘米）；叶柄下端为浅绿色，上端颜色发红，从上到下布满纤细的红色纹路，长 2.5 至 5 毫米。每支花茎在其结节处又长出一些小叶子，细碎的白花就开在从主干三分之二处抽出、与主干呈锐角的二级花茎上。

大黄的根为卵圆形或圆形，附生许多细长的蘖枝[4]。像主根一样，这些蘖枝的长度取决于生长时间。完全成熟的大黄株体，根的长度为一英尺（0.3 米），粗细也同样[5]，表面包着一层不平滑的褐皮，晾晒时需将这层皮削去。

大黄通常在 6 月底和 7 月初开花，也有的开得更早，有的则更晚。8 月后半段是种子成熟的时节。

---

[1] 即"黄色的树"。——原注

[2] 我们所见最大的大黄，叶脉长 2 英尺（0.6 米），叶片宽 3 英尺（0.9 米）。——原注

[3] 这是成熟株体的数据。——原注

[4] 有的老根会发出 25 个蘖枝；其中最大的，底部直径为 1.5 英寸（4 厘米），长约 21 英寸（53 厘米）。——原注

[5] 不过，也有例外的情形。有的根更长更粗。——原注

据当地人说，春秋两季的根最适合入药，到了花期，会出现许多孔隙，但我们从仲夏期间获取的大黄上并未发现此特点。9月和10月可采挖大黄，主要是唐古特人，也有一部分汉人。随着东干人暴动，此项营生大为缩减，有些地方甚至已然绝迹。以前，采挖者甚众，大黄只在难以通行的山林里才能幸存。不过，在天堂寺附近的山里，药用大黄虽难得一见，但据唐古特人说，再往西去，直到大通河和额济纳河上游，这种植物非常多；本地原先也盛产大黄，采挖之后运到外地，如今仍有一些运往大黄贸易的主要集散地——西宁。我们到来时，10斤大黄在西宁平均价格为一两银子，换算成俄国货币，相当于一斤21戈比。

从西宁开始，大黄冬天经陆路，夏天经水路，沿黄河运抵北京、天津和中国其他港口，再销往欧洲。在这些地方，大黄的身价比在西宁时已经上涨了5到9倍[1]。原先有许多大黄从西宁运到恰克图，但如今，自从东干人起事以来，这种贩运已经中断了。当前要恢复这种贸易并不太难，只需为采购大黄的商队配备武装，从恰克图护送到西宁或者哪怕是宁夏。护送这样一支商队，一路上需要有十来名武装人员。

晾大黄的根，首先需要削去所有蘖枝，用刀刮掉表皮，再将粗壮的根切成段，用绳子串好，通常挂在房檐底下通风的阴凉处，慢慢阴干。最后一个条件必不可少：据说，大黄在阳光下暴晒，品质会受损。粗大的蘖枝也可用刀去皮，与根一起晾干。

祁连山的药用大黄生长在深谷底部直至森林带顶端，即海拔一万英尺（3000米以上）的高处，超过这一界限，也会有个别株体，但总是长在潮湿的黑土质的

---

[1] 我来到天津时，100斤大黄售价为50到90两银子；运到俄国，又涨到每俄磅（1俄磅约为409.5克）3至5卢布，甚至更高。——原注

山谷中，并且只是在北坡。这种植物很少长在山谷的南坡，在无森林的山崖上更是少见。

在我们考察的地区，唐古特人把大黄种在住处附近的园子里；他们用的是种子或者森林里采到的幼苗。播种可在秋季和早春进行，但若想让植物成活，土壤必须是细碎、干净、疏松的，而且要保证是湿润的黑土。唐古特人说，种子种下之后第三年，大黄就长到拳头大小，而真正长成还需 8 到 10 年，甚至更长时间。唐古特人种植大黄，规模很小，主要供自家使用，他们用这种根给家人乃至家畜治病。不知甘肃其他地方是否大量种植大黄，但当地人明确告诉我们，大黄在哪儿都种得不多。如果情况属实，那只能归因于本地盛产野生大黄。

通过研究药用大黄的生长条件，我相信，我们俄国很多地方也可种植大黄，例如阿穆尔边疆、贝加尔湖山区、乌拉尔山和高加索山。为了实验，我采集了足够多的种子，交给了俄国皇家植物园。

除了青海湖以北的祁连山脉，据当地人说，在这座湖以南的山区，乃至西宁以南的雪山和黄河源头附近的雅格拉山（音译），都有大黄生长。这种植物从这些地方是否蔓延到邻近的四川省山区，我们无法确知，但可以肯定的是，藏北群山无森林的区域没有大黄。这样，根据我们掌握的资料来判断，药用大黄生长范围仅限于青海湖和黄河上游的高山地带。

除了药用大黄，祁连山里还有另一种大黄——穗序大黄（Rheum spiciforme），只在高山地带生长，根细而多蘖，有时长达 4 英尺（1.2 米），但不适合入药[1]。穗序大黄也长在喜马拉雅山和天山，在冬天的藏北荒原，我们时常见到它的枯叶。

---

[1] 唐古特人称之为"扎尔秋姆"，蒙古人叫做"库尔梅沙拉莫套"。——原注

如上所述，祁连山森林带延伸到大约海拔一万英尺的高度，再往上便是高山灌木和草甸。这里已经没有高大的树木[1]，取而代之的是浓密的灌木丛，以杜鹃居多。我们在这里发现了四种杜鹃，根据植物学家马克西莫维奇的鉴别，这些均属新品种。其中有一种尤为出色，它繁茂的花丛有时高达 12 英尺（3.7 米），具有硕大的革质叶，冬天也不凋落，开白花，香气馥郁。相比其他品种，这种杜鹃数量最多，上至高山地带，下至森林带中部，均有分布。

高山地带最典型的灌木，除了杜鹃，还有与阿拉善山里同样的锦鸡儿、黄花金露梅（Potentilla tenuifolia）、合叶子、柳树（Salix sp.）。这些灌木丛扎根的泥土，表面覆盖着一层苔藓（灰藓，Hypnum sp.），这种藓类植物，从森林带上部就开始大量出现。在高山灌木林区，同样可以发现，向北的山坡上灌木长势最好。

高山草甸有的零散分布在灌木丛中小片台地上，有的覆盖着整个山坡顶部，呈现出丰富多样的植物形态，三言两语难以尽述，而且总会遇到许多新品种。最典型的草甸植物包括：多种罂粟（Papaver）、马先蒿、翠雀、虎耳草、龙胆、毛茛、委陵菜、野葱、紫菀、飞蓬（Erigeron sp.）、风毛菊（Saussurea graminifolia）、火绒草（Leontopodium alpinum）、蝶须（Antennaria sp.）、蓼、金莲花（Trollius sp.）、梅花草（Parnassia sp.）、点地梅（Androsace sp.）。悬崖峭壁上生长着各种报春花、葶苈（Draba）、紫堇（Corydalis）、金腰子（Chrysosplenium sp.）、景天（Sedum sp.）、扁果草（Isopyrum）、鹅不食草（Arenaria sp.），多碎石的岩层上还有草乌头（Aconitum sp.）、橐吾、风毛菊等。

6 月中旬，所有这些草以及高山灌木丛，全都开满鲜花。此时，这里的山坡要

---

[1]　唯一的例外是高塔圆柏，其生长范围可达 12000 英尺（3660 米）的高度。——原注

么被金露梅的花朵染成一片金黄，要么到处是杜鹃和锦鸡儿白色、红色或紫色的花朵。在这些主色调中，掺杂着其他花朵的亮丽颜色，有的孤零零，有的簇集成一小堆。但这些绚烂的生命并不是永恒的！7 月初，杜鹃和锦鸡儿就凋谢了；8 月上旬和中旬，凌晨的寒气越来越重，草本植物陆续死去。

丰美的高山草甸，延伸至 12000 英尺（3660 米）的高度。再往上，气温就变得很低，风和恶劣天气过于频繁，使得草甸植物难以正常生长。起初，在低于这一高度两三英尺（约 0.6—0.9 米）的地方，偶尔还有几株小草，它们是这里的侏儒，仅有几英寸高，随后也消失了踪影。苔藓、地衣和零星的小花，紧贴着光裸的地表，以及几乎所有山峰上耸起的峭岩底端的岩屑层。这种岩屑层——正是山峰近旁峭岩风化的产物——由硕大的石片构成，但是越往下，石片就越小，仿佛被人的手打碎了。在这里，时间赫然显示着无坚不摧的威力。坚硬的山石经受不住环境的考验，巉岩峭壁一点一点受到剥蚀，渐渐归于消亡。

岩屑层中通常会有山泉涌出，继而流入山谷。泉眼附近，只能听到细流在石块底下汩汩涌动，地面上却看不到痕迹。泉水流得稍微远点，已然汇成一条细细的银链，接着又跟其他几条同样的细链汇聚起来，形成一道激流，带着喧声向下垂落，奔向砾石遍布的河床。

在祁连山脉的动物种群中，最为丰富的是鸟类；我们在这里只发现了 18 种哺乳动物；两栖动物和鱼类非常少；昆虫也不多。此种现象，亦即昆虫种类贫乏和两栖动物几近匮缺，或许要归因于山区的气候条件，天气严寒，变幻无常，不利于这些动物的生存。

我们在甘肃发现的野生哺乳动物，总共只有三种：食肉目、啮齿目和反刍动物；而食虫目和翼手目动物我们连一种都没有见过。总的来说，由于唐古特人的过度猎杀，祁连山里大型动物比较稀少。除此之外，当地山区人口众多，野兽无法自由地繁衍。麝鹿（Moschus moshiferus）在这里倒是很常见。祁连山里的反刍动物还有岩羊、鹿和狍子。我们在穆尼乌拉山也发现过狍子，在阿拉善山却未曾见到[1]。

嚙齿动物当中最引人注目的要数旱獭[2]（Arctomys robustus），在海拔 12000 英尺（3660 米）以下，到处都有它们的踪影。大量的小型鼠兔（Zagomys thibetanus）占据着相对开阔的区域，另一种鼠兔则很少见，并且只生活在高山地带上部的山岩和岩屑层之间。在开阔的山谷和半山腰以下的草地，鼹鼠（Siphneus sp.）同样为数众多。一种小型田鼠（Arvicola sp.）在这里也很常见，野兔数量不多；山间森林里，偶尔会遇到与西伯利亚品种不同的鼺鼠（Pteromys sp.）。

这就是反刍动物和嚙齿动物的全部代表，现在再说说食肉目动物。祁连山里的食肉猫科动物只有野猫（Felis sp.），老虎和雪豹却根本没有。这里只生活着一种数量不多的熊，另外还有艾鼬（Mustela sp.）、獾（Meles sp.）、狐狸和两种狼，一种是普通的狼，另一种体形略小，毛色发红[3]。

相比哺乳动物，栖息在祁连山里的禽鸟堪称丰富，我们在此发现了 106 种留鸟或筑巢的鸟，以及 18 种候鸟。前一种鸟类相当重要，如果考虑到，仅此一种就几乎涵盖了五个类目：猛禽、攀禽、鸣禽、鸽形目和鸡形目；水禽和鹤形目分别只有一种。而且上述 5 种鸟类的分布也极不均衡：其中以鸣禽数量居多，然后依次是

---

[1] 遗憾的是，我们在祁连山连一只狍子都未能猎杀，以便确知当地狍的品种与东北亚地区的是否属于同一类。——原注

[2] 在藏北地区，我们在海拔 15000 英尺（4570 米）的高处见过旱獭的洞穴。——原注

[3] 我们未能见到这种狼，但当地人对它很了解。——原注

猛禽、鸡形目、攀禽和鸽形目[1]。

对比甘肃和蒙古的鸟类清单，不难发现，这两个地区尽管相互毗邻，鸟类种群却各不相同。像植物分布区域一样，这种现象当然也取决于两个地区截然不同的地理条件。在此省略细节，只说明一点：我们在甘肃总共发现了蒙古所没有的43 种鸟类。如果从蒙古鸟类清单中减去我们在穆尼乌拉山和阿拉善山发现的品种，那么这一数字还会扩大。总之，甘肃的鸟类当中，有一些属于西伯利亚、华北、喜马拉雅山脉和天山山脉这儿大动物区系的典型代表。

这里最主要的猛禽乃是三种兀鹫：高山兀鹫（Gyps himalayensis）、秃鹫（Aegypius monachus）、胡兀鹫（Gypaetus barbatus），前两种为亚洲所特有，第三种欧洲也有。高山兀鹫尤为出色，这是一种强有力的鸟，灰色羽毛带有杂色，翼展可达 10 英尺（3 米）。祁连山脉其他种类的猛禽不多，而我们见到的兀鹫数量之大，却胜过别的任何地方。

攀禽家族中没有特别引人注目的品种。其中雨燕（Cypselus leucopyga）大多在

---

[1] 下表可以更直观地呈现甘肃地区鸟类的区分：

	留鸟	候鸟	总计
1）猛禽（Raptaores）	12	2	14
2）攀禽（Scansores）	7	0	7
3）鸣禽（Oscines）	74	5	79
4）鸽形目（Columubae）	3	0	3
5）鸡形目（Gallinaceae）	9	0	9
6）鹤形目（Grallatores）	1	7	8
7）水禽（Natatortres）	0	4	4
	106	18	121

随着我在旅行中对鸟类学展开专门的研究，以上数字当然会有一些变化；在此展示的，只是我在实地采集的数据（这种鸟类分类法早已过时，如今已有很大的改变）。——原注

半山腰以下的山岩间筑巢，布谷鸟（Cuculus sp.）在森林里"咕咕"鸣叫，啄木鸟（Picus sp.）"笃笃笃"地敲打着树干。值得一提的是，东亚地区十分常见的夜鹰（Caprimulgus jotaca），在穆尼乌拉山以西就见不到了，阿拉善山和祁连山里也没有踪影。

接下来说说广泛分布于森林和高山地带的鸣禽。山林里最典型的品种有：只在山间溪流两岸栖息并与灵巧的河乌（Cinclus）一起生活的白顶溪鸲（Phoenicura leucocephala）、红颈夜莺（Luscinia calliopel）、胸部呈橘黄色的灰雀（Pyrrhula sp.）、红腹灰雀（Pyrrhula erythrina）、漂亮的燕雀（Carpodacua sp.）、娇小的鹪鹩（Troglodytes nipalensis）、几种柳莺（Phyllopneuste sp.）及灰喜鹊（Pica cyana）。鸫鸟的近亲白颊噪鹛（Pterorhinus sannio）和红顶鹛（Trochalopteron sp.）鸣声婉转，活泼好动，使山间溪流周围的灌木丛充满生气。

高大的森林中有三种独特的鸫鸟（Turdus sp.），其中两种似乎为新品种，它们都是绝妙的歌手。另外还有四种山雀（Parus sp.）以及岩鹨（Accentor multistriatus）和蜡嘴雀（Hesperiphona speculigera）。蜡嘴雀只生活在桧树林里，以浆果为食。

在高山地带，我们遇到了沿着岩壁上下翻飞的红翅旋壁雀（Tichodroma muraria）。这里还生活着一种体形较大、歌声婉转的朱雀（Carpodacus sp.）、两种红嘴山鸦（Fregilus alpinus）、燕子、蓝大翅鸲（Grandala coelicolor）、两种岩鹨——红岩鹨（Prunella rubida）和鸲岩鹨（Prunella rubeculoides），其中第一种是歌唱能手。在地势稍低的灌木丛，栖息着紫罗兰色的娇俏的花彩雀莺（Leptopoecile sophiae）、粉红色的大朱雀（Carpodacus rubicilla）、黑胸歌鸲（Himalayan rubythroat）、粉色长尾巴的黄鹂（Schoenicolas p.），更为开阔的山谷中还有黄嘴朱顶雀（Carduelis flavirostris）、褐翅雪雀（Montifringilla adamsi）和一种普通的雪雀（Montifringilla sp.）。

属于高山地带的鸽形目和鸡形目鸟类：普通的岩鸽（Columba rupestris），生活在半山腰以下；生性警觉的白胸岩鸽（Columba leoconota），生活在半山腰以上艰险难行的峭壁间。在这里的岩屑层，则栖息着体形较大的藏雪鸡（Tetraogallus thibetanus），终日叫个不停，唐古特人称之为"昆莫"，蒙古人叫它"海雷克"。与藏雪鸡相邻，生活在杜鹃和锦鸡儿丛中的是雉鹑（Tetraophasis obscurus）和区别于蒙古山鹑的另一种山鹑（Perdix sp.）。再往下，森林带里的鸡形目代表包括：一种新的花尾榛鸡（Bonasia sp.），体形比俄国的大，灰黑色；雉鸡（Phasianus. strauchi）和它的近亲——角雉（Tragopan sp.），后者我们在阿拉善山已经见过，是一种非常漂亮的鸟，羽毛为蓝灰色。

祁连山一带没有任何水禽，候鸟也很少，鹬形目鸟类只有鹮（Ibidorhyncha struthersii），生活在布满砾石的山间溪流边。

我们从却藏寺出发，重返天堂寺附近的山区之后，对各片区域逐一展开调查，每一次我们都会选择最合适的地点，根据工作需要停留足够的时间。每天的降雨和极度潮湿是我们的大麻烦，因为植物和鸟类样本无法充分晾干，只能等到天偶尔放晴，才把各种样本拿出来晾晒。高山地带阴雨连绵，时常夹杂着雪和夜间的严寒；而且几乎所有禽鸟都严重脱毛，有时候打下十只鸟，只有一两只适合制作标本。植物的情况有所不同，起码 7 月仍处于花期，我们因此采到了 324 种植物，一共三千多件样本，而鸟类样本还不到两百件。昆虫不仅在高山地带，甚至在半山腰以下都非常少，连蚊子也不见踪影。我们在阿穆尔森林停留期间，曾经备受这些吸血鬼的折磨，所以我本人倒是愿意赞美上天的这种恩赐。

我们几乎没有猎捕大型动物，因为本来就很少，加上忙于采集样本，没时间狩猎。在此期间，我仅仅打了两只岩羊，不得不从唐古特人那儿买了两头不大的牦牛，以供食用。

最难忍受的是，雨一下起来，接连几天都不停。这样，我们只好待在潮湿的帐篷里，无所事事，甚至看不清周围的群山，因为整个山腰总是云雾缭绕。有时，我们就处在阴云的中央，身旁和脚下常有电闪雷鸣。帐篷里又潮又湿，令人难以想象[1]；枪具每天都得擦干，斯奈德步枪专用的子弹还是潮得厉害，有一半都哑了火。只有在低海拔山区和大通河谷，我们才遇到了好天气，偶尔甚至还很热。但山间溪流和大通河里的水却冰冷刺骨，我们整个夏天都未能下河游泳。

起先，我们在南山的南部边缘度过了几天，然后翻过山，在此段山脉最高点索吉索鲁克苏姆峰附近扎营停留。趁天气晴朗，我从营地出发，去攀登索吉索鲁克苏姆峰，以便根据水的沸点测量山的高度。我如愿登上了峰顶，这里比我们的营地高出 3000 多英尺（约 1000 米），美妙的景色尽收眼底。大通河谷、从各处拥向河谷的一道道山隘、北山及其西侧的雪峰——这一切汇成一幅神奇的画卷，用语言难以形容。我平生第一次站得如此之高，第一次俯瞰如此宏伟的群峰，周围是郁郁葱葱的森林，溪流像一条条晶莹的细链，蜿蜒流淌在山间。这壮丽的景象给我留下了深刻的印象，很长时间挥之不去。我伫立良久，仿佛着了魔。这是我终生铭记的幸福的一天。

但我在帐篷中收拾东西忙过了头，忘了带上火柴[2]，而且无论怎样开枪也得不到火种，只好将测量工作推迟到下次。过了一天，我再度登上索吉索鲁克苏姆峰，这一次，全部烧水用具都带齐了。"哦，大山，你的秘密这就要揭晓，"我喃喃自语，架起烧水的炉子。没过几分钟，我就得出结果：索吉索鲁克苏姆峰海拔

---

[1] 潮湿过于严重，我们向唐古特人买了祁连山广泛使用的手动风箱，没有它就点不着火。——原注
[2] 值得一提的是，一些汉人居然在阿拉善的定远营也出售这种维也纳制造、从北京贩来的火柴。——原注

13600 英尺（4145 米）。这个高度却尚未达到雪线，我只在悬崖下面一些背阴的地方见到了结成冰的雪块。

在大通河南岸的山里度过 7 月之后，我们于 8 月初转移到北山，在高大雄伟的甘珠尔峰脚下海拔 12000 英尺（3660 米）处搭起帐篷，待了将近两个星期。雨几乎没完没了，8 月 7 日和 9 日起了暴风雪，大地完全被雪覆盖，个别地方积雪甚厚。可以想见，在此条件下科学成果不可能有多大，加上高山地带乃至整个山区植物的花期即将结束，所以我们夏季采到的植物样本当中，只有 40 种是得自 8 月。

甘珠尔峰由几座难以逾越的高大岩崖环抱而成，中间是面积不大的杰姆楚克湖[1]，长度为 100 俄丈（213 米），宽约 35 俄丈（75 米）；只有一道形如大门的峡谷可通往湖边，唐古特人视之为圣湖，前来朝拜的不仅有普通信众，也有天堂寺的喇嘛。天堂寺住持、我们的活佛朋友曾经在杰姆楚克湖畔的一个洞穴里住了整整七年，他信誓旦旦地告诉我们，有一天，他亲眼见到湖底冒出一头灰色的牛，在水面上游了一阵儿，又钻进深水里。从此以后，当地的唐古特人对杰姆楚克湖就更加崇拜了。

杰姆楚克湖海拔 13100 英尺（3990 米），周围环境堪称绝佳。窄而浅的山谷、清幽的湖水、从四面围拢的隐约透出一线天空的巨大峭壁，以及只有石块偶尔滚落发出轰响才会打破的墓穴般的阒寂，这一切无不动人心魄，给人以格外庄重之感。我怀着这种心情待了一个多小时，离开时我确信，即使是愚钝的心智，也能感受到笼罩在这个寂静角落的神秘与圣洁。

---

[1] 这里其实有两个小湖，另一个比杰姆楚克湖更小，海拔也略低些。——原注

我在索吉索鲁克苏姆峰附近见过一座类似的湖，叫作科欣湖（音译），同样由山泉汇成，不同的是，它位于一片开阔的台地上，周围气氛不像甘珠尔峰那样神秘。不过，自从某个神灵（邪恶抑或善良不得而知）变成一头灰牦牛[1]，将一个唐古特猎人从这儿赶跑之后，科欣湖也被视为圣湖；从此以后，索吉索鲁克苏姆峰和其他圣山都严禁狩猎。

还有一个关于甘珠尔峰的唐古特民间传说，称这座山是某位达赖喇嘛从西藏搬来的，目的是让当地人见识一下神圣国度拥有怎样的庞然大物。

甘珠尔峰险峻的山崖，主要由霏细岩、石灰岩和黏土页岩构成。根据目测，这座山比杰姆楚克湖湖面高出大约1000英尺（300米），可见它比索吉索鲁克苏姆峰略高。但我同样只是在北面背阴的峡谷里才见到了夏天未融化的雪块。

大通河南岸的群山中有很多唐古特人，尽管他们住得分散，却是有意为之，以便避开那些容易遭到东干人侵袭的地点。如上文所述，天堂寺周围唐古特人最密集[2]，但是在北山，譬如甘珠尔峰附近，却几乎杳无人烟。这里时常会有东干人成群结队，从大通城[3]前往甘肃东部。见到他们，我们在却藏寺雇来的蒙古人不由得惊慌失措，借口不认得路，说什么都不肯去甘珠尔峰，直到我们另外又雇了一个熟知当地山川的唐古特人当向导，他才放下心来。蒙古人和唐古特人用唐古特语商量了片刻，表示同意上路。我觉得，这两个向导似乎提前说好了，一旦东干人来袭，就一道溜之大吉。这种约定其实无关紧要，因为我们本来也没指望这两个向导帮助我们作战。相比之下，四处扩散的传闻反倒更有意义：都说我们枪法惊人，武器也很厉害；再加上到处都有人乐于相信，我是一个未卜先知、

[1] 有趣的是，像俄国一样，唐古特神话传说中也有灰牛、灰牦牛之类的形象。——原注
[2] 在天堂寺以南大约12俄里的大通河谷，有一些汉人务农为生，这片地方未遭东干人破坏。——原注
[3] 这座城坐落在大通河岸，距离天堂寺以南约100俄里。——原注

刀枪不入的魔法师或神人。这样的看法，唐古特人曾经不止一次向我们当面说过，而我也正好利用机会，让我们的哥萨克故作神秘地转告别人，人们的传闻千真万确。尽管如此，我们仍然始终保持着警惕，在一些危险的地点继续轮流巡夜。随着夜幕降临，我们就停止跟当地人的一切交往，以免敌人伪装成朋友来袭击我们。但敌人却一次都未出现，虽然在我们来到甘珠尔峰期间，有几帮东干人从附近路过，并且很可能知道我们的宿营地。

从 8 月后半段开始，山里动植物的生命便迅速衰萎，8 月末，这里已然是真正的秋天了。黄叶在树上摇曳，红的或白的山楂尤其是伏牛果，全都熟透了，一串串果实装点着峡谷里的灌木丛。在这个时节的高山地带，草几乎彻底干枯，只有个别地方还能碰见几朵迟开的小花。快乐的小鸟接连不断地消失，它们飞向了南方，或者转到更暖和、食物也更多的山脚下。

考察的收获微不足道，所以我们决定返回却藏寺，试图由此前往青海湖。我们顺路牵回了放养在天堂寺附近的骆驼，整个夏天，这些骆驼都没吃到合适的草料，瘦成了皮包骨头。此外，由于长时间的潮湿，所有骆驼都有咳嗽的症状，身上开始出现化脓的疥疮。总之，骆驼的状况糟透了，只能勉强上路，时走时停。

9 月 1 日，考察队回到却藏寺，在我们离开期间，东干人的侵袭极度猖獗。守卫寺庙的步兵几乎手无寸铁，虽然目前已增至两万人，却根本对付不了骑马的叛军。这些东干人来到却藏寺墙外，明知我们不在寺里，还在那儿叫嚣："你们的俄国卫士还有精良的武器，都到哪儿去了？我们要跟他们较量较量。"守卫者偶尔开几枪作为回应，但火枪子弹都射偏了。我们那几位掌管佛寺的喇嘛朋友，望眼欲穿地盼我们归来，说来着实可笑，他们甚至派人进山请求我们尽快回到却藏寺，抵挡东干人。从山里返回之后，我们想，这回看来免不了要会会这群反叛者了，特别是他们当中有一名壮士，却藏寺官兵相信他有魔法护身，长生不死。我们请官兵们详细描述了这名壮士的特征，得知他总是骑一匹花斑马，于是决定首先就让他尝尝斯奈德和伯丹步枪子弹的滋味。

然而，我们的处境其实十分危险，因为却藏寺人满为患，我们的人和骆驼无法在寺里落脚，只好在一俄里以外的开阔草滩上搭帐篷宿营。我们提前做好了防范偷袭的准备。所有装标本的箱子、装有各种杂物和储备物资的袋子连同骆驼鞍具，全都堆放起来，合围成一个方阵，敌人一旦出现，我们可以躲在里面。我们在方阵里摆好了上刺刀的来复枪、一堆堆子弹，另外还有十把手枪。入夜，所有骆驼都被牵到一起，拴在我们临时修筑的工事周围，好让它们粗壮的身体巩固防御，更可以用来阻挡来犯的骑手。最后，为保证枪弹不虚发，我们测出各个方向的射程，用石堆做了记号。

第一个夜晚到来了。佛寺大门紧闭，仅有我们几个孤零零地守在墙外，准备与敌人正面相迎，他们有可能成百上千，凭人数就会将我们压垮。那是一个晴朗的夜晚，我们一直坐在月光下，浮想联翩，往昔的岁月、遥远的故乡、亲人、朋友在头脑中挥之不去，还有那些早已故去的逝者。夜半时分，我们当中先有三人和衣而卧，剩下一个负责警戒，然后相互轮流，直到早晨。第二天也很平静地过去了。东干人仿佛沉入了水底，连那个会魔法的壮士也未见踪影。第三天照旧平安无事，却藏寺僧人们受到鼓舞，纷纷牵出自己的牲口，在我们的帐篷附近放起牧来。我们在却藏寺外面待了六个昼夜，这绝非拿生命当儿戏：通过这次冒险，我们才更有把握前往青海湖。

从却藏寺出发，经三关[1]和丹噶尔，五昼夜即可直抵青海湖。但三关当时被东干人占据，我们当然不可能贸然选择这条路。需要另外寻找一条路，幸运

---

[1]　当地人更习惯用蒙语将这座城叫做"穆巴依辛塔"（"破烂房子的城"）。——原注

的是，这条路果真找到了。在我们停留于却藏寺旁的第三天，从大通河上游的默勒札萨克旗来了三个蒙古人，赶着羊群，夜里穿过山间小道，来这里售卖，过几天就要返回，正好可以为我们充当向导，但先要说服他们答应下来。我向却藏寺的喇嘛朋友求助，还送了他一件不错的礼物。我们的朋友收下礼物，劝说这几个蒙古人带我们去默勒札萨克旗，酬劳是 30 两银子，行程不超过 135 俄里（143 公里）。

令我们未来的向导犹豫不决的主要是，考察队带着骆驼连同驮包，连夜走山路不现实，白天则很容易遇见经常从三关翻山来到大通城的东干人。就在这节骨眼上，我们在却藏寺附近宿营的冒险经历帮了大忙。"跟这些人在一起，你们不用怕东干人，"我们的朋友对蒙古人说，"你们看，我们两千多人关在寺里不敢出来，而他们几个在野地里露宿，谁也没有胆量碰他们一下。你们自己想想吧，难道普通人敢这么做吗？绝不可能！俄国人能未卜先知，他们的头领一定是个了不起的魔法师或者伟大的神人。"这番说辞加上诱人的 30 两银子，战胜了默勒札萨克蒙古人的疑虑。他们答应带我们同行，同时又请求当面给他们算一卦，看哪天上路最合适。我当时正打算测算却藏寺的纬度，就拿出万用表，计算出太阳高度，又做了地磁观测。我们未来的向导看得目瞪口呆，随后用他们自己的方式也算了一卦。

测量结束后，我宣布最好过几天再出发。推迟行期十分必要，以便将所有采集到的样品送到天堂寺保存，东西留在却藏寺会有很大风险，有可能被东干人抢走。蒙古人自己算的结果同样是不宜急于外出，此外，还得等到山间沼泽上冻才行。经过商量，我们决定 9 月 23 日上路，在此之前保守秘密。我们的向导收下 10 两银子的定金，待在了却藏寺，我们可不想冒着风险，待在东干人眼皮底下，便返回山里，在南山山脉南缘安顿下来。我的一位同伴从那里去了天堂寺，将几个标本箱交给寺里的活佛代为保管，我们实在无法带这么些东西去青海湖。

我们在南山山脉停留了十二天，科学考察方面几乎一无所获，因为这座山的南坡根本没有森林，而高山地带如今已是满目荒凉，许多山峰也已白雪茫茫。像此前一样，雨和暴风雪差不多每天都有。小型鸟类迁徙的时间集中在 9 月前半段，从 9 月 16 日开始，云层里现出仙鹤的身影，大量地飞往南方。

与此同时，一支两万五千人组成的中国军队于当年 7 月进入甘肃省，以碾伯和威远堡为据点，在西宁城外对东干人展开了军事行动。在下一章里，我会讲述中国大军在西宁城下的"英勇之举"，现在只说一点：为了保证向这支军队提供给养，到处都禁止出售食品，多亏却藏寺朋友相助，我们才买到一些必备的粮食。但关键是还要准备过冬的食物，因为都说青海湖一带几乎什么也买不到[1]。不过，由于资金极其有限，我们的储备不可能有什么花样，能弄到的只有糌粑和劣质小麦粉，这两样我们买了大约 20 普特（328 公斤）；除此之外，从阿拉善带来的大米和黍米还剩下将近 4 普特（65 公斤）。这些储备物品都装进了大包，用四峰骆驼驮运。临行前几天，跟我们一道来却藏寺的唐古特商队又动身去往北京。借此机会，我请他们给俄国领事带了书信和呈文，告知我们的青海湖之行，而且可能会到达目的地，但因为资金匮乏，从青海湖到西藏拉萨却难以实现。

9 月 23 日，期盼已久的行期终于来到了，正午过后，我们离开了却藏寺。如上文所述，我们要走的是三关和大通之间[2]的山间小路。这条路对于瘦弱和生病的骆驼太过艰难，所以我们把自己的行李从骆驼身上卸下，另外又带了一头夏天买来用于考察的骡子（另外三头被我们卖了）。

---

[1]　事后表明这种说法并不可靠，事实上，我们在青海王驻地随时能买到糌粑。——原注
[2]　这两个城镇相距大约 70 俄里（75 公里）。——原注

第一天翻越一座小山，一切顺利，但次日早晨，行至阿勒腾寺（音译）附近，就发生了意外。向导事先提醒我们，这一带很危险，当地中国驻军不仅把守小道，还抢劫所有过往行人，不管是自己人还是东干人。对这番话，我们的回答是：对我们来说，无论中国军人还是东干人都一样，但凡前来抢劫，我们一定会用子弹相迎。果不其然，我们刚一望见阿勒腾寺，从相距一俄里的凹地里就窜出三十来个骑手，一边向空中放枪，一边叫嚷着扑过来。这伙人向前逼近了大约五百步，我命令向导朝他们挥手，喊话，说我们不是东干人，而是俄国人，假如他们胆敢侵犯，我们就开枪还击。也许是没听清警告，这些中国士兵继续跳窜，前进了两百步，我们差点就开了枪。幸亏事情顺利解决了。看见我们手里有枪，而且无所畏惧，他们停下来，下了马，走上前来解释说，他们误以为我们是东干人。这当然是信口胡诌，因为东干人从不骑骆驼；如果我们刚才被他们的叫嚣吓住，丢下驮包逃跑，他们就会将我们的物品洗劫一空。紧接着，没走出几俄里，同样的一幕再度上演，路上又冒出一伙人，但同样一无所获，灰溜溜地走开了。

第三天是最危险的一段行程，需要穿越从三关到大通的两条大路，而这恰恰属于东干人的势力范围。我们顺利穿过第一条路，从通向第二条路的山口顶上却远远望见，两俄里开外有一群东干骑手，大概百十来人，前面赶着一大群羊；很显然，这些骑手是护卫者。东干人发现了我们，开了几枪，随后聚集在必经的隘口。这时候，我们的向导样子真够可怜。他们吓得半死，一边用颤抖的声音祷告，一边央求我们返回却藏寺。但我们心里清楚，退却只会让东干人更猖獗，毕竟他们骑着马，很容易撵上来，于是我们拿定主意冲出去。我们四个人紧挨在一起，手持来复枪，腰间挎着手枪，走在牵骆驼的蒙古向导前面。就在我们决定往前冲时，他们差点儿逃之夭夭。但我发出了警告，如果他们敢逃跑，我们首先会向他们开枪，而不是向东干人，我们的同伴这才不情愿地跟上来。我们的处境确实非常危险，但没有别的出路。我们所有的希望都寄托于东干人的武器不够精良。

这种想法看来是正确的。看到我们继续前进，东干人又放了几枪，最后让我们走到相距一俄里处，还没等我们开枪，就顺着一条横向的大路两侧散开了。我们轻松地出了峡谷，穿过大路，开始攀登下一个陡峻的山隘。夜幕降临，风雪交加，旅途越发艰险，我们的骆驼颤颤巍巍地走在山间小路上。下坡时更难，天彻底黑了，我们只能摸索着往下爬，时不时会有磕碰。就这样徒步行进一个钟头，终于在一个灌木丛生的狭窄隘口边停下来，勉强找到一个搭帐篷的地点，颇费了一番工夫，总算生起了火，冻僵的肢体可以暖和一下了。

随后的五天没有任何意外，我们顺利到达大通河岸边的默勒札萨克行营，距离东干人占据的永安营仅有 12 俄里（13 公里）。此地在行政上隶属青海，首领系蒙古人，与东干人相处甚为融洽，东干人经常买他的牲畜，同时将他们自己的商品运来销售。

得益于却藏寺住持给默勒札萨克的一封亲笔信，信中就差把我说成是博格达汗[1]的本家亲戚了，这位蒙古首领给我们指派了两名向导，送我们去往几乎就在大通河源头的下一个牧场。当然，给默勒札萨克本人的礼物是免不了的。至于向导，我每天付给他们每人两枚铜钱，还提供饮食。

从默勒札萨克旗通往唐古特牧场的道路在大通河左岸延伸，比我们从却藏寺出来的那条路好得多。只有终日的降雪给旅途带来一些困难，太阳一出来，雪就化了，道路非常泥泞，骆驼半死不活，动不动就滑倒。令人惊异的是，掌管这个距离默勒札萨克旗 55 俄里（59 公里）的放牧点的唐古特官员，是一个热心肠的好人，他收下了我们 5 俄丈（3.6 米）的平绒布和 1000 枚针，回赠了一只羊和大约

---

[1]　蒙语，意为"圣王""天子"，此处指清王朝时期蒙古和西北边疆少数民族对皇帝的尊称。

10俄磅（4公斤）牛油。我们在唐古特人那里住了一夜，又得到新的向导，便离开大通河谷[1]，掉转方向，一路向南，前往青海湖。

考察队经过的大通河上源，具有典型的山地特征，像却藏寺周边一样，大部分地方都很荒凉。河的两岸各有两座山，跟河的流向一致，均为南北走向，从这两座山又分出几道侧峰，它们在南山山脉中作为分水岭，将大通河的支流与其他小河区隔开来，这些河要么汇入西林河[2]、要么涌向青海湖。我们途经其中最大的一条河是布谷克河（音译）[3]，这是西林河的支流，流淌在一道风景绝美的山谷中。而在大通河左面永安营附近，北山山脉骤然北转，向额济纳河源头延伸。在这片区域，群山更为高峻，山岩更加陡峭，唐古特土地上的圣山之一贡嘎雪山，就耸立在群山之间。

从却藏寺到默勒札萨克旗一带，北山山脉的北坡遍布着灌木林，与之相联的是布谷克河谷地少量的杉树林；朝南的山坡上依然是丰美的牧场。接下来，过了默勒札萨克旗，向大通河上游进发，特别是穿越一个不高的山口，翻过布谷克河与青海湖流域之间的分水岭之后，群山的特征就出现明显变化：山体变小（主峰除外），峭壁也少了，到处是缓坡，河谷地带有许多长满苔草的沼泽。灌木丛彻底消失，仅有个别地方还能看到大片黄色的金露梅。总之，一切迹象都预示着青海湖草原的临近，10月12日，我们进入青海湖平原地带，只过了一天，就在湖岸上搭起了帐篷。

---

[1] 据唐古特人说，从这里到大通河各条支流的距离不超过六七十俄里（65—75公里）。——原注

[2] 作者所称的"西林河"或许应为湟水河一条支流"西纳河"。而根据上下文，普氏有可能将西纳河与湟水河混为一谈。

[3] 从上下文来看，作者所称的"布谷克河"或许就是北川河，为湟水一级支流，黄河二级支流，横贯青海省大通县全境。

我的夙愿实现了。渴望已久的考察目标达到了。不久以前还在梦想着的事物，如今已经成为事实。诚然，这样的成功是以诸多艰辛考验换取的，但是眼下，所有吃过的苦头都被忘却，我跟同伴们满怀欣喜，站在这伟大湖泊的岸边，欣赏它神奇的暗蓝色的水波……

第十章　唐古特人

唐古特人的外貌、语言、服饰和居所—他们的行业、饮食和性格

唐古特人或中国人所称的西番，跟藏人具有亲缘关系[1]。他们分布在甘肃境内的山区、青海湖沿岸和柴达木东部，但主要集中在黄河上游一带，由此向南直到蓝河（长江），或许更远些。除了青海湖和柴达木，唐古特人还将上述地区统称为"安多"[2]，并视为自己固有的疆土，尽管他们大多与汉人相互杂居，少部分与蒙古人生活在一起。

唐古特人的外貌特征跟汉人和蒙古人截然不同，倒是如我在上一章所说，有些像茨冈人，中等个头（也有人身材高大），体格敦实，宽肩膀。所有人的头发、眉毛、胡须和唇髭都是黑的，无一例外；眼睛也是黑的，一般都比较大或不大不小，而不是蒙古人那种细长的小眼睛。鼻梁挺直，鹰钩鼻或翘鼻子也并不少见；嘴

---

[1] 当今藏人的祖先正是公元前四世纪从青海湖一带迁到西藏的唐古特人。雅金夫·比丘林（雅科夫列维奇·比丘林）：《中华帝国统计详鉴》第二部，第 145 页。——原注
[2] 安多藏区位于青藏高原东北部，属于藏族分布区的边缘地带。

唇厚大，外翻的唇形相当多。有的颧骨凸起，但不像蒙古人那样明显；长脸盘，但不扁平；头型较圆，牙齿洁白而又齐整。皮肤和脸多为浅褐色，有的女性面色暗沉，缺少光泽，身高普遍不如男性。

另外有别于蒙古人和汉人的是，唐古特人胡须长得浓密，但剃得很勤，头发也剃掉，只在后脑勺留一根辫子，他们的喇嘛则像蒙古喇嘛一样，把脑袋剃光。

女性蓄长发，对半分开，梳向头部两侧，每侧编成 15 到 20 根小辫子；讲究一点的会把珠串、丝带及各样饰物一齐编入辫子里。除此之外，脸上还涂抹中国胭脂，夏天则用遍布山林的草莓的汁液搽脸。不过，抹胭脂的习俗我们只在甘肃见过，青海和柴达木都没有，因为这些地方很难弄到满足此类目的的必需品。

这就是甘肃地区唐古特人的外貌。这个民族还有一个分支，叫作"哈喇唐古特"[1]，主要生活在青海湖流域、柴达木东部和黄河上游，他们的个头比甘肃唐古特人高，肤色更黑，性情更彪悍，整个脑袋都剃光，不留发辫。

对我们而言，唐古特语言研究困难重重。首先，没有翻译；其次，唐古特人本身对我们极度猜疑。当面记下说话人随便哪句话，便意味着为自己永远堵住了探知任何事情的渠道，因为这件事会传遍四里八乡，猜疑没完没了。再就是，我的哥萨克翻译本来就很蹩脚，对唐古特语一窍不通，通过他的翻译，我们只能跟极少数懂蒙语的唐古特人交流[2]。必须尽快找一个通晓唐古特语的蒙古人，我们夏天在甘肃的山区停留期间，确实也有过这么一个人。即便如此，为了与唐古特人交谈，每句话还得经由两个翻译才能传给第三方，这当然非常累人，也不方便。通常，我对哥萨克说俄语，他用蒙语向蒙古人转述，后者再用唐古特语向唐古特

---

[1]　意为"黑色的唐古特人"。——原注
[2]　生活在甘肃的唐古特人，几乎没有人能说汉语。——原注

人转述。如果再加上我们的哥萨克翻译有限的智力水平、蒙古人的懵懂无知以及唐古特人的疑神疑鬼，就可以想象，我们在唐古特地区展开语言学研究是多么不易了。只有遇到合适的时机，在许多繁杂事务的间隙，我才偶尔跟唐古特人聊几句，偷偷记下只言片语。在此情形下，语言方面令欧洲人感到新奇的发现自然少之又少。

唐古特人说话很快，他们的语言，正如我所感知，具有以下特点：

大量发音短促的单音节词；例如，托克（闪电）、契修（水）、日擦（草）、赫恰（头发）。

有时多个辅音连用：穆德兹乌该尧（指头）、纳木尔擦阿（年）、勒德杂瓦阿（月）、腊姆尔同——喇嘛（上师）。

元音在词尾经常发长音：普齐伊（骡子）、沙阿（肉）、齐亚阿（茶）、维尧尧（丈夫）、夏亚阿（帽子）；位于词中间的元音有时也发长音：萨阿尤尤（土地）、多奥阿（烟草）。

辅音 n 在词尾拖长，用鼻腔发音（恩）：鲁恩（风）、沙恩（树林）、休布切恩（小溪）；末尾为 m 的词语发短音：拉姆（路）、奥纳姆（雷）。g 在词首的发音近似拉丁语中的 [h]：霍玛（牛奶）；k 的发音有时需要送气，听起来像 [kh]：克黑卡（山岭）、纠德克胡克（烟袋）；q 有时发成 [ts-q]：茨乔（狗）；r 在词首与一个或几个辅音连用时轻读：勒冈姆（妻子）、勒姆哈（云）。

唐古特人的衣料多为呢子或羊皮，这是由当地夏季的潮湿和冬季的严寒所决定。无论男女，夏天都穿一身刚过膝的灰呢长袍，靴子是中国内地的或自家缝制的，头戴低筒毡帽，通常也是灰色，带有宽帽檐。唐古特人从不穿衬衣和衬裤，就连冬天也是直接光身子穿皮袄，一截小腿露出来，并没有贴身衣物。有钱人穿中国大布缝制的蓝色长袍，这已经被视为奢侈，喇嘛则像在蒙古一样身着红袍，

唐古特富人

黄袍少见。

　　总之，唐古特人的衣装远比蒙古人单调，像喀尔喀地区随处可见的丝绸长袍，在这里却很罕见。但无论穿什么衣服，也无论什么季节，唐古特人总是空出右边的衣袖，让右臂及半个肩膀裸露在外；这种习惯甚至在旅途中也保持不变，只要天气好就行。

　　许多讲排场的人会用出自西藏的雪豹皮给衣服绲边，左耳上还戴着粗大的镶嵌红色石榴石的银耳环。而腰间的火镰和短刀、腰带左侧的烟袋和烟斗，则是每个唐古特男人标准的装备。除此之外，在青海和柴达木，他们像蒙古人一样，全都在腰后挎一把又长又宽的藏刀。这种铁刀质地糟糕，价格却很高：最普通的也要三四两银子，带有精美饰物的，会卖到十五两。

　　上文已经提到，女性的穿着与男性相同，只是遇到节庆时，身上搭一条宽大的披巾，饰以直径一英寸左右（2.5厘米）的白色圆环。这些圆环用贝壳制成，每隔两英寸（5厘米）缝一个。另外，像蒙古人一样，红色珠串也是富裕人家女性穿衣打扮的必需品。

　　唐古特人普遍住在一种粗毛料[1]构建的黑色帐篷里，毛料织得稀疏，就像筛子似的。帐篷四角各用一根木桩固定，四面用绳索绷紧。帐篷顶部几乎是平的，设有纵向的开口，宽度约为一英尺（0.3米），用作烟道，下雨天和夜晚关闭。

　　只有在甘肃境内比较富裕的林区，黑帐篷有时才被木屋或土坯房取代。唐古特人与汉人在此相互杂居，像汉人一样从事农耕。从外形来看，唐古特人的木屋很像白俄罗斯那种没有烟囱的农舍，建筑质量却不如后者。这些屋子里没有地板，

---

[1]　这种料子是用牦牛毛织成的。——原注

甚至也没有木墙架，未刨光的原木就那么直接摞起来，原木之间的空隙抹上黏土，平坦的屋顶则是用条木拼合，表面铺一层土。屋顶中央设置一个类似天窗的开口，用来排烟。

即便是这样的居所，也比黑帐篷舒适得多，起码可以为唐古特人遮风挡雨，而黑帐篷里面却是夏天漏雨，冬天寒冷难耐。

唐古特人主要从事畜牧业，这为他们单调的生活提供一应必需品。唐古特人畜养最多的家畜是牦牛和绵羊（不是那种大尾羊），还有少量的马和牛。牲畜总量巨大，这当然要归因于甘肃山区和青海湖草原的丰美草场。在这两个地区，我们经常遇到几百头牦牛为一群，羊更是多达数千只，并且全都属于同一个主人。但拥有如此之多家畜的人，竟然也住肮脏的黑帐篷，就像他们最贫穷的同胞一样。一个极其富有的唐古特人，即使他身穿棉袍而不是普通的呢子长袍，他吃的肉比别人多几块——在其他方面，此人的生活跟他的仆人也别无二致。

高原牦牛是唐古特人土地上最典型的牲畜，也是跟他们形影不离的伴侣。阿拉善山区同样是牦牛繁育的地区，在有山有水、牧场辽阔的喀尔喀北部，蒙古人也大量养殖这种动物。高海拔山区和丰富的水源，是牦牛必要的生活条件。牦牛非常喜欢游泳，而且游得很灵活，我们不止一次目睹了它们横渡湍急的大通河，甚至还背负着驮包。家养的牦牛与俄国普通公牛大小相当，毛色多为黑色或杂色，也就是黑色中夹杂白色的斑点；纯白色的牦牛实属罕见。

尽管千百年来被人类奴役，牦牛身上仍然留有野生动物狂野的天性，行动迅速，反应敏捷，受到惊吓时，会变得异常凶猛，危及人的生命。

作为一种家畜，牦牛的好处不胜枚举。它不仅提供毛、上等的奶和肉，还能用于驮载重物。诚然，要让牦牛背负驮包，需要高超的技巧和极大的耐心。不过，牦牛一旦被驯服，即可驮起五六普特（80—96公斤）的物品，在高峻的山间辗转自如，就连极危险的小道也不成问题。牦牛的忠诚和坚毅令人惊叹，它可以贴着悬崖峭壁，小心翼翼地行进，而这种地方，山羊或野羊也未必能走过去。在骆驼比较少见的唐古特地区，牦牛大概是唯一能载货的动物，一些大型商队，正是使用牦牛，往返于青海和拉萨之间。

在祁连山区，牧放成群的牦牛，几乎无需看管；它们一整天游荡在草场上，傍晚则被赶到主人的帐篷附近过夜。

牦牛奶如炼乳一般浓稠，可口；牦牛奶炼制的奶油，始终是黄澄澄的，品质远胜于一般的奶油。总之，牦牛浑身是宝，让人不禁希望在我国的西伯利亚和亚欧交界地带也能繁育牦牛，譬如乌拉尔山区和高加索，或许就能为牦牛提供自在的生活，况且适应新环境对于这种动物并不困难。在库伦，牦牛想买多少就有多少，每头售价二三十卢布。夏天将它们运到俄罗斯欧洲部分的费用却太高。

唐古特人甚至骑乘牦牛。无论用于骑乘还是载货，都得先用一只粗大的木环穿过牦牛的鼻孔，环上系一根绳子作为辔头。

牦牛喜欢跟家养的奶牛交配，这种杂交产下的公牛，蒙古人和唐古特人称为"海内克"，体格更强壮，更有驮载的耐力，价值也远非普通牦牛所能企及。

我们在却藏寺周边遇见的与汉人混居的唐古特人，只有一小部分从事农业，但定居的农耕生活似乎并不合乎他们好动的天性。定居的唐古特人始终羡慕自己游牧的同胞，羡慕他们赶着成群的牛羊逐水草而居，而游牧生活给这个生性懒惰的民族带来的麻烦当然也少得多。

在放牧点上，唐古特人通常合住在几顶帐篷里，很少有单独居住的人家，只有蒙古人习惯于独居。总体而言，这两个民族的特点和习惯也截然相反。蒙古人对干旱的荒漠情有独钟，害怕潮湿甚于害怕其他一切坏天气，而唐古特人生活在毗邻蒙古但气候条件迥异的土地上，养成了完全不同的性情。湿润的气候、连绵的群山、丰美的草场——这些正是唐古特人所向往的，沙漠则是他们痛恶和畏惧的险境。

在甘肃的高山林区，有些唐古特人，仅仅是很少一部分人，专门用木料旋制饭碗和油碗之类的餐具，不过，油脂的存放更多是用牛肚或羊肚。

唐古特人最为普遍、甚至也可说唯一普及的产业便是搓牦牛毛（搓羊毛比较少见），搓好的原料用来织呢子，当地人穿的衣服就是用这种呢子缝制的。牛毛可以待在家里搓，也可边走边搓，主要工具是一根三四英尺（0.9—1.2米）长的木棍，顶部用一个小铁钩挂住纺锤。但唐古特人自己并不使用搓出的毛线织呢子，而是将这项工作交给汉人。有意思的是，甘肃地区的交易（起码在唐古特人那里是这样）是以伸展两臂的方式来衡量料子的长短，相应地，呢料的售价也就取决于买家的个头。

在唐古特地区，由于东干人暴乱，砖茶的价格很高，一种遍布山野的黄葱摘下葱头，晾干之后成为茶的代用品；还有一种草经过晾晒，压制成烟叶状，也可充当茶叶。这种茶大多产自丹噶尔[1]，故而素有"丹噶尔茶"之称。唐古特人往这种口感糟糕的草茶里兑入牛奶，喝得酣畅淋漓。像蒙古人一样，唐古特人烧茶的锅子终日不离炉灶，每天差不多要喝十次，每个客人都会受到茶水款待。

糌粑是喝茶时的必备品：先倒半碗茶水，抓一把糌粑放入碗内，然后用手揉捏成硬的面团，还可添加一些奶油和干奶渣，以使滋味更浓。不过，这些添加的东西，只有在殷实人家才会见到，穷人们能有糌粑和茶就很满足了。这便是唐古特

---

[1]　该城位于西宁西北约20俄里（21公里）。——原注

人主要的餐食[1]，他们平常很少能吃到肉。连唐古特人中的富户，坐拥数千头牛羊，也难得为自己杀牛宰羊。

除了茶和糌粑，唐古特人食用最多的是"塔雷克"（藏语称作"肖"），一种煮沸的酸牛奶，上面的奶皮已被撇去，用于做奶油了。塔雷克是唐古特人最喜爱的饮食，每一顶帐篷里都少不了。除此之外，富裕人家还用奶渣加奶油制作一种独特的奶酪，但这已然是太过奢侈了。

唐古特人（极少数除外）自己不种地，要买糌粑以及其他必需品，就得前往他们最主要的商业中心丹噶尔城。他们赶着牲口带着毛皮进到城里，用这些东西换取糌粑、烟草、大布、中国内地制作的靴子等，所以说，丹噶尔的交易方式主要是以货易货。在青海湖和柴达木，衡量物品价格的不是现钱，而是交易中对应的羊的数量。

他们见面时，双手向前平伸，掌心向上，口称"阿卡，泰穆"（亦即"你好"），以此互致问候。这里的"阿卡"一词，类似于蒙古人的"诺霍尔"，也就是俄语"先生"或"阁下"的意思，多用于口语中。初次相识乃至拜会某人，尤其是重要人物，总要敬献丝绸哈达，某种程度上，哈达的质量取决于主客双方的关系。

唐古特人通常只娶一个妻子，但也有另外跟女人姘居的现象。女性承担所有家务，在家庭生活中，她们似乎拥有跟男性平等的权利。值得注意的是，唐古特人有一个独特的风俗——偷别人的妻子，当然是以女方私下默许为前提。偷妻一旦发生，被偷的女性便属于行窃者，只要他向她的前夫付一笔赎金，有时金额还相当大。在唐古特地区，男女的岁数都是从妊娠期算起的，也就是说，出生后的

---

[1] 生活在甘肃、青海和柴达木的蒙古人，情况也如此。——原注

年数加上胎儿在母体内的时间，才等于唐古特人的年龄。

像蒙古人一样，唐古特人也是极为虔诚的佛教徒，而且非常迷信。他们的生活中充斥着形形色色的巫术、卜算及宗教仪式。忠实的信徒每年都去拉萨朝圣。喇嘛广受尊崇，对民众影响力巨大。只不过，唐古特地区的佛寺比蒙古少，僧人却同样为数众多，有时不得不跟普通俗人一起，也住黑帐篷。俗人死后不埋葬，而是直接抛到森林里或草原上，任由兀鹫和狼吞食。

所有唐古特人都由甘肃省行政长官指派的各级专员管辖，行政长官驻在西宁，但由于反叛的东干人占领了这座城，长官驻地就迁往平番。1872 年秋，中国军队收复西宁之后，甘肃昂邦才重返原先的官邸。

第十一章 青海湖和柴达木

【1872 年 10 月 15（27）日—11 月 21（12 月 3）日】

青海湖概貌—青海湖来历的传说—周边草原—野驴—当地蒙古人和哈喇唐古特人—青海的行政区划—与西藏使节的会面—贡巴寺（塔尔寺）逸闻—青海南山—达赖达布逊盐湖[1]—我被当成了圣人和医生—柴达木地区—野骆驼和野马——抵达西藏边缘

青海湖，蒙古人称之为"库库淖尔"，亦即东干人所称的"措克贡布"，位于西宁以西，海拔 10500 英尺（3200 米）。青海湖呈椭圆形，长轴为东西向，周长在 300 至 350 俄里（320—370 公里）之间，准确长度无从得知，但当地人告诉我们，绕湖一周，步行得用两个星期，骑马需要七八天。

青海湖的湖岸平直，入水很浅，湖水为不宜饮用的咸水。但这盐分却赋予湖面以迷人的靛蓝色，甚至也引起蒙古人注意，他们形象地把湖水比作蓝色的绸缎。

---

[1] 即茶卡盐湖，位于青海省海西州境内。

总之，青海湖景色绝美，尤其在我们与之相逢的深秋时节，周围的群山已经积雪，如一副白色的画框，浩瀚的湖水湛蓝，嵌在画框中，泛着天鹅绒般的波光，从我们停留的地方向东方地平线蔓延。

有许多小河从周围群山汇入青海湖，而较大的河流只有八条，其中最大的是流进青海湖西南角的布哈河（"野牛之河"）。

如同其他大湖，青海湖少有平静的时刻，一丝微风也能在湖面上掀起大浪[1]，偶尔风平浪静，也为时很短。当地人说，湖水大约在 11 月中旬结冰，来年 3 月底解冻，在四五个月的冰冻期，狂风是这里的主宰。

在青海湖西部距离南岸 20 俄里处，有一座岩石遍布的小岛，周长约 8 到 10 俄里。岛上有座不大的庙，住着十个喇嘛；由于整个湖区没有一条船，也没有人在湖里游水，夏天里，他们无法与岸上联系。直到冬天，才有善男信女踏过冰面，为这几个与世隔绝的喇嘛带来黄油和糌粑，他们自己也会去到岸上化斋。

青海湖有大量的鱼，却只有几十个蒙古人使用一种小网子打渔，再把鱼卖到丹噶尔城；更多时候，他们在近岸的河里捕捞。无论蒙古人还是我们自己捕到的鱼，都是同一种，即青海裸鲤（Gymnocypris przewalskii）。而这些渔夫却要我们相信，湖里还有几种鱼类，只因渔具简陋，捕到的很少。

当地人中间，流传着青海湖来历的传说。按照他们的说法，青海湖原先在西藏，也就是拉萨城的地底下，后来人们才知道，它移到了现在的地方[2]。这件事

---

[1] 在《鞑靼西藏旅行记》一书中，法国传教士古伯察称，青海湖有明显的涨潮和落潮。我在湖区专门选定几处地标做了测量，我相信这片湖水并无确切的起落周期。总的来说，古伯察的记录从青海湖开始，一直往后，都非常不可信，我们在下文还会提到这一点。——原注

[2] 古伯察也记述了这个传说（参见《鞑靼西藏旅行记》第二卷，第 193—199 页）。我的讲述只添加了青海湖中那个岛屿的来历。——原注

情是这样的：

很久很久以前，达赖喇嘛现今的府邸还不存在，有一位藏王发愿，要建一座宏伟庙堂，以表达对佛的虔敬，于是选好了地方，下令动工。几千个工匠干了整整一年，眼看大功告成，庙忽然自己倒塌了。工程重新开始，就在竣工之际，不知何故，又垮掉了。第三次还是一样。藏王惶恐不安，求教于一位活佛。这位先知也未能给出满意的答案，但告诉藏王说，遥远的东方有位圣人，知道人们想要的秘密，如果能从他那儿获知秘密，寺庙定能顺利落成。藏王听了这番解释，就选派了一个得力的喇嘛，前去寻找圣人。

数年间，喇嘛几乎走遍了雪域高原，遍访名山大寺，拜会各路活佛，却怎么都找不到西藏先知所说的那个人。喇嘛未能完成使命，心情沮丧，只好决定回去，半路上经过一片毗连西藏东部的辽阔草原，忽然，系在马肚带上的扣环坏了。喇嘛走进一个贫寒人家孤零零的帐篷，想把扣环修好。有位失明的老人正忙着念经，对客人却很热情，不仅让他把自家马鞍上的环扣拿去，还请他喝茶，问他所从何来，到哪儿去。喇嘛不想透露自己的行程，就回答说他打东边来，要去各寺庙敬香朝拜。老人说道："看来我们真幸运，拥有许多雄伟的寺庙，西藏却没有这些。他们想修一座大庙，却徒劳无功，永远都修不成，因为工地底下有一个湖，总是摇晃着地面。你可要保守秘密，如果西藏有哪个喇嘛知道的话，湖水就会从地下涌到这儿来，把我们淹死。"

老人话音刚落，客人就跳将起来，说他正是前来打探秘密的西藏喇嘛，说完便骑上马，飞奔而去。老人顿时陷入绝望和恐惧，大声叫喊起来，向人求救，终于，在不远处放牧的儿子赶来了。老人叫他立刻备马，去追赶喇嘛，夺回那人的"舌头"。老人所说的"舌头"，其实是指自己泄露的那个秘密，他的意思是想让儿子杀了喇嘛，夺回秘密。但在蒙语里，"黑赖"一词既可指人和动物的舌头，也指马鞍上的皮带扣。所以，当儿子追上喇嘛，解释说父亲想要回"黑赖"，喇嘛二话没说，就解下扣环，还给了他。儿子拿到这个"黑赖"，回去见父亲。那老人得知儿子带回来的是皮带扣，喇嘛却已逃离，不禁长叹一声："这也许是天神的旨意，现在全都完了，我们也要毁灭了！"当天夜里，地下果真传来可怕的轰响，大地裂开了，水不断涌出来，随即淹没了广阔的平原。大量牲畜和人都死了，包括说漏嘴的老人。最后，天神对这些罪人发了慈悲。照他的吩咐，飞来一只奇大无比的鸟，脚爪里抓着一块南山的巨石，扔进冒水的地缝里。水不再向外涌流，淹没的平原却成了湖泊，救难的岩石变成湖心小岛，一直到今天。

青海湖北岸和南岸与群山毗连，这些山距离湖的东西两岸稍远。群山与湖岸之间的狭窄地带是丰美的草原，特点跟条件最好的戈壁相似，只不过水源更充足。就气候和动植物分布而言，这片草原迥然有别于邻近的甘肃河谷地带。我们在那片山区考察期间，连绵的雨雪以及严重的湿气，始终挥之不去，这里则是秋高气爽的天气。与此同时，高山草甸、森林和湿润的黑土也消失了，一片盐碱质的冲积平原展现在眼前，长满丰美的牧草和细高的芨芨草。这里也有蒙古草原的永久居民——黄羊、鼠兔，伴随它们的是百灵和鸠鸽目鸟类。在青海湖周围的草原，我们发现了几个新品种的鸟类和哺乳动物，均为青藏荒原所特有。

禽鸟当中，最引人注目的是一种身形比椋鸟还大的百灵，生活在水草和苔藓丛生的沼泽地，鸣声婉转动人。此外，常见的还有两种燕雀和一种地鸦，主要栖居在鼠兔挖好的地穴里。相比西藏的同类，这里的毛腿沙鸡相当稀少，体形也小，叫声更是截然不同。这里已经见不到鹳形目鸟类了，水禽类也不多，只有灰雁（A.anser）、野鸭、绿头鸭、赤麻鸭、绿翅鸭（Anas crecca）、凤头潜鸭（Aythya fuligula）、鸬鹚和渔鸥（棕头鸥和普通渔鸥）等。我们起初还以为，这是因为秋季迁徙已结束，但次年春天的观察表明，青海湖的水禽和鹳形目鸟类确实很稀少。

猛禽中的秃鹫和胡兀鹫每天都飞到青海湖岸来觅食，近旁的草滩则是许多大鵟、隼和鹰的聚集之地，它们大概是在这里过冬，以不计其数的鼠兔为食。

青海湖草原以及附近山野里的鼠兔，外表、体形和声音都近似蒙古鼠兔，数量极多。它们到处打洞，方圆几俄里经常被弄得千疮百孔，甚至让人难以纵马飞奔。天气好的时候，千百只鼠兔窜来窜去，匆匆忙忙，从一个洞穴钻进另一个洞穴，或者一动不动地待着晒太阳。鹰、鵟和隼，再加上狼、狐狸和沙狐，整天都捕食大量鼠兔，但由于强大的繁殖能力，这些啮齿动物的损失很快就能弥补。

这里最出色的动物也许要算野驴了，唐古特人称之为"江"。这种动物的外表和个头像骡子，背部毛色呈浅咖啡色，腹部为纯白色。我们初次遇见野驴是在大通河上游的祁连山一带，那里林木渐渐稀少，野草茂盛。野驴的分布由此开始，经青海湖和柴达木，直到藏北地区，野驴最多的地方则是青海湖周边的辽阔草原。

不过，草原并非野驴唯一的繁衍之地。它们不会绕开山区，只要山上有草场和好的水源。在藏北高原，我们也遇到过跟岩羊一起吃草的野驴。

野驴通常 10 到 50 头为一群，数百头聚在一起的情景我们只在青海湖草原见过。不过，这种大群的野驴或许也只是偶然形成的，我们不止一次看到，它们又分成几小拨，各自散去。

每群野驴当中都有若干母驴，由一头公驴带领。母驴的多寡取决于公驴的年龄、力量和勇敢程度，可以说，领头公驴的品质是吸引母驴的首要条件。年长而有经验的公驴有时能招来五十个妻妾，而年轻的能拥有五到十头母驴就心满意足了。年纪太轻或者不太走运的公驴，只好独自游荡，远远地将艳羡的目光投向它们成年而又幸运的情敌，后者则警惕地望着这些可疑分子，决不允许它们向自己的妻妾靠拢。

领头的公驴一旦发现有其他公驴接近驴群，会立刻冲过去，朝它又踢又咬，竭力将这不速之客逐出领地。这种打斗在发情期尤为激烈。据蒙古人说，野驴从 9 月开始发情，持续一个月。在此期间，像其他雄性动物一样，公驴变得醋意十足，非常好斗，甚至故意寻找对手。来年 5 月是年轻母驴的产仔期。由于种种原因，幼仔经常夭亡，即使在最大的驴群中，我们往往也只能见到几头小驴，跟母驴形影不离。

野驴的感官很发达，视觉和嗅觉异常灵敏，难以被猎杀，尤其在平原地带。猎人顶多只能与它们保持 500 步的距离，400 步则殊为罕见。可是，从这个距离，就连高档的来复枪都射不准，况且野驴对创伤的忍耐力惊人。在开阔地带向目标逼近时，不宜隐蔽在遇到的沟或土坑里面，因为野驴对这种隐蔽点立刻会起疑，并逃之夭夭。在地势复杂的情形下，偶尔还可暗中贴向野驴，与之相距 200 步或者更近，即便如此，也很难一枪致命，如果子弹不是击中脑部、心脏或脊柱的话。野驴拖着一条受伤的腿，甚至还能设法逃脱，但很快就会倒毙在哪个沟或坑里。最便捷的方式莫过于趁野驴饮水时悄悄接近，再进行捕杀，当地人就是这么做的，他们格外喜欢吃野驴肉，特别是在肉质肥美的秋季。

野驴受到惊吓，便扬起丑陋的大脑袋，翘起毛不多的细尾巴，顺着风势奔逃。整个驴群都跟在头驴后面飞跑，常常形成一条线；跑到几百步以外，就停下来，重新聚成一群，扭过头，接连好几分钟，向那恐慌的源头张望。这时候，公驴会站在最前面，似乎想弄明白究竟怎么回事。如果猎人继续逼近，野驴就继续跑，跑得比上次远得多。但总的来说，这种动物远非乍看上去那样警觉。野驴的叫声我只听到过两次：一次是公驴追赶离群的母驴，另一次是两头公驴打斗时。这声音有些低沉但又很大，时断时续的嘶吼伴着响鼻。

青海湖及相邻的柴达木地区主要居民为蒙古人和哈喇唐古特人。像阿拉善人一样，青海的蒙古人属于卫拉特部，另有一小部分属于土尔扈特、喀尔喀及和硕特等部落。

青海的蒙古人完全仿效唐古特人的生活方式，有的也住黑帐篷。不过，从沿岸地区朝柴达木方向行进，黑帐篷就再次被毡包取代。

青海湖一带的哈喇唐古特人比蒙古人多，从这里直到柴达木，都有他们的踪迹，尤以黄河上游地区最为密集。他们在当地被称作"萨雷尔人"，[1]信仰伊斯兰教，参与了反抗满清的暴动。他们只在名义上归顺于驻在甘肃的满清政权，其实却将西藏的达赖喇嘛视为合法的统治者，而且拥有自己的官吏，并不服从他们所在的蒙古各旗的长官。

在青海湖和柴达木地区，哈喇唐古特人一项特殊的职业是抢劫，被抢最多的是本地蒙古人。

哈喇唐古特人不但就近抢劫，还远赴他乡，譬如柴达木西部，从事他们的营生。劫匪通常十人左右为一伙，每人除了各自的坐骑，另有一匹甚至两匹备用的马，万一坐骑死在半道上，随时均可替换。有时候，一出去就是两三个月，所以会带上骆驼同行，驮载粮草。每当他们带着战利品归来，总是像虔诚的教徒，急于向神祷告，祈求赦免他们的罪行。为此，他们来到青海湖岸边，从蒙古渔夫手里购买或者干脆抢几条刚捕到的活鱼，再把鱼放回湖里。

据蒙古人说，八十年前，哈喇唐古特人就开始在青海湖和柴达木一带打劫，自此从未间断。对于此类事情，甘肃官府睁一只眼闭一只眼，因为收受了劫匪的大笔贿赂。蒙古人控告也无济于事，哈喇唐古特人照样在蒙古人的家乡大肆抢掠。

关于哈喇唐古特人和青海卫拉特蒙古人的来历，当地蒙古人流传着这样一个说法：

---

[1]　再往南去，在长江上游地区，生活着戈雷克唐古特人。——原注

几百年前，青海湖周边有个叫作"尧乎尔"[1]的唐古特部落，信奉佛教，属于红帽派[2]。尧乎尔人经常抢劫从蒙古去西藏朝拜的信徒的驼队，于是统治蒙古西北地区的卫拉特首领固始汗[3]派军队前往青海，镇压这帮匪徒。结果，一部分尧乎尔人被消灭，一部分逃到现今甘肃的西北部，与那里其他民族杂居在一起。

镇压了尧乎尔人之后，一部分卫拉特军队返回北方，另一部分留下来，定居在青海湖的土地上，成为现今当地大部分蒙古人的先祖。另外还有数百米卫拉特人去了西藏，目前他们的后代已增至八百户，分为八个旗。这些蒙古人住在距离那曲[4]西南六天行程一条名为"达姆苏克"的小河边，从事农耕，故称"达姆苏克蒙古人"。

按照蒙古人的传说，被卫拉特人消灭的尧乎尔人当中，有一个老妇连同三个怀有身孕的女儿幸免于难，来到黄河上游的右岸。女儿们在那儿生了三个儿子，他们的后代就是哈喇唐古特人，或者像他们自称的那样，叫作"潘卡苏姆人"。多年以后，他们又迁回青海，起初遭到蒙古人的侵犯，随着人数日益增加，自己也干起了抢劫的勾当。

"如果当初杀了那几个可恨的女子，"蒙古人对我们说，"现在就不会有哈喇唐古特人，我们也就能过上安稳的日子。"据这些蒙古人说，自从卫拉特人进入青海，已经过去八代了。

---

[1] 裕固族 1953 年之前的自称，另一个称呼是"西喇玉固尔"。

[2] 藏传佛教分为红帽派和黄帽派两个教派，二者之间最根本的区别是：红帽派允许喇嘛结婚，黄帽派则要求喇嘛不得拥有婚姻生活。——原注

[3] 固始汗（1582—1655 年）：又译顾实汗，明末清初蒙古和硕特部首领，卫拉特（厄鲁特蒙古）盟主，青藏高原满清属国和硕特汗国的创建者。

[4] 那曲坐落在唐拉山（音译）南麓，距离拉萨有十二天行程，位于北方信徒前往西藏的要道上。——原注

青海的行政区域远远超出其流域范围；北起大通河上游，南至西藏边缘，都属于它的行政范围，换句话说，这片区域包括黄河上游及其支流一带，以及向西北方延伸的柴达木地区。整个区域分为 29 个旗，其中 5 个在黄河上游的右岸（即西岸），5 个属柴达木，剩下 19 个位于青海湖流域和大通河上游。除了黄河上游右岸的 5 个旗属于西宁昂帮直辖，其余行政区归青海王和默勒王这两名郡王掌管，每人各管 12 个旗，青海王管辖较大的西部，较小的东半部由默勒王管辖。

由于路途艰险，我们的骆驼刚出祁连山那会儿，就已疲惫不堪，无力继续远行。幸运的是，青海地区有很多骆驼，我们用原先的骆驼轻而易举地换来了新的，每峰骆驼添加了十到十二两银子。眼下，我们又有了 11 峰充满活力的骆驼，而口袋里却只剩下不到一百两银子！用这点钱根本到不了拉萨，尽管形势非常有利。果然，我们到达青海没几天，一位来自西藏的使节就前来看望。1862 年，此人受达赖喇嘛派遣，携带礼物前去觐见博格达汗，走到青海时，正赶上东干人在甘肃起事，西宁被叛军占领。此后整整十年，这位使节一直待在青海或丹噶尔城内，去不了北京，也不敢辗转折回拉萨。当他得知有四个俄国人经过他带着上百名护卫都未能走的路途来到本地——用他本人的话来说——就想来"看看这是些什么人"。

这位使节名叫康巴南图，是一个相当斯文的人，愿意帮助我们前往拉萨，他还要我们相信，达赖喇嘛一定乐于会见俄国客人，我们在西藏首府将受到热情的接待。我们听了这番话，心中难免忧伤，因为万事俱备，唯独缺少资金，使我们无法深入西藏。其他旅行者能有这么好的机遇吗？况且我们只需要比别人更少的数目，就能实现同样的目标。假如目前我们有一千两银子，就一定能到达拉萨，再从拉萨前往罗布泊或者别的地方。

无奈之下，我们只好打消了去西藏首府的念头，但还是决定尽可能前行。我们知道，在这个鲜为人知的亚洲的角落，每迈出一步，对于科学研究都具有重要意义。

像原先一样，我们带了两名向导。这一路上，向导有时是蒙古诺颜（官员）调派的，有时则由唐古特管事的帮助寻找，通常情况下，都要塞点礼物才能办事。此外，多亏了却藏寺主持写给默勒札萨克的那封信，而北京签发的护照上也说，可派两名杂役，供我们使用。这一条就写在护照里，在我们需要寻找蒙古人或汉人当向导时，派上了用场。我们也接受了却藏寺主持的建议，称这一条是为我们提供向导的一项命令，果不其然，我们在青海和柴达木都找到了向导。

我们在青海雇用的一名向导曾经是贡巴寺在册的喇嘛。贡巴寺位于西宁以南30俄里（32公里），在喇嘛教世界享有盛誉，就建在宗教改革家宗喀巴出生地[1]。信徒们认为，种种奇迹证明宗喀巴是一位伟大的圣僧，例如，当初他降生时，从掩埋其胞衣之处长出一棵树，树叶上写满了藏文。这棵树至今完好无损，专门用院子围栏起来，为贡巴寺主要的圣物，蒙古人称之为"香檀木头"（其实就是汉人说的"檀香木""檀香树""旃檀树"），但这也是他们对刺柏一类的树木乃至所有优良树种的叫法；譬如说，见到我们猎枪的胡桃木枪托或橡木弹匣，他们也总说这是"香檀木头"。从这名喇嘛向导所说的来看，神树叶子的大小和形状近似于我们的椴树。当然，叶片上的藏文要么是喇嘛描画上去的，要么便是出自虔诚信徒的想象与附会。而这棵树本身，可能就属于甘肃普通的树种，既然它生长在户外，能够耐受当地严酷的气候。即使所有佛教徒都将它视为神圣和独一无二的，那也

---

[1] 按照此处记述，这里的贡巴寺其实就是塔尔寺，因为塔尔寺在藏语中又称"衮本贤巴林"（意思是"十万尊佛身像"），"贡巴"即"衮本"的转音，也作"贡本"。

不能证明其独特性。这种崇拜和迷信甚至在欧洲也绝非少见[1]。

贡巴寺的医学校也很出名，将来有意行医的年轻喇嘛在这里学习。夏天，学生们在周围山里采集草药，整个藏医就是以这些草的疗效为基础。藏医中固然掺杂着许多虚假和愚昧，但确实也有一些凭借经验偶得的发现，欧洲科学对此尚不知晓。我觉得，一个医学专业人士，倘若对西藏和蒙古的大夫的医术认真做一番研究，他就可能会有宝贵的收获。

贡巴寺原先有七千名喇嘛，由于东干人的破坏，现在的人数减少了好几百，大殿和神树倒是安然无损。但这座寺庙的名气如此之大，毫无疑问，被毁的一切很快都会恢复原貌。

考察队从青海湖西北部出发，先是在湖的北岸上行进，再沿西岸前行，过了几条小河，终于见到了青海湖最大支流——发源于南山的布哈河，据蒙古人说，它的长度有 400 俄里（约 430 公里，实际约为 220—250 公里）。河的下游有去往西藏的路，河面宽约 15 俄丈（32 米），水深不超过 2 英尺（0.6 米），几乎到处均可蹚水而过。总之，布哈河是一条再寻常不过的河，所以当我们置身于岸旁，读到古伯察神父说自己跟西藏驼队前往拉萨、途中渡过布哈河 12 条支流的可怕经历，无不感到莫名惊诧。据神父记述，他的同伴们都认为这次横渡布哈河相当顺利，因为驼队里仅有一人摔断了腿，淹死了两头牦牛。其实，在通往西藏的道路所经过的布哈河下游，总共只有一条支流，而且只在雨季才有水；布哈河本身也很浅，河里只能淹死兔子，却不可能淹死牦牛这种强壮且又善于游泳的动物。

第二年 3 月，我们在布哈河下游度过了一整月，每天在岸边寻找鸟类，时常

---

[1] 如果说蒙古人相信神树还情有可原，那么我认为，古伯察神父对树叶上藏文的记述就有些不得体了，他声称亲眼见过这个奇迹，开始还怀疑是喇嘛们的骗局，随后却相信了这一超自然现象的真实性。参见《鞑靼西藏旅行记》第二卷，第 116 页。——原注

跟同伴们想起古伯察对这条河令人畏惧的描述，而我们每次打猎都要蹚过它好几十次[1]。

布哈河谷地宽 12 到 15 俄里，河谷之外便是一座高山，绵延于青海湖南岸，据说向西又延伸了 500 俄里。由于当地人未对这座山命名，我暂且称之为青海南山[2]，以区别于青海北山，亦即祁连山，再往西去，这两座山很可能就交集在一起了。

正如青海湖北部群山将甘肃境内潮湿、多山、森林茂密的地带同青海湖流域分隔开，青海南山作为一道分界线，也使青海湖的肥沃草原同伸向柴达木和西藏的荒原明显相隔。的确，这座山的北坡仍然很像祁连山地，大部分都覆盖着灌木丛或小树林，水源充足，牧草繁盛；而同样是这座山，南面却是纯粹蒙古高原的特征。黄土的山岭大都光裸，个别地方才有一些刺柏，河道里干涸无水，看不到水草丰美的迹象。所有这一切，预示着前方将是一片荒原，它绵延于青海南山的南部，各方面都像阿拉善。这里的盐碱地里只有芨芨草、盐爪爪和白刺；出现了羚羊和黑尾地鸦，它们永远象征着极其荒凉的原野。这里也有一座本地的吉兰泰

---

[1] 古伯察的原话是："出发六天以后，我们需要渡过布哈河，这条河发源于南山脚下，注入青海湖。河水并不深，但分成十二条支流，彼此相距很近，宽度加起来总共是 1 利约（相当于 4.16 俄里）。我们不走运，抵达第一条支流时，天还远未放亮；水面结了一层冰，但不太硬，还不能代替桥。马匹先来到跟前，战战兢兢，迈不开步子；它们站在岸上耗时间，直到驮行李的牦牛过来。很快，整个驼队都聚在一块弹丸之地上。在这黎明前的黑夜，这一大群人畜的混乱与惶恐，简直难以描述。最后，几个骑手将自己的马赶下河，所到之处，冰层纷纷碎裂。这时，驼队也乱哄哄地下了河，牲畜相互拥挤，水花四处飞溅，冰咔嚓嚓作响，人在叫嚷着，乱成一团糟。渡过第一条支流之后，又要重复同样的场面才能渡过第二条，然后是第三条，接着又是一条。直到曙色降临，这神圣的使团仍在水里挣扎。终于，我们精疲力竭，幸运地将布哈河十二条支流抛在身后，站到了干的土地上。但我们每个人的诗意都消失了，并且对这种旅行方式痛恶起来。然而，大家似乎又很愉快，都说这次横渡布哈河顺利之极。只有一个人摔断了腿，两头牦牛淹死了。"（参见《鞑靼西藏旅行记》第二卷，第 203 页）。——原注
[2] 奇怪的是，不知何故，古伯察对这座大山只字未提。——原注

盐池——达赖达布逊，周长约为 40 俄里，湖底蕴藏着优质的沉积盐，厚达一英尺（0.3 米），近岸处的盐层厚度不足 1 英寸（2.5 厘米）。盐从这里运往丹噶尔城，湖岸上驻有一名蒙古官员，负责监督采盐[1]。

达赖达布逊所在的这片荒野，宽约 30 俄里，向东方绵延而去，北接青海南山，南部贴向与南山平行的另一座山脉，由达赖达布逊向西，这两座山很快就会合而为一。

从两座山的交会处略向西去，在都兰河造就的狭窄河谷出口，有块地方为都兰寺[2]所有，这也是青海王即青海西部统治者的驻地。青海王原先在青海湖周边设有自己的大本营，但东干人经常前来抢掠，三年之内抢走了他 1700 匹马，迫使他迁往更偏远的地方。东干人行径之猖獗，可见一斑。

青海王本人死在我们到来之前一年[3]，继承人是他的长子，一个二十岁的青年，尚未获得中国政府方面确认，暂时在他相当年轻而精力旺盛的母亲监护下管辖行使权力。我们在达赖达布逊附近见到了母子俩。他们正要去丹噶尔办事。年轻的郡王怀着好奇，呆愣愣地望着我们，他的母亲则要我们出示护照，看过以后，对身边近侍说："这几个人也许是奉皇上之命，前来本地查看情况，再向他汇报。"她随即吩咐为我们派几名向导。会见只用了不到半个钟头，我们就告辞了。

就在青海王驻地，我们却受到其叔父的热情接待。这位叔父辅佐侄子处理政

---

[1] 有意思的是，当地一驮包盐与两包挂面（重约 0.25 磅，系中国人用面团制成的一种面条）等值。不过，在青海湖一带，黄油也可充当通用的货币。——原注

[2] 位于青海省海西州乌兰县境内，因处在都兰河畔而俗称都兰寺。

[3] 青海王死于 1871 年。为追荐他的亡灵，向几座寺庙供奉了 1000 头各种牲畜，其中包括大约 300 头牦牛；除此之外，为了同样的目的，还向西藏付出了几百两银子。——原注

务，职业是活佛，一度有过私家的寺庙，可惜毁于东干人之手。活佛曾数次去过北京和库伦，在那两个地方见过俄国人。总的来说，他是一个非常好的人，收下我们送的礼物，又派人回赠一顶不大的毡包，对我们后来的西藏之旅很管用。最令人愉快的莫过于他禁止闲杂人等进入我们的帐篷，使我们在住处四周都能保持安宁，整个考察期间，这算是绝无仅有的一次。

确实，考察队在旅途中每到一处，当地居民都纠缠不休，给人平添极大的负担。到处都有人跑来看我们，就像看某种怪物，尽管对这些不速之客我们往往采取强硬措施，依然摆脱不掉地方上形形色色的蒙古和唐古特官员。我们一进入青海地界，这种探访便格外频繁，人们风传，来了四个从未见过的人，其中还有一位了不起的西方神人，要去拉萨拜会东方大圣人——达赖喇嘛。我被当成半人半神，首先是因为我们从盗匪横行的甘肃一路走来，居然毫发无伤；其次是我们手中的神秘武器能发出齐射，猎杀野兽，有时从远距离射击也不落空，还能打中天上的飞鸟，用鸟兽的毛皮制作标本；再就是，我们的旅行目的也是个谜。所有这些加起来，当地人难免将我们视为身份特殊、神秘莫测之人。当各路活佛乃至西藏使节也都来拜访我们时，人们越发肯定自己的猜测，确信我是胡必尔汗[1]，亦即圣人。此种情形在一定程度上对我们有利，因为圣人的名声可为旅行带来方便，或多或少还能使我们免受种种刁难。但另一方面，我却无法摆脱诸如赐福、预言之类的荒唐求告。

有时候，唐古特人和蒙古人蜂拥而至，不仅对我们，甚至也对我们的武器恭敬地行礼；当地的王公贵族更是屡屡带孩子前来，求我为他们摸顶，祝福他们的一生。我们在都兰寺停留期间，二百来人聚在那儿，跪在路边敬拜。

---

[1]　又译作"呼毕勒罕"，源于蒙语，意为"转世灵童"。

前来求卜的人络绎不绝，他们不仅想知道今生的命运，哪怕走失了牲口或者丢了烟斗之类，也要问个究竟。一位唐古特王爷还向我咨询，有没有什么方法，能让他不育的妻子生孩子，哪怕一两个也成。长期在青海湖抢劫的哈喇唐古特人，不但无意袭击我们的驼队，甚至停止了对我们途经之地的劫掠。蒙古王公和旗主不止一次向我们寻求保护，以防哈喇唐古特人的袭扰，并希望勒令后者退还抢走的牲畜。

我们的名字具有匪夷所思的魔力。去西藏前夕，我们把一口袋多余的糌粑留在了柴达木，当地一位王爷打算收藏它，他兴奋地说，这个口袋会保护他们全旗的人，使他们免遭唐古特强盗之害。果然，三个月后我们返回时又见到这位王爷，他立刻给我们送了两只羊，表示感谢，称劫匪害怕俄国人留下的东西，这段时间一个都没敢到他的旗里来。

关于我们无所不能的荒诞传闻多极了。例如，一个普遍的说法是，尽管我们只有四个人，但每当遇到袭击，只要我一句话，就会出现上千人替我作战。人们还言之凿凿地说，我能随意调动自然界的力量，让疾病降临在牲畜或者人身上，等等等等。而我也相信，要不了几年，我们在当地旅行的故事就会变成神话，充满五花八门的臆造与幻想。

除了圣人的称号，医生的职业也被强加于我，早在考察初期，我就得到了这个头衔。这种看法的根据是我采集植物；此外，我有几次用奎宁治好了患疟疾的病人，使得蒙古人对我的医术确信不疑。神医的名声随后伴随我走遍蒙古、甘肃、青海和柴达木。在后两个地区，向我求助的各种病人格外多，其中主要是妇女。

从青海王驻地行进两天以后，青海南山各条支脉形成的山地渐渐消失，眼前是坦荡如砥的柴达木平原[1]。这片平原北接青海南山西延山地，南连西藏的布尔汗布达山脉[2]，东部与这两座山脉之间的丘陵相毗连；西部则是一望无际的平坦大地，据说一直延伸到罗布泊[3]。

很有可能，在不久以前的地质时期，柴达木平原是一座大湖的湖底，仿佛连成一片的沼泽，并且土壤饱含盐分，有些地表甚至结出冰状的盐壳，厚度在 0.5 至 1 英寸（1.2—2.5 厘米）之间。后来这里才冒出众多的泥潭、小河和小湖，西部出现了面积更大的哈拉湖[4]。最大的河流要数巴音郭勒河，在我们经过的河段（从冰上），河面宽达 230 俄丈（491 米），深度仅为 3 英尺（0.9 米），河底积有淤泥。据蒙古人说，巴音郭勒河从布尔汗布达山东缘的托素湖[5]流出，奔流近 300 俄里（约 320 公里），消失在柴达木西部的沼泽中。

这片区域的盐碱土质当然无法造就植物的多样性。只有几种沼泽草类在个别地方形成草滩，其他空间遍布 4 至 6 英尺（1.2 至 1.8 米）高的芦苇[6]。此外，在更为干旱的地带，大量生长着我们在鄂尔多斯和阿拉善见过的白刺，只不过长得更高，有的甚至达到 1 俄丈（2 米）。白刺的果实甜中带咸，产量非常大，如同阿拉善的沙蓬，是柴达木地区人和动物重要的食物。深秋时节，当地蒙古人和唐古

---

[1]　柴达木（与西藏之间）的政治分界线在都兰寺西南 25 俄里（26.5 公里）处。——原注

[2]　按照现代中国地图，布尔汗布达山脉在青海省境内。

[3]　普尔热瓦尔斯基后来自己证实，柴达木地区与罗布泊盆地被阿尔金山的高大山体分隔开。

[4]　在库尔雷克旗。——原注

[5]　位于青海省海西州德令哈境内。

[6]　而古伯察对柴达木的描述是这样的："（1845 年）11 月 15 日，我们离开壮丽的青海湖平原，向着柴达木地区的蒙古人进发（关于青海南山只字未提——普氏按）。我们刚一渡过那条同名的河（此处说的可能是巴音郭勒河，其宽度是神父所述布哈河的十五倍——普氏按），该地区的面貌就骤然改变。大自然显得荒凉和忧伤，贫瘠的土地遍布砾石（其实那里是大片的沼泽，而没有一块石头——普氏按），仿佛费尽艰辛，才造就出几株干枯的浸透盐碱的灌木……这片荒芜的土地富含岩盐和硼砂，几乎没有一处好的草场。"（参见《鞑靼西藏旅行记》第二卷，第 213 页）——原注

特人采摘枝头上变干的白刺果，作为一整年的储备。果实用水煮过，跟糌粑混起来吃，甜而咸的果汁可饮用。

柴达木的所有鸟兽都吃白刺，连狼和狐狸都不例外，骆驼也很喜欢这种美味。不过，这里动物稀少，原因或许是盐碱的土质会严重损伤它们的蹄爪。偶尔才能遇到黑尾地鸦或野驴，狼、狐狸和野兔略为多见。兽类之所以不多，还因为夏季这里的沼泽孳生着无数蚊子和虻虫，当地牧民不得不将牲畜赶到山里牧放。

在柴达木，最常见的鸟类是水禽目和鹳形目，但由于我们来时已是深秋，返回时则是初春，因而这两种鸟都见得很少。不过，我们发现了一种不同于蒙古和甘肃的雉鸡，数量非常之多。另外，我们还见到了几种留在当地过冬的鸟，如红腹红尾鸲、大朱雀、䴗、草原鹨、鹀、绿头鸭、秧鸡等。

如同青海地区，柴达木的居民主要是蒙古人和哈喇唐古特人，但后者更多分布在柴达木东部一带。

柴达木在行政上隶属青海，一共分为五个旗，分别是：库尔雷克、巴隆、宗、库库贝勒和台吉[1]。据当地一位王爷说，柴达木共有 1000 户人家，如果每顶蒙古包或唐古特人的帐篷平均住五六个人，那么该地区人口大概就是五六千。

蒙古人告诉我们，从我们现在所经之地行进 15 天，便是柴达木西北部的沼泽地，再往前走几天，是一片光裸的旱地，然后就到了嘎斯特（音译），一个水草丰美、草原与丘陵相间的地方。嘎斯特属于无人区，却有大量野驴繁衍；一些猎人从罗布泊走上七天，来到此地猎取野驴。当地人确信，从我们所在的柴达木东部走到罗布泊，需要一个月左右，假如每天走 25 至 30 俄里（27—32 公里），整个行

---

[1] 这五个旗的名称均为音译，应为当地人当时的俗称。根据谭其骧主编《中国历史地图集》第八册（清时期），这五个旗分别对应和西右中旗、和西右旗、和西左后旗、和西前旗、和北左末旗。

程就是 750 至 900 俄里（800—960 公里）。只要价钱合适，就能找到起码愿意去嘎斯特的向导，从那里再到罗布泊就不难了。

这样一条路线，不仅对地理考察意义重大，而且有助于解决野骆驼和野马研究方面令人困惑的问题。柴达木的蒙古人一致声称这两种动物确实存在，并分别详述了它们的样子。

按照他们的说法，野骆驼生活在柴达木西北部，数量可观。那完全是一片荒凉的旱地，盐爪爪草遍布，水源稀少，但骆驼对此并不畏惧，它们经常走到上百俄里以外的地方去找水，而冬天只要有雪就够了。

野骆驼的群体不大，通常在 5 到 10 头之间，20 头一群实属罕见，从不结成更大的群。它们看上去与家养的骆驼相差无几，只不过野骆驼的体形更瘦，脸更长，毛色有些发灰。

柴达木西部的蒙古人猎捕野骆驼，宰杀后食用。深秋时节，野骆驼长得膘肥体壮，这正是猎杀活动最频繁的时节。盗猎者往往随身携带大量的冰，以免因为缺水渴死在野骆驼出没之地。这种动物用火枪就能打中，说明它还不够警觉。蒙古人告诉我们，野骆驼能够闻到远处的气味，看得也远，近距离反而看不清楚。每年 2 月，处于发情期的雄驼异常勇猛，甚至敢靠近柴达木与安西州[1]两地间往来的驼队。有时候，驼队中的骆驼会当即跟着野骆驼跑掉，从此一去不返。

还没到柴达木之前，我们就听有些蒙古人说过野骆驼，说它们生活在唐古特人的地盘上，以及从罗布泊到西藏之间的荒漠里。从印度到叶尔羌旅行期间，罗

---

[1]　今甘肃省安西县，2006 年改称瓜州县。

伯特·沙敖[1]也曾提到野骆驼，中国文献里同样有所提及。但这究竟是哪种骆驼？是野生种群的后代，还是逃进沙漠之后繁衍生息才变野的？这样的问题，根据蒙古人的讲述当然无法解答，但有个情况对第一种猜测更有利，那就是家养的骆驼不能自行交配，离开人的帮助，也就无法繁殖。

蒙古人称作"德尔利克阿图"[2]的野马，在柴达木西部非常罕见，却大量出没于罗布泊周边的原野。据说野马喜群居，每群都很大，而且特别警觉，一旦受到人类惊吓，跑上几天也不回头，直到一两年后才有可能回到原地。野马通体枣红，但尾巴和鬃毛是黑的，成年雄性野马鬃毛很长，几乎可以垂到地上。捕猎野马的难度极大，而柴达木地区的蒙古人也向来不会对它们下手。

柴达木平原比青海湖草原低 1700 英尺（518 米），因而气候相对温暖，而且这里没有大湖表面所产生的冷却效应。

考察队离开祁连山区以来，亦即从 10 月中旬到整个 11 月期间，一直秋高气爽，以晴天居多。尽管夜间常有严寒（10 月的气温低至零下 23.6℃，11 月为零下 25.2℃），白天却很暖和[3]，只要太阳不是躲进云层，不是刮大风。刮风的日子极少，经历了甘肃连绵的雨雪，我们总算可以尽情享受干爽的好天气了。10 月中旬，青海湖尚未封冻，只有个别湖湾覆盖了一层薄冰，包括巴音郭勒河在内的河流，也要到 11 月中旬才冻结。根本没有积雪，如果偶尔下雪[4]，也立刻被风吹散，或

---

[1] 罗伯特·沙敖（Robert shaw，1839—1879），又译作罗伯特·肖，英国外交官，1868—1869 年间，先后两次越过昆仑山，进入中国新疆塔里木盆地南部的叶尔羌、喀什噶尔等地游历，是第一个进入新疆境内的英国人，并在信件和日记中做了较为详细的记述。

[2] 意思是野马群（"阿图"意思也是"成群的自由的马"）。——原注

[3] 根据中午 1 点的测量，直到 10 月 28 日，气温才首次降至零下。——原注

[4] 像甘肃一样，这里的雪地十分刺眼，当地人没有眼镜，只得用牦牛尾上的黑毛编结成条带，包住眼睛。——原注

者被太阳晒化。不过，当地人告诉我们，在柴达木和青海湖，即使冬天也很少下雪；冬天的祁连山区同样降雪不多，大多数时候都是晴朗的天气。

离开青海王驻地后，我们穿过色尔哈诺尔和都兰诺尔这两个咸水湖所在的荒凉的盐碱地，又翻越了青海南山支脉的一座山丘，一望无际的柴达木平原随即映入眼帘，平原尽头耸立着高大的布尔汗布达山。尽管这座大山远在120俄里以外，用肉眼却清晰可见，透过望远镜几乎能辨认每座山峰。在这片荒原上，秋日的空气简直清澈透明！

进入一片盐沼之前，考察队经过了连接沼泽与山地的过渡区，地势略有起伏，不甚宽广，土质为黏土和砂土；有些地表以下是疏松的细沙，并且会有梭梭冒出来。黏土地带多为不毛之地，只长着白刺和少量的柽柳。出人意料的是，我们在这里居然见到了几小块耕地（2—3俄亩^[1]），长着当地蒙古人播种的大麦和小麦。面积更大的农田，我们只在青海王驻地附近见过，八到十俄亩的样子，而这也正是青海王的领地。直到东干人起事以来，通往丹噶尔的道路受阻，影响到主食糌粑的供应，当地人才终于在柴达木地区开始了农耕活动。

我们需要行进60俄里左右，才能横穿盐沼；这里时而是光裸的盐壳，时而是冻结的黏土，根本没有路，只能径直前行。动物走得尤其艰难，有几头骆驼，腿已经开始瘸了，而狗的爪子也受了伤，流着血，几乎走不动了。

11月18日，我们抵达宗札萨克旗^[2]旗主驻地，根据青海活佛的命令，当地应当给我们指派一名向导，带路去拉萨。为了不招来怀疑，我们仍然没向人透露，这次去不了拉萨。旗主犹疑不决，不知该派谁好，一直拖了三天，终于让一个名

---

[1]　1俄亩等于1.09公顷。
[2]　和硕特西左翼后旗（和西左后旗）的俗称；宗札萨克爵位为辅国公，驻都兰县。

叫楚通赞巴的蒙古人来跟我们接洽。他曾经作为商队向导，去过拉萨九次。经过漫长的商谈和必不可少的饮茶，我们雇下了这位老人，酬金很低，一个月才七两银子，饮食和骑乘的骆驼由我们提供。我们还向楚通赞巴承诺，如果他尽职尽责，就会予以奖励。第二天，我们就踏上西藏的旅途，决意穿越这片未知的土地，哪怕只到长江上游也好。

第十二章　藏北高原

【1872 年 11 月（12 月）22 日（4 日）—1873 年 2 月 9 日（21 日）】

布尔汗布达山、舒尔干山和巴颜喀拉山—藏北原野的特征—商队的常规路线—动物多得出奇：野牦牛、白腹盘羊、藏羚羊和瞪羚、狼和沙狐—鸟类贫乏—我们的冬日—沙尘暴—蒙古人楚通赞巴，我们的向导—木鲁乌苏河—返回柴达木

沼泽遍布的柴达木平原南部边缘是布尔汗布达山脉，而这座山同时又与高大的藏北高原相毗连。布尔汗布达山呈东西走向，据说长度约为 200 俄里（约 215 公里）。山脉东缘与姚戈来乌拉山（音译）相距不远，托素湖位于二者之间[1]；西端延至诺木洪河畔。诺木洪河流经柴达木山[2]南麓，汇入巴音郭勒河[3]。

---

[1] 姚戈来乌拉山距离黄河源头不远。蒙古人说，这座山没有终年积雪，但森林茂密。托素湖不宽，长度却有两天行程，也就是五六十俄里。巴音郭勒河即源于托素湖。——原注
[2] 祁连山脉西端支脉。位于柴达木盆地北缘，鱼卡河与塔塔棱河之间。
[3] 诺木洪河源于舒尔干山，只有几俄丈宽。据蒙古人说，在这条河与巴音郭勒河的交汇处，有一座古城的废墟，一支古代中国军队曾驻扎于此。——原注

总体来看，布尔汗布达山像一道链带，由东向西线条分明，尤其是北坡，在坦荡的柴达木平原映衬下，显出兀然隆起的轮廓。整座山脉都没有格外高峻的巅峰，却形成了连绵不绝的山岭。

据蒙古人说，早在几百年前，布尔汗布达山就有了现在的名字[1]，为它命名的是一个从西藏返回蒙古的活佛。活佛穿越了令人生畏的西藏荒原，终于来到地势低平、相对温暖的柴达木平原，便把途经的这座山称作佛，因为它就像巨人，守卫着高寒、荒凉的藏北高原。

布尔汗布达山确如一道分界线，将其南北两面截然分开。山脉以南地区，海拔在 13000 到 15000 英尺之间（4000—4600 米）[2]。我们发现，从布尔汗布达山到长江上游，均为这种高大的台地，只不过延伸得更遥远，直到唐古拉山，而那里的海拔可能更高。

如果从柴达木平原出发，向布尔汗布达山攀行，从山脚到峰顶大约就要走 30 俄里[3]。山的坡度相当平缓，到山口才变得陡峭，海拔高度达到 15300 英尺（4661 米）。靠近山口的山峰也叫布尔汗布达，并且是整座山脉中最高的一座，据蒙古人说，它的海拔为 16300 英尺（4971 米）[4]，高于柴达木平原 7500 英尺（2300 米）。

尽管布尔汗布达山具有可观的高度，但没有一处达到雪线。甚至在考察队翻越山脉的 11 月底，山间积雪仍然很少，只有北坡的几个至高点和主峰本身覆盖着

---

[1] 这个名称的意思是"神佛"。——原注
[2] 在这座平坦的高原上，只有幽深、狭长的诺木洪河谷海拔为 11300 英尺（3441 米）——原注
[3] 山脉底端与柴达木的盐沼之间，有一个宽约 15 俄里的过渡区，这是从山脉延伸出来的平缓地带，砾石遍布，寸草不生。——原注
[4] 此说未必正确，我觉得还有几座山峰可能比布尔汗布达峰更高，但不超过一百英尺。——原注

几英寸的雪。春天，即第二年 2 月当我们原路返回时，也是同样的景象：连背阴的峡谷里也见不到去年未融的落雪。

此种现象的首要原因可能是，这座山脉虽然海拔很高，却并不比其南麓高出多少；从这里铺展开的广阔原野，夏季吸收了足够的温度，产生热气流，将顶峰的雪融化殆尽；此外，这里冬季下雪不多[1]，而春天降雪虽然充足，太阳一晒就化了，无法形成足以存留一夏天的积雪。

荒凉正是布尔汗布达山的总体特征。光秃秃的山坡由黏土、砾石、岩屑层或者干脆就是裸岩构成。山岩大多分布在山脉边缘，有的则兀然独立，主要成分为黏土、硅质页岩、正长岩和斑岩。除了少量而丑陋的盐爪爪和黄花金露梅之类的灌木，这里几乎再无其他植物，鸟兽也不多。

总的来说，山脉南坡比北坡略为肥沃；这里溪流更多，周围有些水草，形成类似草滩的样貌。这些地方的草大都被野兽或蒙古人的牲畜啃光了，每到夏天，为躲避柴达木沼泽不计其数的蚊虫，蒙古人就会来这里放牧。

虽然坡度和缓，但由于地势高和空气稀薄，攀登布尔汗布达山异常艰难。在这里，无论载货的牲畜还是人都会失去劲头：感觉虚弱不堪，呼吸困难，头昏脑胀；骆驼经常倒地而亡。我们驼队里也有一头骆驼眨眼间就断了气，剩下的几头好不容易才攀到山口[2]。

---

[1] 蒙古人告诉我们，藏北高原的台地上，降雪并不均匀，有的冬天雪相当多，有的正相反。——原注

[2] 在描述布尔汗布达山的篇章中，古伯察断言，山的北坡和东坡发现了有毒的碳酸气。古伯察说，他本人及同伴们翻越这座山时，遭受过这种气体所带来的痛苦（《鞑靼西藏旅行记》第一卷，第 214—217 页）。在一部涉及西宁到拉萨的汉语图志的译本中，我们也读到了类似的记述（《俄罗斯皇家地理学会 1873 年公报》第九卷，第 298—305 页）。据说，沿途 23 个地点都会遇到“瘴气”，也就是散发毒性的气体。我们在藏北高原度过了 80 天，却从未发现所谓“瘴气”或“碳酸气”。登山之所以困难，甚至在藏北高原的平地上行走也感到气闷、乏力、晕眩，是由于海拔太高和空气稀薄。也正因如此，在西藏的荒原上，就连干粪都很难烧着。事实上，如果真的存在碳酸气或者别的什么有害气体，那么蒙古人和他们的牲畜乃至荒原上成群的野兽又怎能生存呢。——原注

相较于上坡，布尔汗布达山的下坡则平缓得多，坡面延伸 23 俄里（24.5 公里），直到诺木洪河；狭长的河谷海拔为 11300 英尺（3441 米），是我们在藏北高原一路经过的最低处。从诺木洪河流域开始，地势再度向另一座山——舒尔干山一侧抬升，这是与布尔汗布达山平行的山脉，背靠柴达木平原，同样骤然终止于西端。

舒尔干山比布尔汗布达山略长，耸立在乌伦都什山（音译）以东，舒尔干河（又译作"修沟郭勒河"）就发源于乌伦都什山，并流经舒尔干山南麓。在我们渡河的地点，这条河的宽度为 40 俄丈（85 米）[1]，但水量不大。据蒙古人说，这条河奔流 300 俄里（320 公里），消失在柴达木西部的沼地中。像诺木洪河谷一样，舒尔干河谷常见草木葱茏，相比周围的荒山，土质可谓相当肥沃。

舒尔干山具有跟布尔汗布达山相似的特征：同样的荒凉、同样裸露的山岩，表面附有红、褐、蓝、黄的黏土和碎石屑，或者直接就是光溜溜的岩石。山顶上堆叠着巨大的石灰岩和绿帘石岩，但这里通往西藏的山路，无论下坡还是上坡都特别平缓，尽管山口的海拔略高于布尔汗布达山口[2]。舒尔干山的个别山峰也更高，山脉中段有五座山峰均达到雪线[3]。

舒尔干山脉也是青海蒙古地区（亦即柴达木地区）与西藏之间的政治分界线；但这一分界并未明确划定，西藏人认为布尔汗布达山才是界线。不过，界线未定的情况不会引起特殊的争议，因为从布尔汗布达山直至唐古拉山南坡的西藏之路

---

[1] 冬季结冰的河面向两边扩展，才达到如此宽度，而河流本身可能窄得多。——原注
[2] 通向舒尔干山顶峰的隘口海拔为 4722 米。——原注
[3] 这五座山峰在我们行进路线以东 7 俄里处，目测比隘口高出将近两千英尺（约 600 米）；山的北坡积雪很多，（从 12 月初到次年 2 月初），而南坡只有靠近山顶的地方有一层薄雪。——原注

沿线，方圆 800 俄里（将近 850 公里）都荒无人烟[1]。蒙古人把这片地方叫作"古列苏加泽尔"，即野兽的王国（土地），原因是此地野生动物极其丰富，稍后我们将谈到这一点。

上文提及的舒尔干河发源地乌伦都什山，矗立在鄂敦他拉草原[2]北面。鄂敦他拉草原因泉眼遍布而闻名，汉人称之为"星宿海"，即"星星的海洋"。著名的黄河也发源在附近。鄂敦他拉位于舒尔干河以东，距离我们横渡舒尔干河的地点七天行程，但遗憾的是，我们的向导不认识去那里的路。每年 8 月，蒙古人从柴达木前往鄂敦他拉，向神佛敬香朝拜，供奉祭品。每份祭品为七头牲畜（一头牦牛、一匹马和五只羊），颜色须为白色，脖颈上系着红丝带，放入附近的山里。这些成为祭品的牲畜后来怎样，信徒们无从得知，也许不是被唐古特人宰杀，就是被狼吃了。

舒尔干山以南 100 俄里以外耸立着第三座山脉，蒙古人称之为巴颜喀拉山[3]，唐古特人的叫法是"姚戈来沃拉达克奇"。这座山脉绵延于蒙古人所称木鲁乌苏河亦即长江上游的左岸，是长江流域和黄河源头之间的分水岭。

巴颜喀拉山脉大体上呈东西走向，每一段均有不同的名称。从西端到那木七图乌兰木伦河（即楚玛尔河）[4]叫作可可西里山，中段通常叫作巴颜喀拉山，再往东叫达克奇山，最靠东的一段叫萨拉玛山。据蒙古人说，这座山脉没有一座山

---

[1] 蒙古人告诉我们，只有在木鲁乌苏河（长江）上游，距离那木七图乌兰木伦河（即长江北源楚玛尔河）河口六天行程的地方，生活着大约 500 个唐古特人。——原注

[2] 这片草原有两条通向纵深的线路。草原南部的萨拉玛山（音译）系巴颜喀拉山的东延部分。"鄂敦他拉"来自蒙语，意思是"星星的平原"。——原注

[3] 意思是"富庶的黑山"。——原注

[4] 这条河发源于察罕努鲁雪山，长约 400 俄里（425 公里），注入木鲁乌苏河。冬季的那木七图乌兰木伦河下游，宽度为 30—40 俄丈（64—85 米）米。值得关注的是，这条河里的水略带咸味。——原注

峰达到雪线。可可西里山长约 250 俄里，其余三段长 400 多俄里，所以巴颜喀拉山脉的总长度约为 700 俄里（约 750 公里）。巴颜喀拉山的中段紧贴长江上游，东西两端则与之相隔一定的距离。

不同于布尔汗布达山和舒尔干山，巴颜喀拉山轮廓柔和，相对高度较低，北坡顶部比山脚最多高出 1000 英尺（300 米）（起码我们所见如此）；南坡亦即木鲁乌苏河谷，低至 13100 英尺（约 4000 米），地势较为陡峭，山岩种类以泥质页岩和霏细斑岩居多。

总之，巴颜喀拉山具有三个主要特点：第一，山体外形圆融，所有坡面都比较平缓，几乎没有峭壁，尤其在北部；第二，无论北坡还是南坡，均有丰沛的水量；第三，南坡比我们所见藏北其他地区都肥沃。这里的土壤为沙质，由于雨水充足，山谷乃至有些半山坡上都覆盖着绿草。

舒尔干山脉和巴颜喀拉山脉之间是可怕的荒原，海拔达到 14500 英尺（4400多米）[1]。这是一片起伏的台地，各处散布着低矮的群山，或者更准确地说是山丘，相对高度不超过 1000 英尺（300 米）。

这片台地只有西北部矗立着一座终年积雪的大山，这便是古尔班乃什（唐古特语叫作阿丘冈其克）——雄伟的昆仑山系东端，至少柴达木地区的蒙古人这么认为。他们说，由此向西是链带一样绵延的群山，有的高过雪线，有的在雪线以下。除了古尔班乃什之外，这一山系东端的雪山还有裕孙鄂博（音译）和察汗努鲁（音译）。

舒尔干山和巴颜喀拉山之间的高大台地属于藏北地区典型的荒原，气候和自

---

[1] 布哈湖海拔 14400 英尺（4392 米），巴颜喀拉山北麓的霍屯什里克沼泽海拔为 14900 英尺（4544 米）。——原注

然条件十分严酷。土质为混杂着沙或砾石的黏土，几乎没有植物，只有低矮的小草丛孤零零地冒出来，偶尔能见到黄灰色的地衣贴在光裸的地面上，还有些地方覆盖着薄薄的白色的盐，仿佛落了一层雪花。常年的大风将地表刮得沟壑纵横。直到泉水涌流的地方或坑坑洼洼的沼地，才有大量草本植物，看上去像草滩。但就连这样的绿地，仍是一派荒凉、死寂的景象。这里只有一种 0.5 英尺（0.15 米）高的禾科植物[1]，硬得像铁丝，被风彻底吹干，脚踩上去，就像枯枝一样沙沙作响，碎成粉末[2]。

因为地势高，空气稀薄，即使翻越或攀登不起眼的小山包，也会让一个壮汉耗尽气力，浑身虚弱，时不时头晕，腿脚发抖，呕吐。生火十分困难，而稀薄的空气里氧气含量低，干粪燃烧不充分，又使得水的沸点比海平面上低 15℃。

如同藏北地区的所有荒原，这片台地的气候与它狂野的自然是一致的。酷寒和风暴在这里主宰着整个冬天，春天同样以狂风和暴风雪为主，夏天则是连绵阴雨，经常伴有硕大的冰雹，唯独秋日里才有风和日暖的晴朗天气。蒙古香客的驼队往往在此期间去拉萨[3]朝圣。青海湖周围成为这些驼队的集结点，在辽阔的草场上，来自北方的骆驼吃饱喝足，为新的更艰难的旅程做好准备。

青海本地人也加入蒙古朝圣者的队列，他们有的骑骆驼，有的骑牦牛，骑骆驼能走得快些，即便如此，从丹噶尔到拉萨一千五六百俄里（1600—1700公里）的路程，如果每天行进 30 俄里[4]，也需要将近两个月；骑牦牛就更慢了，同样的

---

[1] 偶尔还能碰到菊科植物。——原注
[2] 西藏荒原草滩上的草皮是何等"柔软"，最佳证明莫过于我们的骆驼经常磨出血的厚厚脚掌。——原注
[3] 东干人暴动使蒙古北部的朝圣中断了 11 年。其间只有青海湖和柴达木的驼队前往拉萨进香，而且不是每年都有。——原注
[4] 中途只休息两天。在柴达木的布尔汗布达山脚下休息一天，在木鲁乌苏河岸边休息一天。——原注

路程，起码要走四个月。

西藏原野上其实根本没有路，虽然到处都有野兽踏出的小道。驼队来到这里，都是按照熟悉的地形径直前行。行程的具体分配是这样：用十五六天时间，从丹噶尔出发，沿青海湖北岸西行，穿过柴达木到布尔汗布达山脉；从这里到木鲁乌苏河，用10天时间；沿木鲁乌苏河逆流而上，需要10天；然后用5天翻越唐古拉山脉到达西藏的村镇——那曲；最后，从那曲到拉萨还有12天行程。驼队里的骆驼被人留在那曲，接下来又要骑牦牛，因为地势变得更高。不过，蒙古人告诉我们，骑骆驼也能到拉萨，但香客把骆驼留在那曲，是因为前方就没有适合骆驼的草场了。

驼队9月初[1]从青海湖或丹噶尔出发，11月初才能抵达拉萨，在这里度过两三个月后，来年2月份踏上归途。这时，西藏商人也与香客们结伴同行，他们带着呢料、粗毛羊羔皮和各种小商品，运往丹噶尔和西宁。此外，达赖喇嘛原先每隔两年都要派使节携带礼物去北京觐见皇帝，但东干人起事以来，这些活动就中止了。

无论秋天还是春天，驼队穿越藏北的旅行一向不顺利。有很多人、骆驼和牦牛会死在这片严酷的荒原。这类损失颇为常见，所以驼队通常都要多带四分之一甚至三分之一的牲畜，作为备用。有时，人们抛掉所有物品，只求保住身家性命。例如，1870年2月，一支驼队从拉萨出发时，共有300人加上1000头骆驼和牦牛。由于一场暴雪后的寒潮，损失了几乎所有牲畜和将近50个人。此次旅行的一名幸存者告诉我们，当每天开始有数十头载货的骆驼和牦牛饿死，便不得不抛弃

---

[1] 只有特殊情况才在冬天和夏天去上香。因为冬天的西藏荒原时有大雪，而夏天没有燃料，干粪由于连绵阴雨变得潮湿。——原注

所有货物和多余的东西；然后扔掉少量备用的食物，再往后就开始步行，到头来只能自己背着食物，因为最后只有三头骆驼活下来，这也是幸亏给它们喂了糌粑。干粪全被厚厚的积雪掩埋了，燃料很难找到，这些人不得不轮番撕下自己身穿的衣服，生火取暖。几乎每天都有人死于力气衰竭。生了病还活着的人，也全都被抛在半路上，最终难逃一死。

尽管藏北高原为不毛之地，气候条件也很恶劣，动物却异常丰富。如果不是亲眼目睹，就无法相信，这片饱受大自然欺凌的土地上生存着如此之多的野兽，上千只聚为一群也不罕见。这些兽群四处游荡，也能在贫瘠荒芜的天然牧场上找到足够的食物。在这里，野兽尚未见识自己主要的敌人——人类，它们远远避开了人类的血腥追杀，活得自由自在。

西藏荒原最典型、数量最多的哺乳动物有：野牦牛、白腹盘羊、岩羊、羚羊（藏羚羊和普通羚羊）、野驴和灰狼。另外还有熊、兔狲（Felis manul）[1]、狐狸、沙狐、兔子、旱獭以及两种鼠兔。

这些动物当中，有一些我们在甘肃和青海已经见过，所以，我在这里只是细谈一下西藏特有的种类，其中最重要的，无疑要数野牦牛或长毛牦牛。

这是一种出色的动物，身形巨大，外表俊美。年老的公牛，如果不算尾巴，体长接近 11 英尺（3.35 米）[2]，而长着浓密而卷曲长毛的尾巴，也足有 3 英尺（0.9 米）长；肩高约 6 英尺（1.8 米）；躯体中段粗 11 英尺（3.35 米），体重约为 35 至 40 普特（570—650 公斤）；头上有一对漂亮的大角，长达 2 英尺 9 英寸（84

---

[1] 兔狲和熊我们并未亲眼见过，但柴达木的猎人们曾向我们提到。此外，我也曾在雪地里见过兔狲的脚印，并得到向导的确认。熊在冬天处于冬眠状态，据蒙古人说，它们大量生活在巴颜喀拉山和舒尔干山。从这些叙说来判断，这里的熊跟栖息在祁连山的是同一类。——原注
[2] 如果从鼻尖算起，沿背部直到尾巴的底部有 10 英尺 10 英寸（3.3 米）。——原注

厘米）[1]，根部粗一英尺 4 英寸（40 厘米）。牦牛身披浓而粗的黑毛，老的公牛背部和体侧上端的毛略呈咖啡色。身体下部的毛如同尾毛，也是黑色，长长地垂下来，好像宽大的流苏，头部的毛夹杂灰色。年轻的牦牛身体上半部均为灰色，脊背上面有一条窄窄的白道。此外，年轻牦牛的毛柔软得多，而且不带咖啡色，为纯黑色。年轻的公牛哪怕已成年，体形也比老牛小很多[2]，牛角也更漂亮，末端略向外弯折；而老公牛的角末端则向内弯，下部带有灰褐相间的褶皱样的突起。

母牛的个头比公牛小得多[3]，外形远不如公牛漂亮。母牛的角又短又细；肩部很小，尾巴和体侧的毛色也不像公牛那样华美。

只有在牦牛生长的原野上亲眼见过，才能充分了解这种动物。如前所述，这里是一片海拔 13000 至 15000 英尺（4000—6000 米）的高原，几座同样荒凉的大山将其分隔开。赤裸的大地上只有零星的野草，在严寒和狂风之下难以茁壮生长。但就在这种冷漠的地方，在这与世隔绝的忧郁的自然界，却自由地生活着自古就已闻名的牦牛。

不过，这种西藏高原特有的动物在西藏以北地区也有分布。据说，在祁连山局部地带、大通河和额济纳河上游都有相当多的野牦牛，但由于当地人的滥捕，数量正在逐年减少。

牦牛的身体素质远不及其他野生动物完美。虽然它力气大，嗅觉发达，视觉

---

[1] 沿着牛角的弧度测量。——原注
[2] 例如，一头 6 岁左右的公牛，不算尾巴，体长 9.5 英尺（2.9 米），加上尾巴，整个长度也比不上老年牦牛。——原注
[3] 老年母牛不算尾巴体长仅为 7 英尺 3 英寸（2.21 米），肩高 4 英尺 9 英寸（1.45 米）；躯体中段粗 7 英尺（2.13 米）。这样来看，母牛个头差不多比公牛小一半甚至更多。——原注

雄性牦牛

和听觉却相当弱。即使是晴天并且地势平坦，牦牛也未必能区分距离一千步左右的人与其他物体，而天色昏暗时，更是只能发现五百米以内的猎人。而脚步声或其他声音也只有在很明显的情况下，才能引起牦牛的注意。但牦牛天生嗅觉灵敏，可从风中嗅到至少半俄里开外的人的气息。

牦牛的智力像其他种类的牛一样低下，此种判断的依据是，它的脑袋特别小。

除了发情期，其他时候老年公牛[1]习惯于单独活动，或者三五头聚成一小群。年轻一些但已完全成熟的公牛（约6—10岁）偶尔也加入到老牛中间，更多时候则是10到10头小牛组成特殊的一群；有时，牛群中会有一两头或几头老牛。母牛、小母牛和小牛犊总是数百头甚至上千头聚在一起[2]。如此庞大的畜群很难在荒原牧场上觅食。但也只有在这样的群体中，小牛和没有经验的牛犊才能免遭狼的侵害。

牦牛总是三三两两地觅食，休息时又紧紧围拢，卧着在地上[3]。一旦发现危险，牛群便聚成一团，将小牛犊围在中间，年长的向前走几步，努力查看到底怎么回事。如果确有险情，而且猎人越来越近，尤其是当他开了枪，这一大群牦牛便一溜烟地逃窜，先是小跑，随后就狂奔起来。大多数牦牛在奔跑中低着脑袋，尾巴向背部弯曲，头也不回，身后尘土飞扬，得得的蹄声很远都能听见。

不过，这样的狂奔持续并不长，很少超过1俄里。不一会儿，受惊的牛群就开始慢跑，并且很快恢复原状，即小牛被围在里面，大牛在外围。如果猎人屡屡靠近，上述情形就屡屡重复，直到受惊的牛群终于逃之夭夭。

单只牦牛的奔跑是快步小跑，只有受惊时才迈开大步。无论牦牛怎样跑，骑

---

[1] 据蒙古人说，野牦牛大约能活25年。——原注
[2] 更大的牛群我们没见过，一般牛群中常有成年但还未老的公牛。——原注
[3] 每当刮起狂风，成群或单只的牦牛也总是卧着。——原注

着马很容易追上。牦牛善于攀爬高而陡的山。我们屡次看到牦牛待在只有岩羊才能攀上去的峭壁上。

冬天，大群的牦牛来到草比较多的牧场进食，这时候，牦牛随处可见，有的形单影只，有的三五成群。在我们经过的藏北地区，一过巴颜喀拉山脉就能看见牦牛，但仅仅在巴颜喀拉山附近，尤其是山的南坡及木鲁乌苏河沿岸出现。至今，我们只在舒尔干河附近两次遇见小群牦牛。

蒙古人说，夏天，当嫩草长出来时，大群牦牛也会迁移到布尔汗布达山，但总是回到木鲁乌苏河沿岸过冬，不愿长途跋涉的老年公牛就留在原地。

懒惰是野牦牛最大的特点。它们早晨和傍晚去牧场吃草，其余时间或躺或站，处于完全静止的状态，只有反刍时嘴巴的张合表明牦牛还活着，身体其他部分一动也不动，就像个木偶，而脑袋也是接连几个小时保持同一个姿势。

牦牛往往选择山的北坡或悬崖，待着休息，这样可以避开阳光，因为牦牛通常并不喜欢暖和；即使在背阴处，它也更愿意躺在雪地里；如果没有雪，就躺在光秃秃的土地上，还有意用蹄子把泥土刨得松软些。不过，牦牛在吃草的地方休息也很常见。

牦牛进食和休息的地方到处是粪便，这是荒原里唯一的燃料。蒙古人甚至感谢上天赐给牦牛这么大的排泄孔，让它一下就能排出很多粪便。确实，如果没有牦牛，就会因为缺乏燃料而无法在西藏原野上旅行，因为这里连小灌木也没有。

水是野牦牛生存的必要条件。不冻泉旁边数不清的足迹和粪便表明，牦牛曾经不辞劳苦地造访这里。假如没有水，那就要有雪。夏天，牦牛饮水相对方便些，因为西藏荒原上除了众多溪流和泉眼之外，雨季降水积聚的小水洼随处可见，水洼周围的草往往长得不错。牦牛不挑食，在这种地方很容易满足食欲。牦牛在漫长的冬日里渐渐消瘦，等到来年秋天，又养得肥壮，特别是小公牛和未孕的母牛。

挤牦牛奶

骑牦牛狩猎的蒙古人

牦牛从 9 月开始发情，持续整整一个月，其间牦牛懒惰的性格完全变了。公牛日夜不停地在荒原上寻找母牛，一次又一次与情敌展开殊死搏斗。牦牛之间这种打斗可能是动真格的，因为我们冬天猎杀的所有雄性牦牛身上，几乎都有激情决斗留下的伤痕，有的还是一大片。非但如此，我打死的一头牦牛，左角从根部折断，只剩下一只右角。这是何等剧烈的冲撞，将牦牛巨大、结实的角硬生生折断！这又是怎样的脑袋，竟然经得起如此撞击！

蒙古人告诉我们，发情期的公牛常发出类似哼哼的声音。这种情况很有可能，因为家养牦牛声音就很像猪哼哼，只是响亮得多，拖得更长。我与同伴从未听过野牦牛的声音，因为除了在发情期，它平时很少哼哼。

据蒙古人说，母牛在 6 月产仔，隔年才有一次。

牦牛天生力大，在养育它们的世外荒原上，没有危险的敌人，所以大部分牦牛都是终老而死。不过，野牦牛经常生一种病，蒙古人称之为"霍蒙"（"哈穆"——疥疮），染病后的牦牛开始浑身结痂，毛从病变部位一点一点脱落。我不知道这种病是否会导致死亡，或者牦牛也许会逐渐康复？我打死过两头老牦牛，其中一头身上大部分没有毛，结着一层疮痂。

捕猎野牦牛既诱人也危险，因为牦牛，尤其是壮年的公牛，一旦受伤，经常向猎人反扑。更可怕的是，即使猎手枪法高超，头脑冷静，也没有十足把握杀死牦牛。一杆高级猎枪射出的子弹，并不能穿透牦牛的头骨并将其射杀，除非直接命中它那与硕大头颅相比微不足道的脑部。向牦牛身上开枪，只有极个别情况下才能一枪毙命[1]。而即使面对面对准牦牛身体，猎人都无法肯定能打死它，也不能确保与这种西藏荒原的巨兽较量会有好结果。唯有一点有可能让猎人得手，那

---

[1]　我只有一次用一发子弹打死了一头牦牛，也只是一头小牛，子弹打断了它的脊柱。——原注

就是牦牛的愚蠢和犹疑。牦牛虽然凶猛，面对勇敢的人，也会感到难以遏制的恐惧。假如它稍微聪明些，那么对于猎人而言，它就可能比老虎更危险。因为一枪命中并射杀牦牛的情形极为少见，必须多开几枪才能将它打死。故而猎杀牦牛离不开速射枪。当然，这里所说的都是壮年公牛，母牛和牛群另当别论，一听到枪声，它们就会立刻头也不回地跑掉。

话说回来，并非所有壮年牦牛都向猎人反扑，有的哪怕受了伤，照样会逃跑。这时最好是放猎狗追赶，狗会赶上牦牛，拖住尾巴，迫使它停住。于是暴怒的牦牛时而扑向这条狗，时而扑向另一条，顾不上理会猎人。更方便又安全的办法是，骑一匹好马去追一头或一群牦牛。马很容易就能追到笨重的牦牛。可惜荒原上缺乏草料，我们的两匹马都饿得快走不动了，所以骑马狩猎的乐趣我们从未体验过。

徒步打猎是另一码事，我和同伴们兴致盎然地投身于此，特别是初次遇见牦牛时。一大早，我们挎着速射步枪走出毡包，寻找猎物。不难发现数俄里以外的目标，如果用望远镜，更远处那黑色的庞然大物也清晰可见，我们有时也会上当，将黑色巨石误认为躺卧的野牦牛。不过，从舒尔干河开始，特别是在巴颜喀拉山和木鲁乌苏河两岸，到处都有许多野牦牛。我们的毡包附近时常能见到独处的和群居的牦牛，有的在吃草，有的在休息。

相较于其他动物，暗中贴近野牦牛并向它开枪，并非难事。由于这种动物的视觉和听觉都弱，哪怕在开阔地带，往往也能走到与之相距约三百步的位置，即使公牛（而非牦牛群）已发现猎人，也会让他进入这个距离。牦牛因为不曾被人追踪，并且相信自己的力量，故而不害怕猎人靠近，只是盯着他，时不时晃动粗大的尾巴或者向背部甩来甩去。无论家养牦牛还是野生牦牛，这样晃动尾巴都是气恼的迹象：它看见有人想搅扰它的安宁，顿时发起怒来。

当猎人靠得越来越近，牦牛就开始逃跑，并且时不时地停下来，朝着人这边看看；如果这时它被枪声惊吓或者中弹受伤，就会一口气狂奔好几个小时。

在山里有时可以更加贴近牦牛，仅仅与它相距五十步，只要风不是来自猎人的方向。而牦牛如果出现在开阔地带，我若想接近它，就得采用特殊的方法。距离牦牛三百步时，我就开始匍匐前行，同时把猎枪翻过来举在头顶，让枪上的瞄准架[1]看上去像兽角。而且我打猎时总是穿一件鹿皮缝制的西伯利亚翻毛上衣，这副装束颇能迷惑近视的牦牛，它每次都让我靠近到相距二百步甚至一百步处。

进入这个距离后，我用脚架支好猎枪，迅速拿出子弹，放在身边的帽子上，采取跪姿，开始射击。经常是刚一开枪，牦牛就惊慌逃窜，我便不停地扣动扳机，直到它跑出六百步以外，甚至更远。如果这是一头壮年的公牛，那么它往往并不逃跑，而是将脑袋一低，把一对角冲着我，尾巴向背部一甩，就向我扑来。牦牛进攻时表现得最愚蠢。它并非在逃跑或果断进攻这二者之间选择其一，而是在向开枪的方向跑出几步后，又犹豫地停下来，把尾巴一卷，马上又挨了一枪。于是它再向前冲，再停下，再挨一枪，直到挨了大约十枪或更多后死去，最终也不会冲到离我一百步远的地方。有时，中了两三枪后，牦牛开始逃跑，但是背后又挨了一枪，它就重新转过头向我扑来，随即又招来一枪。总之，在我们打死打伤的所有牦牛中，只有两头跑到了四十步远处，假使不被打死，还会跑得更近。但我们发现，牦牛进攻时离猎人越近，就越胆怯，越犹豫不决。

为了更详尽地介绍上述打猎活动，我来说说一头牦牛被猎杀的具体经过，而它的皮现在已经成了我们的收藏品[2]。

---

[1] 总的来说，在整个西伯利亚乃至蒙古，为猎枪配备瞄准架，绝非看上去那样毫无用处。相反，这种配件是不可或缺的，因为在山地或森林漫长而艰难的行走之后，即使枪法最高明的猎手，也很难直接凭借一只手托住枪来瞄准。——原注

[2] 我们从西藏带回了两头公牦牛的皮。这两张皮含角晾干后均为 7.5 普特（123 公斤），未晾干之前，头和脖颈处厚 0.5 英寸（1.3 厘米），连带角的重量超过 10 普特（164 公斤以上）。——原注

有一天黄昏，我们发现考察队的毡包附近，有三头牦牛正在吃草。我立刻向它们靠近，相距二百步时，我向其中最大的一头射击。枪声一响，牦牛撒腿就跑[1]。跑了大约五百步后，又停了下来。我再次贴近到相距三百步远处，又向那头牦牛开了一枪。它的两个同伴立即逃跑，但那两次受伤的巨兽没有跑，它不声不响地向我走来。我手握伯丹速射步枪，向牦牛连连射击，就像在打靶，甚至可以看见中弹的部位扬起灰尘；但受伤的牦牛仍然时而向我走近，时而又向前逃跑。我打完随身携带的 13 发子弹，把最后一发留在枪膛以防万一，然后跑回毡包取子弹，这时，它距我还有一百来步。我叫上同伴，带了一个哥萨克，三个人一同对付这头巨大的牦牛。当时天色已晚，对我们很不利，因为根本无法瞄准。

我们走近牦牛，只见它倒在地上，只有高昂的脑袋证明它还活着。我们距离它一百步时，一齐射击，牦牛立即跳起来扑向我们。我们用三支速射枪不停地向它开枪，但牦牛还是离我们越来越近，最后相距只有四十步。又是三枪齐射，可它晃了晃尾巴就跑了。它跑了约一百步后，又站住了。这时天彻底黑了，我决定停止射击，可以肯定，牦牛因多处受伤，夜里一定会死。第二天早晨，我们发现它果真已死了。我们数了数，它身上中了十五枪，头上中了三枪，头皮厚达半英寸（1.2 厘米），这三枪均未穿透厚厚的头骨。

还另一次，我在山上漫步，忽然看见三头牦牛，它们没有发现陡坡后的我，放心地卧着休息。我毫不犹豫地瞄准其中一头，开了一枪，顿时，三头牦牛都跳起来，却没明白是怎么回事，并不急于逃跑。第二发子弹再次准确命中，一下就打死了那头牦牛。它的两个同伴仍然站着，照旧挥动着尾巴。我第三枪打得也很准：打断了第二头牦牛的腿，于是它只能留在原地了。接着，我又瞄准第三头牦

---

[1]　群居的牦牛很少扑向猎人。——原注

牛，却未能一枪毙命。中了第一弹后，牦牛向我扑来，跑了将近十步，它就站住了。我又给了它一枪，它又向我靠近了一些。就这样，打了第七枪之后，牦牛颈前血流如注，这头巨兽终于轰然倒地，这时我们相距只有四十步。我朝那头腿被打断的牦牛补了一枪，轻而易举地打死了它。这样一来，只用了几分钟，我还没挪动一步，就打死了三头巨大的牦牛。我近前一看，向我扑来的那头牦牛身上中了七枪，都打在了胸部，像纽扣似的排成一行。如果您了解步枪子弹的可怕威力，就不难想象牦牛身体是何等结实，竟然身中七弹才倒地而死。

多次的经验让我确信，向牦牛肩胛骨下方开枪，效果最好，如果有可能，就向左侧射击，这样，即使相距二百步，子弹也能击穿牦牛的身体（弹头总是停在另一面的皮下），而且多半能伤及心或肺。不过伯丹步枪的小口径弹头即使穿透心脏，也并不能使一头壮年牦牛即刻毙命。受了致命伤之后，壮年牦牛仍能跑几分钟。如果射击它的头部，哪怕面对面，也几乎没有把握将其杀死；即使大口径子弹，也并不能总是击中脑部，只要稍有偏差，子弹就无法穿透头骨。每当牦牛向我猛冲过来，我都是打它的腿，因为打断腿，它立刻失去反抗的能力。

母牛和小公牛的生命力都特别强，可是猎杀母牛相当难，因为它们总是成群结队，无法每一次都向同一头牛开枪。而且牛群一向很警觉，暗中贴近它们比贴近独居的公牛难得多。这个冬天，我们总共猎杀了三十二头牦牛（不算受伤后逃走的），其中只有三头母牛。

蒙古人非常害怕野牦牛，他们说，在山谷里，香客的驼队如果遇见牦牛卧在那儿，他们就停下来，直到它起身离开。柴达木的蒙古人则经常猎捕牦牛。最吸引他们的主要就是这种动物身上肉多。十来个猎人结伴，翻过布尔汗布达山，或者继续前行，一直走到舒尔干河。蒙古人不敢和牦牛明着较量，而是藏在某个遮蔽物后面，尽可能暗中靠近牦牛，一齐开枪，然后躲起来，等着看随后会怎样。

一般情况下，牦牛受了伤，发现没什么人就走了。猎人就远远地跟着它，如果子弹打得准，那么第二天，或者再过一两天，即可发现死掉的牦牛。这种狩猎方式当然很少致命，因为用的是火枪，子弹威力远不及猎枪。如果受伤的野兽逃跑时碰到猎人拴着的马，就会用一对有力的角将它顶死。蒙古人除了食用牦牛的肉，还拿它的心和血治疗内科疾病，牦牛皮则运到丹噶尔城卖掉，用尾巴和身上的长毛搓绳子。

野牦牛，尤其是肥壮的小公牛和不产犊的母牛，肉味十分鲜美，但终究不如家养的牛，而老公牛的肉吃起来则很硬。

白腹盘羊（Ovis polii）是我们在藏北所见另一种出色的动物，大小与蒙古盘羊相仿，区别在于：双角的形状略有不同，胸腹部为白色，有很长的毛。在藏北高原，我们初次遇到这种动物是在刚翻过布尔汗布达山时，随后在舒尔干山和巴颜喀拉山又遇到过，但到处都不多见。蒙古人说，青海南山山脉和祁连山地额济纳河源头附近也有盘羊，但我们不知道是不是这种白腹盘羊，我认为很可能就是，因为祁连山地和青海境内许多山脉都具有藏北高原的特征。

白腹盘羊的生活习性很像蒙古盘羊，虽然栖息在海拔更高的高原，却并不喜欢险峻、陡峭的山，更愿意生活在山脉边缘乃至低矮的山里。在藏北地区，白腹盘羊与野驴和羚羊一起在山谷吃草也很常见。

与西藏其他野兽不同，白腹盘羊感官发达，非常敏锐，尽管几乎无人猎捕它。蒙古人极少猎杀白腹盘羊，如果有的话，也只是公羊。他们知道，用火枪无法一枪打死这种动物，而母羊则不会成为他们的目标。

白腹盘羊十几只聚为一小群，二三十只的大群不多见。每一群都有一只公羊，更常见的是两三只，带领和保护母羊。母羊无条件地信任"领导者"的警觉。只有当头羊预感到危险，开始奔跑时，群羊才紧随其后。头羊通常跑在最前面，跑几百步后站住，群羊也立即站住，紧紧挤成一堆，注视着出现险情的方向。这时候，公羊往往登上最近的山丘或峭壁，以便看清楚到底发生了什么。白腹盘羊的姿势简直美极了：匀称的体态清晰地投映在山崖，胸腹部在阳光下雪白发亮。

我屡屡问自己，牦牛和白腹盘羊哪一个更美？却总是不得其解，因为它们的美各不相同。牦牛庞大的躯体、巨大的角、流苏似的曳地长毛、拂尘似的尾巴，再加上黑亮的毛色，都使它显得格外出众；而盘羊体态均匀，头顶一对弯弯的大角，胸脯雪白，步伐矫健，无疑也是西藏荒原最迷人的动物。

早晨，盘羊在山上或山谷里吃草，太阳再升高一些，就找个视野开阔的背风的缓坡去休息。盘羊先用四蹄刨土，然后在刨松的土地上接连躺卧几个小时。如果一群羊都在休息，公羊就卧在一旁，以保持警戒；如果羊群中清一色是公羊[1]，那就全都躺在一起，但脑袋往往朝着不同的方向。总之，这种动物时刻保持着高度的警惕性，对它突然袭击绝非易事。猎捕盘羊，最好能先从远处发现它，辨清风向之后，从下风向悄悄靠近，但还得要一杆能远射的好枪，因为就连相距二百步向它射击的机会也不多。在西藏期间，我们总共打死了八只白腹盘羊，其中三只为成年公羊。

据蒙古人说，白腹盘羊在深秋发情，11 月末，我们来到西藏时，发情期已经结束，因而公羊之间关系和睦；而在恋爱季节它们却斗得不可开交，折断的角端和上面的伤痕即是证明。蒙古人告诉我们，盘羊幼仔于 6 月出生[2]。此外，蒙古人还说，有些特别老的公羊，角长得太长，角尖甚至伸到吻部的前端，影响到吃草，以至饿死。不知道这话有多少可信度，我只能说，在藏北地区，白腹盘羊的头骨

---

[1] 这种羊群中只有三四只公羊，不会更多。——原注
[2] 而蒙古盘羊的发情期在 8 月，小羊在第二年 3 月出生。——原注

很少见。

除了白腹盘羊和牦牛，藏北高原典型的动物还有羚羊，蒙古人和唐古特人称之为藏羚羊（Antilope hodgsenii）。雄性藏羚羊特别漂亮，体形比瞪羚稍大，体态挺拔，四肢颀长；头上挺立着两只黑色的大角，又细又长（23英寸，58厘米），前端带有深深的纹路，略微弯曲。冬季，藏羚羊头顶和头两侧、胸部两侧以及腿前面的毛呈黑色；颈前、胸腹部以及臀部的毛为白色，背部的毛为栗色。总之，远远望去，它好像完全是白色。雌性的体形比雄性小得多，头上没有角，身上也没有黑色[1]。

我们一翻过布尔汗布达山，就见到了藏羚羊，据蒙古人说，由此向南一直到唐古拉山，都是这种动物出没的地方。它们喜欢生活在山谷和地势起伏的草原，在西藏荒原上，数量仅次于牦牛。像牦牛和野驴一样，水对藏羚羊同样不可或缺，故而荒原中有溪流或泉水的地方才是它们的栖息之地。

藏羚羊通常以5—20只或40只为一群，几大群（有几百只之多）聚在一起（例如在特别好的草场上）的情形不多见。每一群都有几只年长的雄性，比雌性更有经验，也更警觉。逃跑时往往雄性殿后，似乎在做掩护，这一点与瞪羚之类其他羚羊亚科动物正好相反。无论安静地漫步还是飞奔，雄性藏羚羊总是竖起一对角，显得优雅动人。藏羚羊奔跑速度很快，从远处根本看不出腿在动。雄性藏羚羊甚至能摆脱狗或者狼的追赶，将它们远远甩在身后。

---

[1] 这里再补充一下壮年藏羚羊的特点：身高和体长均比普通羚羊多7英寸（18厘米），体态匀称，直挺的脖颈中等长度。吻部钝而宽，鼻孔位置接近口唇，两侧略厚，内部是空的隆凸，相当大；鼻孔大，略向下弯。四肢细长，尾巴不大，带毛的长度为9.5英寸（24厘米）。雄性和雌性两条后腿的鼠蹊部位有一些大的腺体，前腿鼠蹊部的腺体则不大；膝部和额头均无毛簇。雄性（未开膛）体重约3普特（49公斤），雌性为1.5—2普特（25—33公斤）。——原注

我们来到西藏时，正好赶上藏羚羊 11 月下旬至 12 月上旬的发情期。在此期间，成年雄性羚羊处于极其兴奋的状态，吃得很少，夏天积累的膘很快消耗殆尽。它被十几只雌性羚羊围聚，警惕地巡视着，不让其他竞争者勾引其中任何一只。一看见其他雄性，作为这个群体的合法统治者，它会把角一沉，立即扑上去，并发出断断续续的低吼。接着是一场殊死搏斗，那一对尖而长的角成了可怕的武器，因此，双方的伤势都不会轻，有时甚至可能送命。当其中一方处于弱势，它就逃跑，对方紧紧追赶。如果逃跑的一方看见对手追上来，就立刻掉转头来，用一对角迎接对手的撞击。有一次，两只羚羊正在决斗，其中一只被我打中，但对方仍不肯罢休，继续拼杀了几分钟，直到对方就地倒毙。

如果发情期内有一只雌性离群，那么雄性羚羊马上就去追，一边吼叫，一边竭力将它撵回去。这时候，另外一些雌性往往也开始逃跑，雄性羚羊就时而追这只，时而追那只，结果反而失去了自己所有的"妻妾"。剩下它孤零零的一个，生气地拼命用蹄子刨土，把尾巴卷成一个钩，低下脑袋，角向前抵，怒吼着，向其他雄性发起挑战。这种情景从早到晚地重复，而且一般说来，雌羚羊群体和雄性羚羊之间不存在固定关系，它们可以今天属于这个，明天却另有所属。

发情期一结束，雄性之间和好如初，有时还组成清一色的雄性群体，雌性羚羊也常常结为不包括雄性的一群，例如 1 月底，我们在舒尔干河谷看见一大群藏羚羊，大约有三百只，均为雌性。据蒙古人说，雌性在 6 月产仔。

如上所述，藏羚羊不够警觉，即使在开阔地带，它也允许猎人靠近到相距两三百步的范围内，甚至更近。它对枪声和子弹的呼啸声无动于衷，只是感到惊奇，然后悄悄走开，偶尔还停下向猎人张望。如同其他羚羊亚科动物，藏羚羊生命力顽强，哪怕身体被子弹穿透，往往也能跑出很远[1]。

猎捕藏羚羊比较容易，因为这种动物胆子大，主要生活在沟壑遍布的山谷。像舒尔干河谷这样的地方，藏羚羊多极了，速射步枪一天之内足够打一百五十枪或二百枪。能打死多少倒不一定，因为向猎物远距离射击，能否命中有时还得看运气。

蒙古人和唐古特人将藏羚羊视为神兽，喇嘛不吃它的肉。顺便提一句，藏羚羊肉鲜美异常，到了秋天更是肥美。它的血可用于医药，角可用于各种骗术。蒙古人根据角的纹路占卜吉凶。死去的喇嘛埋葬之后，坟墓周围会摆放羚羊角；普通人死了，则直接扔在野外，但是仍有羚羊角摆在死者周围。为此，从西藏归来的朝圣者经常把羚羊角带到喀尔喀高价出售。此外，蒙古人还相信，如果用角制成鞭杆，用来赶马，马不易疲劳。

还有一点：在所有北方蒙古人当中，都传说藏羚羊只有一只角，长在额头正中。在甘肃和青海，离西藏越近，当地人就越不同意这种说法，他们说独角藏羚羊是罕见的，一千只藏羚羊中可能有一两只。最后，到了柴达木，蒙古人一致否定独角藏羚羊的存在，同时声称，这样的藏羚羊生活在西藏西南部。如果到了那里，有人可能又会说，一只角的动物在印度，如此这般，最终可能确实会找到长有一只角的动物——犀牛。

藏北高原还有一种独特的羚羊亚科动物——因体形小而被蒙古人称作"阿达"的瞪羚，意即"小瞪羚"[2]。雄性瞪羚体长仅有 3 英尺 4 英寸（约 1 米，沿脖颈

---

[1] 有意思的是，从所有被打死的藏羚羊背脊后部皮肉下，我们都发现了许多硕大的虻虫幼体，这在藏北其他动物身上均未有发现。——原注

[2] 青海和柴达木地区根本没有瞪羚。——原注

弯曲处测量），身高约 2 英尺 10 英寸（86 厘米），体重不超过 1 普特（16 公斤），角很大，略向后弯曲，角前端有细而密的深纹。毛色主要为土灰，臀和腹部为白色，臀部上端和左右两侧是一圈窄窄的浅橙色的毛。

我们尚未进入西藏，就在大通河上游发现了这种羚羊亚科动物，更早之前，当我们接近甘肃的高原区时，在与之毗连的高低不平的草原上，似乎也遇见过这种动物。

瞪羚像藏羚羊一样，喜欢生活在起伏的高山草原带，尤其是多水泉的山谷。虽然这两种羚羊经常生活在一起，二者的特征却迥然有别。如果说藏羚羊在蒙古和藏北地区各种羚羊中举止最优雅，那么瞪羚则是跑得最快的一种。瞪羚一般以 5 到 7 只为一群，20 只一群的较少见。偶尔也能见到单只的雄性瞪羚。

瞪羚比藏羚羊警觉得多，特别是在有人出没的地方；只有生活在长江上游荒原区的瞪羚稍微胆大些。瞪羚跑得飞快，伴有频繁的蹦跳，蹦得也很高，蹦跳的样子就像一个橡胶球；一旦受到惊吓，就像鸟一样飞窜。

在始于 12 月底并持续一个月的发情期，雄性瞪羚之间相互驱赶，以免其他雄性亲近自己的母羊。但我们未曾发现它们像藏羚羊那样斗殴，妒忌的爱慕者所有报复行为也只是反过来驱赶对方。我们从未听见雄性瞪羚发出任何声音，它们相互驱赶时，也默不作声。有时候，特别是一旦发现人的踪影，雄性和雌性瞪羚都会打喷嚏。此外，雌性瞪羚受到惊吓时，偶尔会不连贯地发出高声尖叫，很像幼狍的叫声。

瞪羚经常在草原上挖一些椭圆形的坑，有的深达一英尺（0.3 米），可能晚上就睡在坑里（白天也有可能），因为坑里常有很多粪便。但也许这些坑不过是瞪羚发情期间在亢奋状态中挖的。

猎捕瞪羚比藏羚羊难多了，而且数量也少得多。瞪羚受伤后生命力同样十分顽强。瞪羚烟灰色的毛皮颇似土地的颜色，从远处不易被发现，暴露它行迹的往往是洁白的臀部或喷嚏声。像藏羚羊一样，瞪羚在暮色中视力较弱，猎人便有可能靠得很近。最后要说的是，这两种羚羊在光滑的冰面上都奔跑自如。

在藏北高原，我们遇到最多的食肉动物只有藏狼和沙狐。藏狼（Canis sp.）体形与普通的狼相当，毛色略有不同，为黄白相间[1]。很有可能，在甘肃被蒙古人称为"乔伯尔"的狼也属此类，只不过为数不多，而在藏北却很常见。辽阔的荒原、种类与数量繁多的动物，当然是狼在这里繁衍生息的先决条件。荒原上生活着无数野牦牛，每年都有不少是自然死亡，还有一些被小股的狼群捕食；藏狼也经常捕捉藏羚羊之类的其他动物。

藏狼比灰狼胆小得多，力气也小。我们的两条蒙古狗夜里经常与藏狼撕打，居然屡屡得胜。

除了生性怯懦，藏狼还特别放肆，惹人厌烦。几乎每天晚上，它们都要数次来到我们的毡包附近，想偷偷摸摸占点便宜。此外，我们猎杀的野兽（不包括牦牛）根本不能放在野外，哪怕放一小会儿，都可能被狼啃食或毁坏。有一次，在距离宿营地不足三俄里处，我的同伴打死了四只雄性藏羚羊，随后返回营地去牵骆驼，以便驮走猎物。等他把骆驼牵来，却发现所有猎物都被狼吃光了。在舒尔干河畔，我们把几磅黄油埋入碎石堆，打算返回时再取，但可恶的狼嗅到黄油的美味，就掀开压在上面的石块，连同布袋一起吃了。还有一次，我把滑膛枪和一些子弹留在山里，第二天到原地一看，枪和子弹都不见了，全被狼拖走了。枪在附近找到了，枪管却有射击的痕迹，显然是狼拖着枪走时，扳机碰到了石头上；至于子弹，就这样白白丢失了。

---

[1] 柴达木有不少灰狼，而西藏却根本没有。——原注

藏狼厚颜无耻，并非常警觉，距离很远就难以接近，不预先埋伏，就想在白天打死它，那可绝非易事；而且受伤的藏狼也有着顽强的生命力。总之，为得到一张藏狼皮，我们花了不少时间。后来，我在一头死的野驴旁边打埋伏，终于射杀了一只狼。

好几个晚上，我们荷枪实弹守在死牦牛旁，子弹没少用，狼却没打到一只。最好的办法是用番木鳖碱毒死狼，或者下套子捕捉，但两样东西我们都没有。顺便说一句，在西藏，用这两个办法可以捕到很多动物。

藏狼在每年 1 月发情期，但这时，一群狼仍然不会超过 10 到 15 只。它们的叫声很像狗吠，急促而尖细，时断时续，并且伴有嗥叫。

在藏北，狐狸难得一见，而它的近亲——沙狐（Canis corsac）则相对较多。

这种狡猾的动物同样生活在整个蒙古、甘肃、青海湖和柴达木地区，在青海湖草原上最多，因为那里有大量鼠兔，成为沙狐主要的食物。

我本人很少有机会研究沙狐的习性，因为它对人十分警觉。远远看见人后，沙狐不是撒腿就跑，就是趴在地上不动。一小群沙狐（8—10 只为一群，1 月中旬至 2 月上旬为发情期）准备逃跑时也这样趴着。发情期间，每天夜里和上午都会传来雄性沙狐难听的叫声，很像猫头鹰的鸣叫。沙狐居住在洞穴里，蒙古人和唐古特人就在洞口旁捉它。猎人在洞穴入口摆一堆石头或干粪，设置活套。像狗一样，沙狐习惯于朝着新遇到的东西小便，当它看见洞口旁有一堆东西时，就会朝那里撒尿，这样便落入了圈套。

如果把目光从哺乳动物转向鸟类，就会发现，藏北高原的飞禽非常之少。诚然，我们到来时已是隆冬时节，夏季的鸟都飞走了，但当地单一而恶劣的地理条件也是明摆的，不大可能在这里见到丰富多样的鸟类种群。在藏北地区度过的两个半月期间，我们只发现了 29 种鸟，其中只有一种河鸟未曾在别处见过，其他大部分都是甘肃的典型鸟类，还有小部分是青海特有的。而且我们在西藏高原发现的鸟，除极少数外，生活范围都在高原最北缘以内，也就是到舒尔干河为止；越过这一范围，在舒尔干河与木鲁乌苏河之间的高大台地，鸟类已然极其稀少。

藏北地区的鸟类当中，数量最多的是秃鹫、胡兀鹫，只要有动物被打死，它们马上就会出现；冬天有大群的红嘴山鸦，还有毛腿沙鸡、云雀、角百灵，以及可能只在这里过冬的朱顶雀；松鸦（Prodoces humills）和燕雀则在青海湖见得最多。

讲述藏北高原的动物，使我们中断了旅行故事，现在言归正传。

前一章结尾提到，我们在柴达木雇了一个向导，跟着他翻过了布尔汗布达山。一进入广阔的高原，哪怕一小件驮包，都会让骆驼感到吃力。为了尽量给骆驼减轻负担，我们把一部分储备（糌粑和面粉）留在柴达木，把多余的子弹和霰弹埋入布尔汗布达山附近的碎石堆。可我们的驮包里还是塞满了制成标本的兽皮，分量依然不轻，于是，两张准备收藏的牦牛皮也被埋藏起来，等返回时带走。

在藏北荒原度过的两个半月[1]，是整个考察过程中最艰难的日子。严寒肆虐的深冬、暴风雪、各样必需品的极度匮缺，再加其他种种困难——所有这一切，一天天消耗着我们的力量。我们的生活是不折不扣的"生存的斗争"，可是，一想到自己的事业具有重大科学意义，我们就恢复了胜利完成使命的精力。

为抵御西藏高原冬季的酷寒，我们一路上带着青海王叔父赠送的毡包。毡包的搭建、拆卸和收进驮包，确实给我们带来不少麻烦，但这个新屋子为我们挡住了暴风雪和严寒，比夏天的帐篷管用多了。

这顶毡包底部直径为 11 英尺（3.35 米），高 9 英尺（2.74 米），顶部有一个开口，代替窗户和烟囱。3 英尺高的门颇显逼仄，毡包内侧由三块毡子绷紧，顶上搭

---

[1] 算下来总共 80 天——从 1872 年 11 月 23 日（12 月 5 日）至 1873 年 2 月 10 日（2 月 22 日）。——原注

两块毡子。后来为了更暖和，我们把藏羚羊皮也蒙住毡包四周。

我们住所的内部陈设并不舒适，沿侧壁依次摆放着两只旅行箱（内装记事本、器具及其他必需品）、毡毯之类的卧具、枪支及其他物品。毡包中央是烧干粪的火炉，架在三脚铁上。除了深夜，炉子一直都烧着，既可烧茶做饭，又可用来取暖。毡包周围的木格和顶部的梁木下面，渐渐塞入这样那样的东西，尤其是晚上睡觉时，横梁上挂满了靴子、袜子、包脚布之类的"饰物"。

在这样的住所中，我们熬过了在藏区冬日旅行中的艰难时光。

每天清晨，天亮前两个钟头，我们就起身点着干粪，烧好浓茶，与糌粑一起当早饭吃。偶尔也变换花样，按照哥萨克的方法，将面粉放入油锅炒熟，加盐与砖茶同煮，做成类似油茶的食物，或者在滚烫的粪灰里烤小麦饼。天亮时，开始收拾行装上路，将毡包拆除并打包，与其他行李一同装驮。这要用掉一个多小时，以至刚踏上旅途，就已经疲惫不堪。与此同时，面对砭人肌骨的寒气和冷风，根本无法骑马，但步行同样吃力，何况身上扛的枪支、背负的行囊、随身携带的子弹，加起来将近 20 磅（8 公斤）。高原上空气稀薄，每增加一磅的重量，都要消耗不少力气，每迈出一小步都着实不易，令人呼吸困难，心跳加剧，手脚发抖，时常感觉头晕目眩，想要呕吐。

所有这些情景再加上一点：经过两年的长途跋涉，我们保暖的衣装已经满是补丁，无法抵挡严寒，却又没地方购买新装，只能依靠这身破烂的皮大衣和同样"保暖"的长裤将就度日；我们的靴子也早就穿破了，于是从打死的牦牛身上取几块皮缝补靴筒，穿着这种"漂亮"的鞋子，挺过极冷的日子。

每当正午，经常狂风大作，飞沙走石，我们还没走出 10 俄里，便难以前行，只能暂时停下来。但即使顺利，遇到好天气，在藏北高原上行进 20 俄里，也比在低海拔低地区走两倍路程更辛苦。

到宿营地之后，必须卸下驮包，搭起毡包，这道程序又要耗用将近一个钟头。然后捡干粪，用剁开的冰块烧水，饿着肚子、精疲力竭地等待茶烧好。贪婪地吃起混合着糌粑和黄油的浆糊汤，这种浆糊虽不可口，却能填饱饥肠，所以我们还是心满意足。

吃过早餐，如果天气好，我和同伴常去打猎；或者我写日记，几个哥萨克做午饭，这就需要重新剁冰，砍开石头一样坚硬的冻肉。这两样东西都放入一只预先用碎皮子填补并涂上糌粑的破碗里。我们仅有的餐具就是这只碗和一把茶壶，还动不动就被弄破，不得不天天补洞，后来为了让碗和壶更牢固，我们用伯丹步枪的铜弹壳做了修补。

午饭通常在傍晚六七点钟做好，这是一天中最奢侈的一餐，可以尽情吃肉。确实，我们打了许多猎物，足够几百人食用[1]。但我们并非顿顿吃肉，因为肉总是冻得很硬，将肉解冻以及融冰烧汤都颇费时间。加之空气稀薄，干粪在西藏高原上燃烧不充分，热效应差，水的沸点仅为85℃，肉很难煮熟。

午饭或晚饭后，还有新的工作。由于所有水注和溪流几乎彻底冻结，又没有雪，每天都必须融化两桶冰水，饮我们的两匹马[2]。接着是最难捱的时刻——漫长的冬夜。忙过一整天，似乎终于可以睡个安稳觉了，但事实并非如此。我们常常劳累过度，浑身像散了架，在这种似病非病的状态下，难以安静地歇息。空气十分稀薄、干燥，睡觉时越发感觉呼吸困难[3]，口舌发干，仿佛陷入一场噩梦。

---

[1] 我们总共打死了76头大型动物（打伤的至少比这多一倍），其中牦牛就有32头。如果每头牦牛重25普特（410公斤），其他动物每只重2普特（33公斤），那么，在两个半月内，我们总共猎取了大约900普特（14.7吨）的肉。——原注

[2] 有时候，如果没有雪，我们就把冰敲碎，给骆驼喂碎冰块。——原注

[3] 在藏北高原，只有将枕头垫到最高或半坐着才能入睡。——原注

顺便说一句，我们的铺盖就是一条沾满灰尘的毡子，直接铺在冰冻的土地上。这样的卧具，如此寒冷的天气，在没有火的毡包里接连躺上十个钟头，绝不可能安然入睡，哪怕暂时忘却眼下的困境也做不到。

打猎的日子过得相对愉快，遗憾的是，严寒和频繁的暴风雪严重妨碍打猎。每天都有这样的情形——一场风还未变成风暴，仅仅显出中等威力，就足以使打猎无法进行，更别说冷得要戴护耳、连指手套，穿上皮袄，整个行动非常不便。由于风是扑面而来[1]，眼里忍不住流泪，不利于瞄准和速射。而双手也经常冻僵，如果不暖和一下，很难把子弹装入枪膛。此外，酷寒也会使枪膛卡得很紧，扣过扳机后，空弹壳进不出来，只能用通条去捅。斯奈德步枪常有这种情况，伯丹步枪则没有，不过，后者经常因为严寒及枪膛内的尘土而哑火，只有再次扣动扳机才会射出子弹。

另一个影响打猎的主要原因就是空气稀薄，人很容易产生疲劳。不过，这座高原上野兽非常之多，一般不需要到很远处寻找猎物；我们经常在距离毡包一两俄里的地方去打猎。但有时候我们太过投入，直到晚上才回到营地。有一次，我的一个同伴就这样着了魔似的追逐猎物，腿部受了冻，一个多星期都无法行走。

在我们度过的两个月（12 月和第二年 1 月）里，藏北高原的气候特点是：酷寒、无雪、沙尘暴频繁。

虽然这里比欧洲最温暖的国家（北纬 36 度）更偏南，这一带的严寒却更像遥远的北方。夜里寒冷异常，气温降至零下 31℃。不过，日出后气温回升也快，正午时分，温度计显示，气温有四次上升到零度以上。

---

[1] 打猎时迎风行走，是为了避免野兽嗅到气味。——原注

这里很少下雪，即使有雪也不大[1]，每次落下的雪花像干燥的砂粒。雪的厚度往往只有一英寸，随后就会连同沙土被狂风席卷，太阳一晒就融化了。总之，在藏北荒原上，整个冬天都降雪稀少，就连山顶也只有北坡一侧才有少量积雪。

除了严寒和无雪，冬天的另一特点是沙尘暴多发[2]，并且只有西风或西北风。沙暴总是发生在白天，往往从微风开始，越来越猛烈，临近中午时，风力已达到可怕的程度，就这样直到太阳西沉，空中沙土弥漫，遮天蔽日，几百步外的高山也隐没不见。狂风掀起滚滚尘沙和碎石，仿若雪花在暴风雪中飞舞。迎面而来的风吹得人睁不开眼睛，难以喘息，加上空气中聚集着大量沙尘，呼吸越发困难。总之，这时的天气状况就连放出去吃草的骆驼也受不了，它们会不顾饥饿，直接躺倒在地上。

但风暴出现时，温度计却显示略低于零度，有时竟在冰点以上，原因是太阳晒热的沙尘随着风暴飞扬，增加了空气的温度。

日落时分，风暴通常断断续续地停息，但沙尘依然在空气中蔓延，甚至夜里只要刮起微风，次日清晨，天地之间就染成了一派昏黄。

我们在藏北的同行者是蒙古人楚通赞巴，经过柴达木时，我们雇他为向导。此人曾经是个章京，即满清官员，五十八岁年纪，九次带领商队去过拉萨，因此他对路途非常熟悉。

---

[1]　而在别的年份，据蒙古人说，这里也经常下大雪。不过，西藏的雪积得未必有多深，因为如果积雪很深，栖息在当地的食草动物就找不到食物，一定会饿死。——原注

[2]　12 月里共有 10 场暴风雪，次年 1 月有 18 场。——原注

翻过不算太高的巴颜喀拉山脉[1]，我们终于在 1873 年 1 月 10 日抵达长江畔，蒙古人将这条河的上游称为木鲁乌苏河，唐古特人称之为德曲[2]。它发源于唐古拉山，流经藏北高原，向东流出高原，很快变得气势磅礴。木鲁乌苏河水流湍急，我们到达的地点是它与那木七图乌兰木伦河汇合处，宽 107 俄丈（228 米），但算上河滩和支流的宽度，两岸间的距离便是 800 俄丈（约 1700 米）。据我们的向导说，每逢夏天雨季来临，这里成为一片汪洋，河水有时甚至漫过河岸。水位在秋天回落，但也仅有个别河段能蹚过去[3]。

木鲁乌苏河河谷宽度不足 2 俄里，有的地方还更窄。去西藏的路就是沿河岸逆流延伸，一共十天行程，也就是说，终点接近于这条河在唐古拉山的源头[4]。这里同样杳无人迹，只在木鲁乌苏河岸旁，在那木七图乌兰木伦河口上游 150 俄里处，有一个唐古特人的游牧点，生活着大约 500 人。从河口往下游方向行进 400 俄里左右，有一个唐古特人定居点，人口相当稠密，居然以农耕为生。据蒙古人说，这一带气候温暖，所以地势可能也比藏北别处低了许多。

长江上游是此次内亚之旅的尽头。虽然距离拉萨只有 27 天行程，即 800 俄里（850 公里），我们却再也无法前行。我们那 11 峰骆驼受不了西藏荒原的艰辛，倒

---

[1] 巴颜喀拉山的山口坡势平缓并且不高。如果沿那木七图乌兰木伦河谷行进，就不用翻山，我们就曾经这样走过。但在自己的著作中，古伯察神父却将巴颜喀拉山写成了一座难以逾越的大山。他说自己有时候不得不扯着马尾巴，将它向上赶，才能攀上陡峭的绝壁。参见《鞑靼西藏旅行记》第二卷，第 220—223 页。——原注

[2] 后者意即"牛之河"，可能由于这里野牦牛多而得名；蒙语名称的意思是"河水"，因为"木尔"为"木伦"（即"河流"）的缩写，而"乌苏"意即水（"木鲁乌苏"还可以解释为"猫之河"）。——原注

[3] 离那木七图乌兰木伦河河口最近的渡河点，位于木鲁乌苏河上游 30 俄里以外。——原注

[4] 所有驼队都走这条路，如果骑牦牛，可选择另一条路，不必沿木鲁乌苏河往上游进发，只不过，需要翻越不少高峻的山岭。——原注

毙了 3 峰，其余的还能勉强支撑。我们的资金已经告罄，返回途中，在柴达木换掉几峰骆驼后，总共只剩下五两银子，而前方还有数千俄里的路程。有鉴于此，不能拿已有成果去冒险，我们决定先回到青海和甘肃，在这里挺过春天，再沿原路前往阿拉善，没有向导也无所谓。

虽然我们早已决定返回，但与长江告别之际，依然难免伤感。因为我们知道，并非由于自然和人为，只是资金短缺，致使我们无法抵达西藏首府。

第十三章 青海湖和祁连山地的春天

【1873年2月10日（22日）—5月28日（6月9日）】

柴达木早春的来临—青海湖的冬日景色—候鸟极其罕见—湖水迅速解冻—从青海到却藏寺—4月的气候—雪鸡和高山兀鹫—5月的山地生机盎然—蓝马鸡—旱獭—熊—山地植物对气候变换的适应性

2月上旬，我们结束了藏北荒原的艰辛旅程，回到柴达木平原。气候方面，这片平原迥异于此前的高原，越过布尔汗布达山后，几乎每走一步，都能感觉天气更暖和，越来越像是春天了。

甚至还在舒尔干山时，就能感受到相对温暖的柴达木平原对邻近西藏的地区之影响，只不过，直到我们返回时翻过舒尔干山，来到北坡，气候才变得温和了。诚然，夜间时有低至零下28.5℃的严寒，但白天日照比较强，2月17日，在布尔汗布达山毗连西藏一侧，已经出现了春天的第一批昆虫。起初，在沿着木鲁乌苏河向舒尔干山进发的日子里，白天一直相当暖和；自从我们翻过这座山，登上乌彦哈尔扎河（音译）对岸的台地后，严寒和风暴就开始了。

柴达木属于极端大陆性气候，春天来得很早。例如 2 月中旬，夜间气温会降至零下 20℃，而白天的背阴处，气温有时可达 13℃。太阳一出来，冰到处在融化，2 月 10 日，第一批候鸟——海番鸭出现了，三天以后，绿头鸭飞来了[1]。紧接着，秋沙鸭、赤颈鸫（Turdus ruficollis）和大天鹅陆续来到。每天早晨，都能听见小鸟啁啾和锦鸡求偶声，一句话，春天动情地宣示着自己的权利。

然而，这些美好的日子时常遭到寒潮乃至雪和暴风的侵扰[2]，暴风通常自西而来，从平原上卷起滚滚尘沙，铺天盖地。风暴停息之后，沙土在空气中经久不散，仿佛弥漫的烟雾。

由于夜间持续的低温和寒风，春天放缓了生命的进程，2 月底，柴达木一如半个月前，并无明显变化。尽管 3 月开初候鸟已有 13 种之多[3]，数量却十分有限，某些种类的鸟经常只见到一两只。这些鸟究竟要飞得多块，才能穿越终日凄寒、缺少食物和水源的藏北高原，从过冬地来到这里！

3 月初，我们来到青海湖畔，当地气候比柴达木晚了将近一个月，大自然没有多少苏醒的迹象，湖水冻得结实，湍急的布哈河冬天结下 3 英尺厚的冰层，也仅有局部的解冻。候鸟少于柴达木。

青海湖和柴达木相互毗邻，气候条件各不相同，主要原因在于：首先，青海湖流域的海拔比柴达木高；其次，青海湖的开阔水面影响到周边。这二者对青海湖地区的负面作用如此强烈，就连当地人也发现，与柴达木相比，青海湖一带的气候

---

[1] 这种鸟有一部分在柴达木不上冻的温泉沼地里过冬。——原注

[2] 2 月下旬，柴达木地区下了四场雪（絮状的，而不是藏北那种干燥的砂粒似的）。——原注

[3] 这些鸟分别是：赤颈鸭、绿头鸭、朱顶雀、秋沙鸭、赤颈鸫、大天鹅、绿翅鸭、凤头麦鸡（Vanellus vanellus）、大白鹭（Ardea alba）、灰雁、针尾鸭（Anas acuta）、草地鹨（Anthus pratensis）和蓑衣鹤（Grus virgo）。——原注

更严酷。

我们决定在青海湖畔停留到 4 月上旬，以便观察候鸟，为此选择了布哈河口。在湖和河近旁一块沼泽地边上，我们搭起毡包。周围是一片丰美的草原，可为我们的马和骆驼提供充足的草料，而且布哈河两岸遍布柽柳丛，它们也都爱吃。

这个季节的青海湖呈现出不同于去年秋天的画面。光洁耀眼的湖冰取代了幽蓝的咸水，宛若一面巨大的镜子，镶嵌在周围群山和草原的深色边框中。辽阔的冰面像地板一样平整，看不到融化的痕迹和成排的冰块，只是散落了少量的雪。在某些不甚平坦的地方，冰层在阳光下熠熠生辉，从远处看，让人误以为是未结冰的湖水。

在野驴、瞪羚和唐古特人的牲畜踩踏之下，湖岸上的草原几乎全毁了，显出一派枯黄。唯有频繁发生的海市蜃楼能打破这片单一的色调，有时候，这种幻影具有强烈的迷惑性，甚至会使猎枪难以向瞪羚或野驴远距离射击，因为野兽会变得像飘在空中，个头也比实际大一倍。

我们建起了自己的宿营地，幸运的是，附近没有蒙古人，也没有唐古特人。我们每天在青海湖周围和布哈河岸边展开观察，等待着候鸟的来临，可惜一天天虚度过去，候鸟的种类和数量却十分有限。我们游荡在河边和湖畔，猎获的动物很少，有时甚至不够填饱肚子，更别说用于收藏的。而且 3 月份的上半月，天气依然寒冷，经常下雪，狂风大作。

我们偶尔也在布哈河湾钓鱼，收获比打猎丰富得多。虽然只有一种鱼——高原裸裂尻鱼（Schizopygopsis nov.sp.），但数量极多。有一次，我们用一张 3 俄丈长的拖网捕了 136 条，每条长度都有 2 英尺（0.6 米）左右，重约 3 磅（1 公斤多）。捕来的鱼连同鸟和瞪羚是我们仅有的食物。但这种鱼的鱼子有毒，我们第一次吃过之后，夜里就开始恶心，伴有剧烈的腹泻和腹痛，幸亏给我们打杂的蒙古人没有吃；他生了火，让我们热敷腹部。在路边一家药店里，找到了一种不错的抗霍乱药水，我们服用之后，第二天就恢复了。

从 3 月后半段开始，天气逐渐转暖，3 月 17 日，布哈河下游彻底解冻，但青海湖上除了河口有少量的浮冰，其他各处仍未解冻。湖冰在阳光下均匀地融化，越来越软，终于，3 月 25 日一场狂风，撕开了冰封的湖面。第二天，湖上到处是融化的冰水和大块的浮冰。有的浮冰涌向岸边，有的堆积在尚未开裂的冰面上，还有的被风吹送到西面的湖湾里，一个星期后，所有的浮冰都从湖面上消失了。

白天的天气越来越暖和，但夜间仍旧寒冷，气温达到零下 12.3℃。日落后，气温急骤下降，等到早晨又迅速回升。整整一个月，几乎每天刮风，以东风和西风为主。东风总是很微弱，将寒气从湖面吹向西岸；西风虽然是暖风，但有时会形成风暴[1]，使天空中沙尘弥漫，经久不散，像柴达木的情况一样。

3 月下旬，归来的候鸟依然稀少。截至 4 月 1 日，共有 39 种候鸟（包括柴达术一带的）[2]，每种数量均十分有限，以至在整个 3 月羽族大迁徙的时节，我们未见过大群的天鹅、野鸭或其他鸟类。河边和湖岸上鲜有生机，看不到春天忙碌的鸟群。像冬日里一样，早晨的开始和夜晚的降临悄然无声。只有海番鸭、天鹅、渔鸥或野鸭在孤单地鸣叫；偶尔传来大云雀嘹亮的歌声，青海湖沉寂的四周才增添了少许生机……

---

[1] 3 月期间，青海湖地区刮过六次风暴，但强度不如西藏和蒙古东南部的风暴。——原注

[2] 3 月期间飞临青海湖的鸟类有：3 月 1—10 日——鸲岩鹨、河乌、疣鼻天鹅（Cygnus olor）、鹊鸭（Bucephala clangula）、棕头鸥（Larus brunnicephalus）、渔鸥、斑头雁（Anser indicus）、凤头潜鸭、鸢；3 月 10—20 日——鸬鹚、麻鸭、琶嘴鸭（Anas clypeata）、长嘴麻鹬（Numenius americanus）、红头潜鸭、反嘴鹬、灰雁；3 月 20 日—4 月 1 日——赤颈鸭、黑尾塍鹬（Limosa melanuroides）、红脚鹬（Tringa totanus）、玉带海雕（Haliaeetus leucoryphus）、白头鹞（Circus aeruginosus）、鹡鸰（Motacilla sp.）、田鹨、赤喉鹑（日本鹌鹑，Coturnix japonica）（以上日期均为旧历）。——原注

总之，青海湖的春天辜负了我们的期待，我们在这里见到的鸟远不如两年前在达里诺尔湖见到的多。很可能是鸟群绕过海拔较高的青海湖，飞往更靠东北的方向（一部分可能向更西部飞去），飞往黄河河谷和中国内地。这种路线显然对鸟类更方便，因为可以避开甘肃境内的高山，躲过阿拉善的风沙。有个现象或许能证实这一推测：在青海湖，我们未曾发现鸿雁、豆雁（Anser fabalis）、罗纹鸭（Anas falcata）、苍鹭（Ardea cinerea）、骨顶鸡（Fulica atra），当初在黄河北套却时常见到。

由于青海湖一带候鸟极少，我们不得不改变在此停留至4月上旬的计划，于4月1日提前离开布哈河口宿营地，沿去年秋天来时的路前往却藏寺。实际上，另一条路也通了，而且更好走，中途经过丹噶尔城[1]。但我们深知，在中国人中间旅行是何等"愉快"，故而决定宁可再次经历走山路的艰辛，也要避开那些人口稠密的地方。

在布哈河口停留的一个月期间，我们更换了骆驼，为下一步行程做准备。我们拿去年秋天用过的毡包跟蒙古人换了几副急需的骆驼鞍子。返回柴达木途中，一大半骆驼已经难以继续前行，当时我们就把它们折价跟唐古特人做了交换，结果只剩下五两银子，可是还得再买三峰骆驼，以顶替死在西藏的骆驼。无奈之下，我们采取了非常措施，将几把手枪卖给了唐古特和蒙古官吏。我们原有十来把手枪，用其中的三把换了三峰健壮的骆驼，两把卖了六十五两银子，这些钱能保证我们在青海和甘肃度过春季的三个月。

不管怎么说，我们总算重新组织了自己的驼队，并于4月1日离开青海，前往却藏寺。

---

[1] 中国军队已经从东干人手中夺回了西宁和三关。——原注

一进入祁连山地，气候就急剧变化。终日降雪取代了干燥的空气，土壤也如同去年秋天，像海绵一样饱含水分。3月末，春天的植物已然出现在青海湖畔，这片山区却并无一丝痕迹。河流和小溪还结着冰，夜里气温相当低[1]。候鸟甚至比青海湖还少，因为鸟类大迁徙尚未开始，偶尔才能见到零星的几只。总之，这个时节的祁连山地，与我们去年秋天10月中旬所见别无二致。

山路比去年更艰险，因为地面夜里上冻，白天就化了，骆驼走在上面很不方便，加之几乎天天下雪，融化之后使道路更加泥泞。只有最高几座山峰的北坡上还有去年冬天的积雪[2]。由于空气湿度太大，我们的行李变重了许多，这无疑增添了骆驼的负担。每天夜里，骆驼只能躺在湿地上，有时几乎睡在水洼里，很快就开始咳嗽和消瘦。我们一直在步行，因为马未钉铁掌，时常跌倒在滑溜溜的山路上。而我们自制的靴子上也缀满了小块的牛皮，几乎与驼蹄没有多少区别，在泥泞山路上走起来并不比骆驼强。此外，我们还曾两次横渡大通河：第一次是从沉积在河底的冰面上走过；第二次是冰河解冻之后，蹚过4英尺（1.2米）深的河水。大通河水流湍急，水下布满大块的鹅卵石，一旦骆驼脚底打滑，就可能被激流卷走，连同驮着的各种标本。除了既有工作之外，如今又多了摄影这一项，这是我从长江岸边返回时开始的。在起初的考察途中，我没有拍照片，以免引起向导怀疑。

沿途山区已没有东干人的队伍，我们却可能与中国士兵发生不愉快的相遇，果然，在去年东干人企图袭击我们的地方，很快就遇到一队从三关前往大通城的

---

[1]　4月上旬，夜间气温为零下10度左右。——原注

[2]　祁连山区之所以积雪少，甚至早春也如此，是因为冬季降雪量本来就不大，而3月甚至2月，这里的日照已经相当强烈，在晴朗无风的日子里，太阳一晒，雪早早就融化了。——原注

霍汤（回回）士兵。我们向军官出示护照，一不留神，几个士兵从我们马鞍上的皮囊里偷走了一把手枪。对这种公然的窃取，我们提出了强烈抗议，尽管只能用手势表达，但中国军官还是明白了，我们打算到北京告他们，便命令士兵返还所窃之物。然后，他本人向我们索要火药，我们给了他几十发子弹。军官总算心满意足，与我们友好地分了手。

4 月 15 日，我们到达却藏寺，在那儿住了两天之后，前往去年夏天考察过的天堂寺周围山区。

从 4 月中旬起，春天有了好转的迹象：4 月 9 日，第一批蝴蝶出现了；4 月 11 日，我发现了第一朵花——水苏草（Ficaria sp.）。一些烧过的荒地，尤其是南坡上的，开始冒出绿色，小鸟纷纷飞来，在却藏寺附近，见到了翻耕的农田，有的刚播下种子（大麦和小麦），有的已长出庄稼的幼苗。甚至还下了一场雷雨（4 月 14 日）[1]，虽然伴有暴风雪，但滚滚雷声毕竟说明盼望已久的春天终于来临。不过，植物的变化依然缓慢，因为直到 4 月下旬，夜间气温还低至零下 9.4℃。截至 5 月 1 日，已有 12 种植物开花，但每个品种的数量都很少，几乎都是单株，散落在避开风雪和严寒的石块底下或灌木丛里。而风和雪是 4 月的主宰，一个月里共有 17 个雪天[2]，雨却未曾下过。风几乎日夜不停，主要是东风和西风，并且昼夜变换风向。风力偶尔可达台风的强度，刮风及风停以后，空气中尘沙弥漫，很可能就来自邻近的沙漠。

虽然大气降水量和土壤湿度都很可观，但山里各条小河的水量显然比夏天少，不少溪流已经干涸。干湿计显示，在没有雨雪的日子里，空气非常干燥。潮湿可

---

[1]　4 月份只有过一次雷雨。——原注

[2]　在我们的营地附近有 17 天下雪，在同一海拔其他各处几乎每天都有阵雪。——原注

能是由于冬季上冻的土壤中渗入不少降水；晴天空气干燥是由于受到邻近沙漠气候的影响，这个时节的沙漠最为干燥。

整个 4 月，几乎没有一天好天气。有时候，上午倒还晴朗温暖，一到傍晚，便不是刮风就是下雪，气温也骤然下降。我们观测到的 4 月里最热一天是 4 月 12 日，背阴处气温为 20.4℃，而去年同期，在黄河河谷，气温则高达 31℃。根据 1871 年的观测，即使在蒙古东南边缘张家口附近，4 月最高气温也达到 26.3℃。

由此可见，像夏秋两季一样，甘肃的春季既寒冷，降水量又大。其他地区常见的好天气，在这一带（至少在山区），一年到头却从未持续过一个月。总之，这里的气候特点是春季多雪，夏季多雨，秋季又是连绵的降雪，冬季酷寒而多风，尽管一般是晴天。

我们从却藏寺出发，沿大通河南岸进山后，在依然少有复苏迹象的高山上度过了 4 月下旬。在此时节，偶尔确实有成群的小鸟在草地或悬崖边停歇，但并未发现大群鸟类的定居；它们暂时还栖息在相对温暖和低海拔的山谷里。植物的生命刚开始萌发，只见到两种花：水苏草和报春花。每当在山间草甸或未消融的冰雪旁看见这些花朵，我们不禁感到惊奇，植物对恶劣气候的适应能力竟如此之强。在高山带乃至较低的山谷，我也曾多次看见报春花、龙胆、鸢尾花等，在零下 9℃ 的严寒和夜里厚厚的积雪之下顽强生长。白天，只要一出太阳，这些春之子就依旧绽放，仿佛急欲享受生命和宝贵的温暖，因为要不了多久，寒冷和暴风雪就会卷土重来。

由于夏季的候鸟尚未来到，生活在半山腰上的典型鸟类除了红嘴山鸦和旋壁雀外，当数雪鸡（Tetraogallus tibetanus，藏雪鸡）和高山兀鹫。

雪鸡，我们在蒙古从未见到，却广泛分布于祁连山脉、青海湖周边及西藏地区。雪鸡仅仅栖息在海拔超过 10000 英尺（3000 米）的荒凉绝壁和岩屑层之间，而不会低于这个高度。山岩越险峻，岩屑层铺得越开，似乎越适合于这种大小和雌性松鸡相仿的鸟儿。

春天，雪鸡成双成对，其他季节孵幼雏或十来只为一小群，从不结成大群。

雪鸡生性活泼，响亮的鸣叫终日不绝，给幽寂的高山平添生机。这叫声很像母鸡叫，偶尔夹杂着拖长的啾啾声，飞行中还经常发出时断时续的独特鸣叫。不过，雪鸡像所有鸡形目鸟类一样，不喜欢飞而善于跑。雪鸡随便就能从猎人眼前逃走，猎人则很难在危岩绝壁间迅速追上它。顺便再提一句：雪鸡几乎不会被当地猎人追猎，但依然十分警觉。打杀雪鸡可绝非易事，况且它还特别能忍耐创伤。另外，雪鸡羽毛呈灰色，卧在一堆碎石中，根本看不出来。

每天清早和傍晚，雪鸡飞到山崖和岩屑之间的草地上吃野草。雪鸡只吃植物类的食物，吃得最多的是遍布高山草甸的黄色野葱。我从捕获到的雪鸡嗉囊里未曾发现过昆虫。雪鸡幼雏一窝往往有 5 到 10 只，受到成年雪鸡的精心养育和保护。一旦有危险，特别是当雏鸟还小时，雄性雪鸡和雌性雪鸡会像山鹑一样，假装生病或受伤的样子，在猎人跟前跳来跳去，并与之保持二十步的距离。除了抚育后代的成年雪鸡，夏天还经常能见到一对对没有幼雏的雪鸡，它们的卵或许是冻死了。毫无疑问，这种情况颇为常见，而这也正是祁连山地和藏北高原雪鸡数量不太多的原因。

高山兀鹫是祁连山地另一种有特色的鸟类[1]，习性与其他兀鹫相似，翅膀强健和贪食是它两个主要特点。

每天上午艳阳高照之时，高山兀鹫才从过夜的绝壁上睡醒[2]，先是贴着山脊

---

[1] 在祁连山中，偶尔才能见到秃鹫。——原注
[2] 像其他兀鹫一样，在一段时期内，高山兀鹫会选择同一个地点过夜，这种地点所在的峭壁上总是有大量的白色粪便，远远就能望见。——原注

低飞，然后盘旋着升向辽阔的苍穹。有时，我们的帐篷就搭在 12000 英尺（3658 米）的高处，我就用一副性能很好的望远镜观察兀鹫的翱翔，最终连望远镜都望不见了。这种翼展将近 10 英尺（3 米）的鸟儿飞得真高啊！更令人惊异的是兀鹫灵敏的视觉，地面上微小的动静也能认得一清二楚。一旦发现山谷里有乌鸦和老鹰在某个死去的动物周围忙乎，它就将翅膀一收，任凭身体像块石头，从云层中倾斜着坠向大地，坠落速度非常之快，甚至能听到一种特别的声音，动作却很灵活：快到地面时，它张开强有力的双翼，悄然落在尸体旁。其他兀鹫从空中看见同伴的举动后，顿时明白过来，也像石头似的纷纷砸向地面，在那尸体旁，立刻聚起数十只巨大的兀鹫。真是匪夷所思的一幕！接着便是一场纷争，兀鹫展开翅膀互相威胁，但不至于动真格的。如果动物尸体各个部位都还在，兀鹫就先吞吃内脏和肠子再吃肉，直到饱得不能再饱，才退到一旁，观赏着刚来的同类加入宴席。一些体形略小的食肉鸟类——鹰、乌鸦和喜鹊，不敢靠近美味，只能待在边上，急切地等待这群庞然大物饱餐后离去。兀鹫们吃饱后，吃力地张开翅膀，飞到附近的山崖消食去了。

甘肃的高山兀鹫很多，因此我们总是纳闷：这些鸟从哪儿能弄来这么多食物。何况夏天阴雨连绵，云雾笼罩群山，从远处发现猎物极其困难，有时甚至不可能。或许，兀鹫在这个时节只有远赴天气晴朗的去处了。这种强大的鸟儿，几乎无需扇动双翅，就能在白云下盘旋一整天，飞个数百俄里不成问题。高山兀鹫虽然很警觉，却又特别贪吃，甚至身上挨了几枪，也要回到尸体旁。

这种鸟忍耐创伤的能力不可思议。有一次，一群兀鹫飞来吃死尸，距离我们不过五十步，我和同伴连发了十二颗霰弹，居然一只也没打死。

不过，借助诱饵和隐蔽点，拿子弹打兀鹫倒也不难，只要尽可能埋伏得不露痕迹。最好找个不大的洞穴，用灌木枝遮住入口；诱饵可以是猎物或倒毙的动物，如果没有，那就找一块刚剥好的毛皮，上面放置动物的肠子或其他内脏。诱饵须放在隐蔽点七十步以外或更远处，这样的距离用子弹容易打中落地的兀鹫，猎人也不用害怕弄出声响，可以自由地翻身，甚至还能悄悄咳嗽。去隐蔽点的时间不宜早于上午八九点，因为兀鹫这时才飞离从过夜的峭壁。隐蔽点应设在山势高的地方，在那里兀鹫更容易陷入诱惑。这些机警的鸟儿不愿落在低处的山谷，一旦发现附近有人家，根本就不去吃死尸。

利用诱饵猎捕高山兀鹫是一件趣事。你在隐蔽点刚埋伏好，鹰就飞来了，在摆好的肉块上方低低地盘旋，却担心上当，过了许久还是离开了。取代鹰的是喜鹊和乌鸦，它们一边沙哑地鸣叫，一边围着美味蹦跳，可又不敢碰一下，接着就飞走了，不一会儿，又飞回到诱饵旁，如此反反复复。最后，一只勇敢的喜鹊上前撕扯肉块，却被自己的大胆吓坏了，慌忙飞开了。然而，初次的尝试吸引了别的鸟儿，一只待在几步以外的乌鸦摇摆着，走到诱饵旁边，停了片刻，终于啄下一块吃了。喜鹊们也勇敢地吃起来，鹰受到鼓舞，从四面八方飞来。诱惑变成了一场盛宴，充满喧闹、争抢和尖叫。

你默不作声，在隐蔽点观望这一切，焦急地等待目标——高山兀鹫的出现。这时却响起一阵刺耳的声音，你猜出这是胡兀鹫飞来了。果不其然。这漂亮的鸟儿在诱饵上空低旋了几圈，落在最近的一块岩石上。可高山兀鹫就是不见踪影！也许，它们已经发现了这场肉食的宴席，正在高空中盘旋，只不过，你从隐蔽点看不到太高。就这样足足一个钟头又过去了。忽然，终于传来了沉重的拍打翅膀的声音，紧接着，一只高山兀鹫落在了不远处的峭壁上。你立刻激动得浑身颤抖，却一动也不敢动，生怕惊动了这警觉的鸟儿，因为它马上就要飞到诱饵边来了。兀鹫在几步之外待了一会儿，才靠近过来，身子晃晃悠悠，同时伴随着跳跃。刹那间，宴席上的整个鸟群都闪开了，把位置让给这巨鸟，唯独一只乌鸦还站在诱饵另一头，但也是一副毕恭毕敬的样子。饥饿的兀鹫贪婪地吞起了肠子和肉块，就在这时枪响了，它被子弹射中，当场倒在地上死去。

如果迟会儿再开枪，等第一只兀鹫小心飞来之后，其他兀鹫很快也会现身，直接飞落到肉块旁。有时，一具大型动物的尸体周围能聚集数十只高山兀鹫，假如枪法准确，一颗子弹就能射杀两只。

高山上连绵的大雪，迫使我们于4月底迁往半山腰的森林带。我的同伴和一名哥萨克从这里出发，去天堂寺取回了去年秋天留下的标本和其他物品，其中还有我的一双皮靴，这让我喜出望外。相比总是打滑的自制靴子，穿皮靴走山路显然方便得多。我们去年还专门留了五六磅（2—2.5公斤）食糖，在什么都缺的当下，实属奢侈品。最后，我们向唐古特人买了一头牦牛，以后很长一段时间，不用为食物犯愁了。

即使在甘肃，一年里最好的月份——5月，也是始于盎然的春意。4月的飞雪结束了，代之以频繁的降雨，但每次时间都不长。夜间虽然略为寒冷，白天却日照强烈[1]，迅速唤醒了植物的生命。到5月15日，半山腰上的树木都发了新芽，而山腰以下，树叶已经完全舒展开了。阳光照耀着嫩绿鲜亮的草木。许多灌木都开满鲜花，在草类的映衬下显得丰美多姿。溪流两岸茂密的灌木丛里，野蔷薇、樱桃、黑豆、醋栗、金银花和小檗竞相绽开一簇簇美丽的黄花；开阔的山坡上，山楂花和黄色的锦鸡儿花也绽放了。森林里开花的草本植物有银莲花、紫罗兰、芍药和成片的草莓，开在山谷里的是燕子花、报春花、蒲公英和委陵菜，虎耳草、野决明（Thermopsis sp.）、鬼臼（Podophyllum sp.）的花朵则遍布开阔的山坡。

---

[1] 5月14日我们在大通河谷测得5月份最高气温为30.4℃，与去年6月最高气温相仿。——原注

动物界也显出勃勃生机，特别是山林里的鸟类。各种鸣禽的啼啭在这里汇成一场音乐会，为大自然春天的画面平添绝美的色彩。鸫鸟美妙的歌唱，鸫鸟的近亲山噪鹛（Pterorhinus davidii）和红顶鹛嘹亮的啁啾、杜鹃低沉的呢喃、雉鸡的咯咯声，以及其他小鸟各不相同的鸣叫——几乎整日不停歇，甚至在晴朗的夜晚，也时常传来焦急等待天明的鸟儿此起彼伏的叫声。总之，冬日漫长的沉寂之后，生活又到处沸腾起来。

每天巡游式的狩猎，让我们获得了许多有意思的鸟，弥补了去年夏天的不足，当时所有的鸟都在脱毛，不适合做标本。

值得一提的是，我们猎获了一种珍稀鸟类——蓝马鸡（Crossoptilon auritum），在阿拉善山旅行的头一年，我们就曾见过这种非凡的鸟，唐古特人称之为"夏拉玛"。在祁连山脉的森林中，蓝马鸡数量相当可观，在没有森林的藏北山区则根本不见踪影。蓝马鸡喜欢生活在那种巉岩遍布和灌木茂密的山间林地，海拔在 10000 英尺以上（超过 3000 米）。它们似乎只以植物为食，起码春天我在它们的嗉囊中只发现了嫩草、幼芽和小檗叶子，但最多的还是各种草根。蓝马鸡觅食时迈着从容的步子，华丽的尾巴同地面保持平行。

深秋和冬季，蓝马鸡结为小群，常常栖息在树上[1]，也许是为了吃嫩芽；初春时节则成双成对，占据一块固定的地方养育幼雏[2]。据唐古特人说，它们用草叶在茂密的灌木丛筑巢，每个巢里有六七枚卵。冬天，唐古特人用猎枪打杀待在树上的蓝马鸡，更多时候是在它经常出没的地方设网罗捕捉，主要是为了获取四

---

[1] 春季和夏季，蓝马鸡只待在地面上，尽管唐古特猎人对我们肯定地说，蓝马鸡（至少在春天）飞到树上过夜，我本人和我的同伴却从未在这个时节见到它们待在树上。——原注

[2] 从 5 月初开始，所有雌性蓝马鸡已在孵卵。——原注

根长长的尾羽，用作中国军官礼帽上的装饰物。一根这样的羽毛当地售价折算成俄国货币，为五个戈比。

早春，蓝马鸡刚一结束群居，开始结对，雄鸡就发出求偶的鸣叫，听起来很不悦耳，令人想起孔雀的叫声，只不过声音略小，断断续续，雌鸡似乎也这么叫。这种鸟儿（但不知雌雄）有时还发出特别沉闷的声音，像是鸽子的咕咕叫，如果突然受到惊吓，蓝马鸡叫得很像珠鸡。

但即使在发情期，雄性蓝马鸡也不像普通雉鸡或黑琴鸡那样，发出有规律的叫声[1]。它的鸣叫极少，间隔时间也不定，虽然天亮前或接近晌午时偶尔也能听见，但通常是在日出时。不管怎么说，它叫得确实很少，一上午最多能有五六次。

起码在春天，蓝马鸡的不规律鸣叫和高度警觉，使得猎捕这种鸟儿异常困难，栖息地的地形特点愈发增加了打猎的难度。山隘北侧密集的杜鹃、南侧带刺桠的灌木丛（小檗、沙棘和蔷薇）、到处是近乎陡直的峭壁、嶙峋的巉岩、丛林里堆积的枯枝——所有这些都不利于猎人的行动。可以说，这是最为艰难的一次狩猎。不必考虑带上猎犬，在这种地形条件下，它无法跟猎人一起攀登绝壁，也就派不上用场。一切全凭猎人的听觉和视觉，但这两样也经常不奏效，警觉的鸟几乎永远都能从远处觉察到猎人的动静，随即躲藏起来。只有极偶然的时候，蓝马鸡猝不及防，才会冲向天空，通常都是飞快地跑跳着逃离危险。有时甚至能听见窸窣的脚步声近在咫尺，却看不见它在密林中的身影；或者它躲闪得太快，猎人来不及端起枪，立刻射击。蓝马鸡一旦逃跑，根本追不上，它会消失得无影无踪，像石头沉入水底。此外，这种鸟对创伤有很强的耐力，硕大的霰弹打在身上，仍能逃

---

[1] 发情期的雄性蓝马鸡相遇时会相互打斗。——原注

出五十步之外，并且还有力气飞走。如果翅膀断了，它就凭借两条腿逃离，躲进灌木丛。最后还有：如果侥幸在近处发现蓝马鸡，无论如何都必须开枪，错过机会的话，一眨眼，它就不见了。然而，被子弹击碎的鸟儿已不适合制作标本了。总而言之，猎人面前有太多困难和偶然性，可是蓝马鸡确实罕见，这恰恰吸引着猎人投身于成果渺茫的行猎。

来到半山腰地带之后，我和同伴经常去打蓝马鸡，黎明前就出发，进入森林，两个星期过去了，仅捕获到两只能够做成标本的。我向两个唐古特猎人定购了蓝马鸡，他们一连两个星期，每天上山寻找，也只打死了两只，而且还是暗中守在巢边终于等到的。

最不容易的是预判蓝马鸡所在的方位，因为每次间隔很久它才会鸣叫。有的早晨，虽然天气晴朗，它也根本不出声。值得一提的是，它的个头不小，飞离地面时却很安静，有时没有一丝声响，就从猎人身边溜走了。蓝马鸡通常飞得不远，飞行中轻快无声，远远望去，很像松鸡的样子。

哺乳动物当中，最引人注目的是4月初从冬眠中苏醒的旱獭[1]，蒙古人称之为"塔拉巴干"，唐古特语叫作"绍奥"。我们在蒙古未见到旱獭[2]，与之初次相逢是在甘肃。旱獭分布在从甘肃到青海直至藏北的区域内；在祁连山区，从低处的山谷到高山带，均有它的栖息地；在藏北，我们甚至在海拔15000英尺（4570米）米处发现了它的洞穴。

旱獭选择有草的山崖作为住所，同时也生活在高山带的峡谷中。它们会挖很深的洞，群居在一起，而且往往把洞挖在有许多石块的泥地上，每个洞有多

---

[1] 3月25日，我们在青海湖畔见到了最早结束冬眠的旱獭；在祁连山地，4月8日才出现旱獭。——原注

[2] 西伯利亚旱獭（Marmota sibirica）在蒙古的分布最南只到库伦以南100俄里，因为丰美的草原在这里到了尽头。没有草原，也就没有了旱獭。——原注

个侧口以供出入。

早晨，太阳刚刚升起，气温略有回升，旱獭就钻出洞口，在周围一边跑动，一边吃草。如果没有受到惊吓，它们这样会一直消磨时间，上午 10 点左右，才回到各自的洞穴。中午两三点，旱獭再次出现，又是蹦跳着嬉戏和吃草，差不多直到太阳落山。当然，普遍之中也不乏例外，有些旱獭何时钻出洞穴并不确定，但一到雨天，一只旱獭也不会露面，哪怕接连几天都下雨。

甘肃的旱獭乖巧而又机警，尤其在有人捕猎的地方。从洞里出来之前，旱獭只是先伸出头，查看四周是否安全，半个钟头过后，确信没有危险，才探出半边身子，边听边看，最后整个儿都钻出来，开始啃草吃。一旦发现危险，即使还很远，也会立刻逃回洞穴，在洞口支起两条后腿站着，发出响亮而不连贯的声音，很像高频率的吱吱声，等发现危险越来越近，它就赶紧躲进地下。不过，在有些地方，旱獭就在唐古特人的帐篷附近出没，无人惊扰时，它的表现就勇敢得多，尽管仍然狡猾、警觉。

猎捕旱獭时应在洞口附近守候，并且一定要在它出洞前事先设下埋伏，以免引起它注意。旱獭生命力顽强，即使受到致命伤，也总是会逃回洞穴；只有一枪毙命，猎人才能得到它。旱獭 9 月底开始冬眠，像欧洲旱獭一样，一大群在同一个洞里冬眠。

现在，再说说祁连山地的另一种哺乳动物——熊（Ursus sp.）。早在我们来到甘肃之前，我就听蒙古人说，在甘肃有一种非凡的动物，叫作"洪古列苏"，也就是"人兽"。他们肯定地说，这种动物的面部同人一样平坦，多数时候用两条腿走路，身披浓密的黑毛，长着硕大的脚掌。这种野兽力气大得惊人，猎人不敢攻击它，定居点一旦出现洪古列苏，居民就会迁走。在甘肃，我们也听到唐古特人说过类似的事，他们一致保证，当地山里就有这种野兽，虽然数量不多。我们问：这不会是熊吧？人们否定地摇摇头，说他们对熊知道得一清二楚。

1872 年夏天，我们来到祁连山之后宣布：谁能说出传奇的洪古列苏的栖息地，我们就赏给谁五两银子，可是没有人提供此类消息，除了临时雇用的唐古特人告诉我们，洪古列苏住在甘珠尔齐老峰的悬崖下。8 月初，我们赶到这地方。然而，在保护区我们并未发现这种野兽，在我们已经为能否见到它而绝望时，我突然听说，距离天堂寺十来俄里的一座小庙里有一张洪古列苏的皮。几天后，我来到那座庙，给住持送了礼物，请求一睹这罕见的兽皮。我的请求得到了满足，出乎意料的是，我眼前不过是一张小熊的皮，里面填满稻草。关于洪古列苏的故事全都成了无稽之谈，讲故事的人自己听了我说这并非我们想要的熊之后，也改口说，洪古列苏从未出现在人面前，猎人偶尔所见只是它们的足迹。

给我看的这头熊站立起来仅 4.5 英尺（1.3 米）高，面部前伸，头和肢体前部呈灰白色，臀部颜色深一些，四条腿几乎为黑色。后脚掌细长，前脚趾爪保持弯曲状态下测量的长度约为一英寸（2.5 厘米），趾爪末端呈圆形，为黑色。很遗憾，为了不引起怀疑，我不能量得更仔细，也就无法描写得更详细。

第二年春天，我们有幸在野外见到了这种熊。当时我们正从青海返回却藏寺，刚刚进入祁连山地。一天早晨，我们发现一头这样的熊在逮鼠兔，立刻向它冲过去，但它撒腿就跑，我们的狗紧追不舍，仍旧没追上。我们在追赶中开了几枪，只有一枪命中，熊受了伤，万分遗憾的是，它最后还是逃走了。

我们在青海遇见的这头熊，从远处所见来判断，毛色与庙里填满稻草的那头熊相同，但个头较大，大小接近于我国的白兀鹫，身子长，腰背拱起。

据蒙古人说，在西藏的布尔汗布达山和舒尔干山，熊的数量相当多，它们生活在悬崖峭壁之间，仅在夏天来到平原上，甚至出现在木鲁乌苏河畔。

在祁连山脉半山腰上度过了 5 月的前半个月后，我们下到了大通河谷，住了一个星期，依旧每天到处观察，但细霰弹很快用光了，我们不再打鸟做标本。鸟蛋也没找到多少，因为鸟巢虽已造好，很多鸟却尚未产卵。在6月初的山里，尤其是溪流两岸茂密的灌木丛里，会找到很多不同的罕见的鸟蛋。但我们不能在天堂寺附近再待下去，原因只有一个：没有钱。现在，我们手中又只剩几两重的碎银子，而在人口稠密地区不可能只靠打猎来获取食物。在此情况下，只好提前出发，沿着去年与唐古特商队一起来时所走的路返回阿拉善。正如去年见到的情景，我们一路上经过多个被毁的村庄，但村子里已开始有人了，近几年内，被毁的房屋很可能得到修复，荒芜的土地会重新耕种，人口也会像暴动前一样稠密。

出乎意料的是，5月后半月的祁连山地，再次让人见识了气候的严酷与多变。此前的半个月，天气一直很暖和，但5月16日夜里，大通河谷突降大雪，随后接连四天，夜间气温骤降至零下4℃。5月底，准确地说是我们在甘肃的最后一天，情况变得更糟糕。5月28日，暴风雪刮了几乎一整天，积雪0.5英尺（0.15米），次日清晨，气温降至零下5.3℃，而这竟然是在北纬38度线上，并且已有76种植物开花！但花儿并没有冻死，甘肃的植物早已适应了当地的严寒。干旱，哪怕是轻度的干旱，也比寒冷对植物的生存更具威胁性。这样看来，虽然5月里共有22个雨天，但大部分时候降雨时间不长，因而对于湿润条件下成长的草本植物来说，降水量显得不足。这在开阔山坡和庄浪河东北面的草原上尤其明显。去年6月中旬，这片草原是何等妖娆，如今，当我们于5月底再次经过这里时，草原上远不如去年那样美，花儿也少得可怜。

这样的事实表明，植物生命体具有强大的韧性，能够适应其生长地的气候条件。我曾经在祁连山地挖出一株黄色的高山罂粟——从冻得硬实的泥土里，用刀才勉强刨开，但是这株罂粟竟然开了花；不过，假如没有雨水经常浇灌，它就会枯死。

体验了寒冷和多变的气候之后，我们告别了祁连山地。尽管这一带气候条件不理想，在这里停留的日子却是此次科学考察期间最好的日子，我们不仅采集了大量的植物标本，也猎获了不少动物标本。

第十四章　从阿拉善穿越戈壁腹地前往库伦

【1870 年 11 月 17 日（29 日）—1871 年 1 月 2 日（14 日）】

穿越南阿拉善—与香客驼队相遇—到达定远营—夏日的阿拉善山—在山里意外遭遇洪水—向库伦进发—猎犬浮士德之死—阿拉善与呼尔赫山之间的荒漠—呼尔赫山—北部的戈壁—从库库和屯（归化）到乌里雅苏台的道路—沙漠变成草原—抵达库伦—考察结束

6 月，考察队走出祁连山区，来到阿拉善沙漠边缘。望着无垠的沙海，我们心怀胆怯，踏上了这条死亡之路。我们没有钱雇向导，只能自己冒着风险前行。去年与唐古特商队结伴走这条路时，我只是暗地里随手记下路线的标志和方向。这样的记录当然极不可靠，现在却成了我们在荒漠中唯一的旅行指南。

我们用了 15 天[1]，顺利完成了从大靖到定远营的艰难旅程，只是有一次，差点儿在荒漠中迷路。那是 6 月 9 日，我们走在一个小湖塞里克多伦（音译）与山

---

[1]　包括中途休息三天。——原注

根达赖井（音译）之间的路上。当天清晨，我们离开塞里克多伦，在荒漠上走了几俄里，来到一片黄土地，出现了一条小路，又走了一会儿，小路分岔了，变成两条路。去年我们经过这里，正值深夜，对岔路口未曾留意，现在只能凭借推测，该走哪条路。但困难的是，这两条岔路之间呈很小的锐角，借助罗盘仪也无法判定哪个方向更准确。其中一条岔路上走过的人比另一条多得多，于是我们决定走这条路，结果没猜对。

我们径直走了几俄里，眼前数条横向交叉的路，把人彻底弄糊涂了。最后，我们走的这条路到了尽头，汇入一条相当平坦的大道[1]，我们不知道它通向何方，不敢贸然行进，但冒险返回原来的岔路口也不可行，因为已经走出很远了，另一条岔路也不知是否能保证方向正确，我们决定选择最初的方向，继续前行，想着只要从远处看见一组小山丘，山脚下就应该是山根达赖井。

这时已是正午，天气炎热，我们就停下来，休息了两三个钟头才上路。这一次，我们借助罗盘仪，径直向前，终于看见右前方有一道山岭，我们觉得这就是山根达赖山了。当时刮着大风，沙尘弥漫，用望远镜也看不清远处群山的轮廓。夜幕降临了，我们便停下过夜，满心以为这就是我们盼望的山。当我把经过的路线标在地图上时，才发现走得太偏东了。而储备的水到夜里最多只能剩下两桶[2]，马却还没来得及饮水，渴得腿都快抬不起来了。明天能否找到井，成了生死攸关的大问题。可想而知，那一夜我们的心情有多沉重。幸运的是，夜里风停了，空气中的尘沙消失了。早晨，天刚破晓，我就站到一摞箱子上，拿起望远镜环顾四周。昨天发现的山清晰可辨，但我们宿营处正北面还有一座山，

---

[1] 后来，我们得知这条车马道从定远营通往阿拉善沙漠东南边缘附近的德利孙浩特城（蒙语）。——原注

[2] 穿越沙漠时，天气格外炎热，装在木桶里的水透过桶壁严重蒸发，早晨还是满满一桶水，到了晚上总要损失几瓶。——原注

这也可能是山根达赖山。现在必须决定去往哪一座山。我把后一座的位置也标在地图上，对比了去年的日记之后，决定向北面的山前进。

我们装好行李，疑虑重重地上了路。作为目标的小山时而从起伏的高地背后冒出来，时而又躲回去。我们一次次徒劳地用望远镜看山，想找到我在日记里记下的山根达赖山的标志——山顶上的一堆石头（敖包），可是距离实在太远，石堆又太不显眼，根本看不清楚。最后，离开昨天过夜的地点大约 10 俄里之后，我们终于看见了期待已久的特征，顿时信心大增，振作起来。我们加快了步伐，几个小时后，就来到井边，渴极了的马和骆驼立即贪婪地扑了过去。

行进在南阿拉善途中，我们遇到了一支从库伦前往拉萨的蒙古香客驼队。几年前，呼图克图在库伦去世，现已在西藏转世。东干人起事以来，足有十一年谁也不敢去达赖喇嘛的首府，目前清军夺回甘肃中部，库伦方面组织了一支庞大的驼队[1]，前往西藏迎请转世呼图克图。香客分成几批，陆续出发，计划在青海湖会齐。与我们相遇时，走在前面的蒙古人惊呼道："瞧瞧，我们的伙计多能干！都跑到哪儿去了！"起初，他们不肯相信我们四个人居然到了藏北地区。

可是，与这些蒙古香客相遇时，我们几个"能干的俄国伙计"究竟是怎样一副形象呢？由于旅途劳顿和干粮不足，我们一个个精疲力竭，半饥半饱，浑身脏污，衣衫褴褛，靴子破烂不堪。我们的样子更像是乞丐，而不像欧洲人，以至来到定远营时，城里的居民看着我们说："他们怎么变得像我们这里的人，完全是蒙古人的模样。"

在定远营，收到了对我们关心备至的弗兰格里将军从北京汇来的一千两银子，

---

[1]　据说，人数达到一千户。——原注

同时还收到了从俄罗斯寄来的书信[1]和 1872 年最后三期《言论报》。简直无法形容，这一天是何等愉悦的节日！我们如饥似渴地读着信和报纸，一切对我们而言都是新闻，尽管报上刊登的事件已经过去一年多了。欧洲、祖国、往昔的生活，生动地浮现于我们面前。当地人无论外貌还是性格，都与我们格格不入，令人愈发强烈地感到身处异乡的孤独……

阿拉善王爷和他的儿子们此时不在定远营，他们去了北京，说好最早秋天返回。

按照原计划，我们要从定远营穿过中央戈壁，直接前往库伦。这是欧洲人尚未走过的路，当然会引发我们在科学研究方面的极大兴趣。但重新进入荒漠之前，我们决定稍事休息，顺带对阿拉善山展开比前一次更详尽的考察。

如今的阿拉善山不再像我们 1871 年来时那样荒无人烟。自从东干人停止袭击之后，有很多蒙古人来山里放牧，被毁的寺庙也开始修复，数百名汉人从宁夏城来到山里伐木。我们颇费了一番周折，才找到一条不大的峡谷，那里没有伐木者，但也没有水，只能每天骑马到三俄里外去打井水。我们将骆驼放到了离定远营五十俄里的牧场上，身边只留两匹马，用来轮换着拉水。[2]

阿拉善山脉（至少在我们考察过的西坡）植物群落的分布可划分为三个地带：边缘地带、森林带和高山草甸。

---

[1] 在这里，不能不说说邮件的事情。我收到的其中一封信是寄自我国某个省城，信封上写着："经恰克图寄住北京，某某收。"北京二字被划掉了，这大概是邮政分局局长的笔迹，涂划处增添了："查无此地，寄返恰克图。"——原注

[2] 我们停留的这个峡谷位于定远营西南 17 俄里。——原注

山脉边缘地带与一片狭长起伏的草原相连[1]，土质为黏土，布满冰川消融后沉积的漂砾（валун，在草原上）或风化的山岩（在山上）；峭立的岩石比其他两个地带少。山脉边缘地带不宽，仅有两俄里，有些地段更窄。树木只有一种少见的多结节榆树，灌木有黄花蔷薇、锦鸡儿，偶尔还有我们在布尔汗布达山北麓也曾见过的结浆果的麻黄；毗邻山地的草原上分布最广的是刺旋花和棘豆；草原上的草本植物以铺地百里香（Thymus serpyllum）、黄精（Polygonatum officinale）和骆驼蓬（Peganum nigellastrum）居多，其中骆驼蓬只长在草原，野葱及点地梅（Androsace sp.）在草原、山区乃至高山带均有分布，长在峭壁上的是西伯利亚远志（polygala sibirica），铁线莲盘绕在山口附近的灌木丛里，草原上则比较少。此外，山脉边缘出现的一种大黄属植物[2]，在森林带和高山草甸也有分布。

越过边缘地带，直到海拔 10000 英尺（约 3000 米）都是森林带。在山脉西坡，森林十分茂密，树种繁多，峡谷的北坡也生长着大量树木，而树种却远远谈不上丰富。有三种树是数量最多的：西伯利亚云杉（Picea abovata）、山杨和柳树，其间参杂着高塔圆柏和数量更少的白桦树，山的东坡上还有松树。所有的树都比较矮小，弯曲，多结节，远不如祁连山地同类树木。

阿拉善山森林里散落的灌木主要是绣线菊（Spiraea sp.）、白花金露梅和黄花金露梅、榛树（Ostryopsis davidiana），这些灌木通常生长在峡谷南侧的开阔山坡，但山脉的东坡上最多。金银花和桧树（Juniperus sp.）甚至蔓延到峭壁上，在阿拉善山边缘地带也能遇见。

---

[1] 这片草原宽度为 15 至 20 俄里，与阿拉善山西侧相邻，这里与阿拉善其他地区差异很大。地表有数道深沟，地势从山边向沙漠倾斜。土质为黏土，夹杂着砾石或大颗沙粒以及来自山上的漂砾，有些地方可见泉眼。植物群落与沙漠地带相同，混有某些山地品种。——原注

[2] 并非药用大黄，也不同于甘肃的两种大黄。——原注

森林峡谷中的灌木极其丰富，其中包括酷似园栽丁香的野丁香（Syringa valgaris）、遍布山坡和峡谷的枸子（Cotoneaster sp.），还有两种茶藨子、悬钩子及赛铁线莲（Atragene alpina）。

森林带常见的草本植物有红花百合（Lilium tenuifolium），在高山草甸较低地带，也可见到岩黄芪和另外几种黄芪属植物（Astragalus）、堇菜（Viola sp.）、几种马先蒿属植物（其中一种长在森林带的泥地里，粉红色的花朵鲜艳多姿），再加上黄精。潮湿的峡谷里，草本植物同样丰富多样，缬草、唐松草（Thalictrum sp.）、柳兰（Epilobium augustifolium）、蒲公英、楼斗菜、蒿草、蝇子草（Silene repens）、茜草（Rubia cordifolia）和高山地榆，这些植物长得密密丛丛，一直延伸到高山草甸。总之，相比边缘地带和高山带，森林带的植物种类比较多，虽然远不及祁连山地丰富。

高山带大约从海拔 10000 英尺（3000 米）开始，面积不算大，甚至比起穆尼乌拉山还小得多。如同在森林带上半部，高山带低处也有美丽的刺锦鸡儿，用白色和粉色的花朵装点着 6 月末的时光；像森林带一样，这里也长着绣线菊、白花金露梅和低矮的柳树丛。

高山草甸较低地带遍布各色花朵，宛若一块五彩斑斓的地毯，这里的花草大都与森林带相同，只是多了毛茛、翠雀（Delphinium sp.）、美丽的石竹、野葱和紫堇。

在高山草甸海拔较高的区域，灌木几乎全都消失了，只有带刺的锦鸡儿蔓延到布古图峰（音译）的顶部，只不过变成了侏儒，不足一英尺（0.3 米）高。随着地势上升，草类迅速减少，而且株体仅仅略高于地面。在高山草甸的最高地带，最常见的草本植物有蓼（Polygonum sp.）、紫罗兰等。

总之，阿拉善山高山草甸的植被并不丰富。附近的沙漠不仅影响了高山草甸，也影响了整个山区的植物，导致植物种类和数量远不及祁连山脉，甚至不如穆尼乌拉山，虽然阿拉善山距离祁连山更近。

阿拉善山哺乳动物种类相当贫乏，我们在第六章已列举过。即使在夏季，鸟类也很少，除了上文提及之外，这个季节最常见的还有红腹灰雀、两种朱雀、雨燕、燕子、杜鹃、寒雀、红尾鸲、柳莺和白背矶鸫（Monticola saxatilis），雉鸡、啄木鸟和猫头鹰根本未见踪影。

由于鸟类贫乏，阿拉善山在生机盎然的夏天也是一派忧郁。听不到鸟儿的欢歌，森林更显阴暗，山崖也越发寂寞。如果清晨和傍晚偶或还有一两声鸟鸣，到了夜晚，便是死一般的阒静，犹如在沙漠里一样，甚至白天也如此。

总体而言，在哺乳动物、鸟类和植物的分布方面，阿拉善山显然更接近祁连山，而不是阴山。

在缺水的阿拉善山区，似乎最不用担心的就是洪水，但命运或许想让人尝尽一切可能降临在旅行者头上的灾难——万万没想到，就在这座山里，我们遇到了一场前所未有的大洪水。

事情是这样的。

7月1日早晨，山上阴云密布，这通常正是下雨的前奏。等到中午，却放晴了，我们以为会是个好天。谁知过了两三个钟头，云又聚集在山头，下起了倾盆大雨。帐篷很快就湿透了，我们待在里面，挖了几条小沟，尽力将涌入的水排出。这样过了将近一个小时。大雨没有停息，虽然阴云已不像雷暴雨时那样。由于降水量太大，无法被土壤吸收，或者无法积存在陡峭的山坡，雨水迅速汇成一条条小溪，沿着沟壑、峡谷两侧乃至峭壁奔涌，汇聚在我们扎营的峡谷[1]底部，形成

---

[1]　我们所在的峡谷长 3 俄里，宽度不超过 50 俄丈（100—110 米）；整条峡谷封闭在两侧的悬崖峭壁中。——原注

激流，咆哮着冲向更低处。一阵闷响从远处传来，向我们预告洪水的迫近。水量越来越大，顷刻间涨满了深谷，颜色像混浊的咖啡，以难以想象的速度沿着陡峻的山坡漫溢。激流挟裹着巨大的岩石和整片岩层，狠狠地拍击崖壁，连大地也像火山爆发一般，訇然震动。洪水可怕的喧嚣，夹杂着巨石互相撞击和砸向侧壁的声音。从不太坚实的两岸和峡谷的高处，滚滚洪流席卷大大小小的石块，时而将它们抛上崖岸这一边，时而又抛向另一边。峡谷里的森林消失了，所有树木都被连根拔起，折断，撕扯成碎片……

与此同时，暴雨并未减弱，在我们身旁，河水越来越泛滥，石头、泥浆和断裂的树木随即充塞于幽深的峡谷，水溢出河床，淹没了更多地方。在我们帐篷 3 俄丈之外，洪水汹涌着，以无可阻遏的力量冲毁了所经之处的一切。再有片刻，水流再涨一尺，我们的标本——整个考察的成果就会丧失殆尽……洪水势不可挡，抢救这些标本连想都不敢想，我们只能自顾自逃到最近的山崖上。灾难如此突然，如此之近，又如此巨大，令人目瞪口呆。我不敢相信自己的眼睛，甚至当我面对这可怕的不幸时，仍然怀疑其真实性。

但这一次，运气又搭救了我们。我们的帐篷前方有一座不大的断崖，水浪不断地将石块抛向断崖，很快堆起一个大石堆，这样才减弱了水势——我们终于得救了。

傍晚时分，雨小了，洪水迅速减退，次日清晨，山谷里只剩下一股细流，而不久前还是一片汪洋。阳光灿烂，灾后的情形一览无余，峡谷变得面目全非，甚至连我们都认不出了。涌出峡谷的洪流奔向一片沙海，消失在那里……

回到定远营后，我们就着手装备自己的驼队，换掉了状态不好的骆驼，又买了几峰新的。7 月 14 日上午，考察队上路了。幸亏我们持有北京签发的护照，更关键的是，我们给当地的脱萨拉克奇（助理）[1]送了礼，这是代替进京的阿拉善王爷行使职权的人物，他给我们派了两名向导。根据阿拉善官署的公文，他们应当将我们送到阿拉善边界，在当地为我们另雇两人当向导。这个命令一直向下传达，所以我们每到一处都有向导，由他们陪同完成本旗境内的行程。这个安排十分重要，因为从阿拉善到库伦的路途正好横穿戈壁最荒凉的地带，没有向导仅靠自己，是无法穿越这一地区的。

现在，艰难而漫长的日子又开始了。最难熬的是 7 月的酷暑。正午背阴处的气温高达 45℃，甚至在夜里，有时也不低于 23.5℃。早晨，太阳刚从地平线上升起，就开始炙烤大地，天气燠热难耐。白天，热浪从四面八方涌来：头上是炎炎烈日，脚下是滚烫的土地。即使起风，也不会使空气凉爽，反而将大气底层灼热的空气搅匀，加剧了热度。在这样的日子里，天上不见一丝云彩，如果有，也是某种脏污的颜色。地表温度高达 63℃，裸露的沙地上温度或许更高，在地下两英尺的沙土中，温度仍有 26℃。

帐篷根本无法帮我们抵挡热浪，因为帐篷虽有遮掩，里面却总是比户外更闷热。我们有时向帐篷上泼水，还向地面上洒水，却无济于事，半小时后，帐篷内外又变干了，我们依然不知该如何免遭酷暑。

空气极其干燥，没有一滴露水，天空中降雨的云团越来越薄，只落下几滴雨。这个有趣的现象我们曾经见过几次，尤其是在祁连山脉附近的南阿拉善；云层中落下的雨未及坠地，就与热空气相遇，重新变成了水汽。雷雨很少出现，狂风倒是几乎昼夜不停，风力有时会达到风暴的强度，主要为东南风和西南风。平静的日子里，正午前后常常刮起一阵旋风。

---

[1]　蒙语，意即协理台吉，秉承札萨克意旨处理旗政。

半荒漠地带的草滩（戈壁阿尔泰）

为了赶路时尽可能少受暑热之苦，我们黎明前就起身。但烧茶和装驮包总是占用太多的时间，因此出发时不会早于四点，有时甚至在五点。当然，我们也可夜行，这样会轻松许多，但如此一来，就无法拍照，而这也是我们此次考察的一项重要内容。在本书附带的根据目测绘成的路线图中，从定远营到库伦不过是一段 2 英尺（0.6 米）长的线，这短短的线段，代价却是四十四天的行程。其中大部分日子，我们头顶烈日，在炽热的荒漠中艰难行进……

近来，我们的旅行不太顺利。从定远营出发的第六天，就失去了无可替代的朋友——猎犬浮士德，我们自己也险些葬身沙海。这场悲剧的经过是这样的：

7 月 19 日早晨，考察队从吉兰泰盐池出发，前往杭乌拉山。据向导说，这段路程有 25 俄里，途经两口井，相距 8 俄里左右。

我们走了一段距离，果真见到了第一口井，饮了骆驼和马，继续赶路，盼望着再走 8 俄里能见到第二口井，那就在井边停下休息，因为当时还不到上午 7 点，已经热得厉害。我们找到第二口井的信心如此之大，以至两个哥萨克建议将桶里存水倒掉，这样就不必费力地驮着水，幸而我没同意。我们走了 10 俄里，并没有见到井。这时，向导宣称我们偏离了方向，随即骑马登上附近的沙丘，向四周张望。过了一会儿，蒙古人做手势，招呼我们过去。等我们来到跟前，他肯定地说，虽然我们错过了第二口井，但是离第三口井顶多五六俄里，而我们原本就打算在这口井旁过夜。

我们按照向导所指的方向往前走。这时将近正午，天气酷热难耐。狂风卷起大气底层的热浪，伴着沙土和盐粒一齐扑向我们。驼队步履艰难，几条狗在 63℃ 高温的地上奔跑，更是难以支撑。看着忠实的猎狗这样受罪，我们几次停下来，给它们饮水，用水淋湿它们的头，还有我们自己。眼看存水消耗殆尽，剩下只有小半桶，必须留着以防万一。我们再三问向导："离井远不远了？"回答是："不远了，再过一两个沙丘就到了。"我们就这样又走了 10 俄里，却还是滴水未见。可怜的浮士德由于严重缺水，倒在地上哀号，像是对人说，它已经精疲力竭。我决定派同伴和蒙古向导带上浮士德，顺着井的方向先往前赶，可它实在走不动了，我只好吩咐蒙古人带着它骑骆驼去。向导不停地说离水不远了。他们离开驼队又走了 2 俄里后，向导站到一个小山包上，指示水井所在的方位，这才发现竟然还有整整 5 俄里。这时，我们的浮士德再也撑不住了，它开始抽搐。不可能立即赶到井边，距离驼队也不近，哪怕倒一杯水也不可能。我的同伴不得不停下等我们，把浮士德放在灌木丛边，拿马鞍上的毡子盖上。可怜的狗渐渐昏迷，最后哀叫一声，就死了。

我们把不幸死掉的浮士德装进驮包，继续赶路。向导所指之处是否有井已不再让人相信了，因为他已经蒙骗了我们几次。此时的境况糟透了，最多只剩下几杯水。我们每人喝了一口，哪怕润一润几乎干透的唇舌。我们浑身发烫，头晕目眩，快要站不住了。

我采取了最后的措施，命令哥萨克带一口煮锅，跟向导一起骑上马，立即去找井；如果蒙古人半道上想逃跑，就向他开枪。

两个人迅速消失在沙尘中，我们跟跟跄跄地跟在后面，心情沉重，等待着命运的裁决。半个小时后，哥萨克终于现出身影。但他带来了什么样的消息？是我们得救还是难免一死？我们扬鞭催促着几乎迈不动腿的马，迎向哥萨克。我们像死到临头却最终得救的人，无比欣喜地听到他说确实有井，然后得到一锅新鲜的井水。我们痛快地喝足了水，又把脑袋淋湿，接着赶路。很快就到了博罗松吉井，这时已是中午 2 点，也就是说，我们冒着酷暑，连续走了 9 个小时，行程一共 34 俄里（36 公里）。

卸下驮包后，我派一个哥萨克和蒙古人去取刚才扔在路上的驮包，另一条蒙古狗还待在驮包那边。这条狗陪伴我们差不多两年了。它趴在驮包底下，仍然活着，喝了带去的水后，顿时振作起来，跟那两人一起回到了宿营地。

我们身心俱疲，浮士德的死格外令人伤心，什么也吃不下，几乎彻夜未眠。次日上午，我们挖了一个小墓穴，埋葬了自己忠实的朋友。对它履行了最后的义务之后，我们像孩子一样哭了。无论在哪方面，浮士德都是我们的朋友。有多少次，面临种种危难，我们与它亲热地嬉戏，忘却了一半的苦痛。这条忠实的狗为我们服务将近三年，无论藏北的严寒和风暴，还是甘肃的阴雨和大雪，数千俄里的漫长苦旅都未能将它摧毁，最终却被阿拉善沙漠的暑热夺去了生命，可恨的是，此时离考察结束只差两个月。

沿阿拉善到库伦的干道从杭乌拉山略往西拐，就进入喀尔喀境内。这是北方香客的驼队去西藏的道路，但我们没有选择这条路，因为路上没有足够的水井。东干人起事以来，喀尔喀香客中断了每年一度的朝圣，原先的井就废弃了[1]。

我们决定径直向北进发[2]。翻过哈拉那林山的支脉后，我们来到了乌拉特人的地界，这片土地就像一个巨大的楔子，插在阿拉善和喀尔喀之间。

起初，这一带比阿拉善高许多，随后逐渐降低，接近戈尔班戈壁（音译）时，变得十分平缓。来到这片戈壁，海拔只有 3200 英尺（975 米），接着地势再度向北升高，直到呼尔赫山[3]。这座山是一道明显的畛界，界线以南的荒漠多为不毛之地，以北的沙漠上草木较多。此外，地势从黄河河谷边缘山脉同样向戈尔班戈壁倾斜，可见，这片贫瘠的平原（据蒙古人说，由东向西横穿平原需要一两天）如同吉兰

---

[1] 1873 年夏天，一支驼队编成数个小分队，从库伦出发，从不同方向穿越戈壁，前往拉萨迎接呼图克图。为此专门派人事先在前方挖井，但水井仍然不够。——原注

[2] 这里其实就没有路，有时行进上前俄里也见不到一条小路。——原注

[3] 即戈壁阿尔泰山，位于蒙古国中南部，系阿尔泰山脉向东南延伸部分。

泰盆地，也是一个凹陷的低地。我们经过戈尔班戈壁东缘，这里的土质为细小砾石或者盐碱质的黏土，几乎寸草不生。从阿拉善到呼尔赫山是一大片相连的沙漠，像阿拉善一样荒凉，与后者相比，散沙相对较少，更多是裸露的黏土、砾石，零星分布的小山丘上则是光裸的风化岩石（多为片麻岩）。

植物仍以梭梭、沙拐枣之类丑陋的、像是腐烂的灌木为主。但该地区最有特色的植物当数榆树[1]，在乌拉特人的土地上尤其多见，有些地方还形成了小树林。偶尔还可见到野杏树，这可是阿拉善沙漠所没有的[2]。

这一地区动物极少，除了阿拉善也有的种类，我们未发现任何新的鸟类或哺乳动物。往往连续走几个钟头，连一只鸟也见不到，哪怕是石鸡。这里几乎所有的井或水泉附近都有蒙古人居住，以养骆驼及少量绵羊和山羊为生。

我们途经上述地区时，正值 8 月上旬，天气依然很热，虽然不像阿拉善沙漠那样近乎极限。风几乎昼夜不停，时常达到暴风的强度，将盐粒和沙尘扬在空中。沙尘有时将井掩埋，但更多时候是降雨毁了水井。这里虽然极少下雨，一旦下起来，就是倾盆大雨，一两个小时过后就会形成洪流，将泥沙冲进井里，直到将其填满。没有熟悉地形的向导带路，就无法通行——死亡时刻威胁着旅行者。总的来说，这片沙漠和阿拉善沙漠都令人生畏，相比之下，藏北高原甚至可谓乐土。藏北地区至少有水，河谷中是水草丰美的草场。而这里水和草都很少，连一片绿洲也没有，荒凉死寂，确实是一座死亡之谷。即使著名的撒哈拉沙漠，也未必比这方圆数百俄里的荒滩更可怕。

---

[1] 这种树通常高 15 至 20 英尺（4.5—6 米），直径 2—4 英尺（0.6—1.2 米），主要生长在雨水冲刷下形成而后来干涸的河床上，大概因为这些地方水分较多。——原注

[2] 无论是阿拉善山，还是祁连山地及藏北群山，都没有野杏树。——原注

如前所述，呼尔赫山是这片荒凉戈壁的北界，轮廓分明，呈东南—西北走向，究竟延伸到多远，我们不清楚，据当地蒙古人说，呼尔赫山沿东南方向伸展，可达黄河河谷的边缘山脉，西延的部分更是遥远，与某座高山相接，但中途有几处小的断口。如果相信此说，就可以想象，呼尔赫山向西延伸到了天山，成为天山山脉和阴山之间的纽带。这是一个有趣的推测，而若要证实，当然只能有待于未来的研究者。

呼尔赫山在我们经过之处的宽度不超过 10 俄里，比附近平原最多高出 1000英尺（300 米）。山岩主要为斑岩，风化后成为岩屑，布满各处的山坡。水泉非常之少。总体来看，呼尔赫山如同周围的群山，阴郁而又荒凉。山坡上几乎一片光裸，偶尔出现几丛野杏树或锦鸡儿；在雨水冲刷形成而后来干涸的河床上，有少量的沙蓬、芨芨草和更少的榆树。鸟类也很稀少，有时能看见秃鹫、胡兀鹫、红隼、石鸡。

然而，呼尔赫山尽管贫瘠，却栖息着一种大型珍稀动物：西伯利亚北山羊（Capra sibirica），蒙语叫作乌兰亚曼，意思是"红色的山羊"。据说在阿拉善西北角，离索戈城（音译）[1]不远的姚戈来乌拉山上也有分布。

在为期三年的考察中，我们只在呼尔赫山见到了西伯利亚北山羊，可以想见，我们是多么希望得到一张这种山羊的皮，作为收藏品。但由于一个简单的原因，我们未能如愿，那就是没有靴子，无法攀登险峰，或者在布满岩屑的陡峭山崖上行走。我们自制的靴子根本不适合登山，穿上去简直寸步难行，还要冒着摔坏枪支或碰破脑袋的风险。可我和同伴还是不甘心，我们向山上爬了半天，有时还四

---

[1] 普氏在笔记中对索戈城作了补充描述："该城位于定远营西北，两地相距 10 天的行程，大约 250 俄里；东干人未曾占领这座城。"普氏所说的这座城，也许是甘肃省民勤县城。

肢并用，耗尽了力气，终于明白，穿这种靴子不可能猎捕警觉的北山羊。

沿着呼尔赫山的南坡，有一条始于北京的商道，经归化和包头向西到达哈密和乌鲁木齐，继续向西，一直通往伊犁。在我们过夜的博格措泉边，恰好有一条从这条大道分出、通往肃州的小路。据蒙古人说，东干人起事之前，这一路商品交易非常活跃，沿途到处都挖了井，但现在全都冷落了。

呼尔赫山是梭梭生长的最北地带[1]，一过这道界线，梭梭就与阿拉善麻雀一起消失了，此外，这里也是我们最后一次见到石鸡的地方。

呼尔赫山以北的荒漠与此前大不相同。从乌拉特人的故土上眺望，只见遍地细沙，过了呼尔赫山后，沙地就不见了，眼前是布满砾石的土地[2]。但地形并未改变，仍是平坦或略微起伏的平原，零星地分布着低矮的山丘，或排成一列，或孤独无依。山岩为页岩和片麻岩，有些地方是火山岩，寸草不生，平原上也很少有植物。野葱是这里最典型的植物。不过，像整个蒙古大戈壁的情况一样，植物的生长离不开雨水。只要下一场雨，在炽热的阳光下，本来未见生长的草立即会疯长起来，过不了多久，昔日荒凉的旷野上就会出现绿洲。黄羊乘势而来，云雀又开始鸣唱，蒙古人也赶着牛羊迁过来，寂寥的戈壁化作一片乐土。但这样的时光不会太久。在烈日直射下，水分从土壤中渐渐蒸发，再加上畜群的践踏，草地很快枯黄，接下来，蒙古人离去了，黄羊和云雀消失了踪影，荒漠上又是一派死寂……

我们经过的蒙古戈壁从呼尔赫山到库伦之间海拔均不超过 5500 英尺（1700米），但也不低于 4000 英尺（约 1200 米）。这里没有吉兰泰盐池和戈尔班戈壁之

---

[1] 蒙古人告诉我们，呼尔赫山以北，在库库和屯到乌里雅苏台商道附近的沙地中也有。——原注

[2] 常年不断的风吹走了砾石表面上的土层，以至地表看上去就像不久前才铺好的路。——原注

类的盆地，也没有从恰克图到张家口路上的那种凹地，地形完全是高原，海拔在4000至5500英尺之间。

如同蒙古戈壁腹地其他地区，这片荒漠没有河流，呼尔赫山以南偶尔还有泉水，这里却几乎没有或者极少。夏天，当地牧民通过水井或大雨后形成的临时湖泊来供水；冬天，他们通常会迁往夏天因缺水而未涉足的牧场，依靠降雪满足用水需求。

在戈壁腹地，常常能遇见当地居民，像整个喀尔喀地区的情况一样，他们生活比较富裕。牧场周围的草原上，不计其数的羊在吃草，骆驼、马和牛也很多。每到夏末，所有牛羊都吃得肥壮，我们不禁为之诧异，要知道，这种荒漠里的牧场都相当糟糕。这里的牛羊之所以长势良好，或许得益于草原的辽阔，其次是因为没有昆虫。在水草丰美的草场上，家畜则备受蚊虫叮咬[1]。

当我们进入喀尔喀境内，首先来到的是土谢图汗辖区，我们一路蹀行，直奔库伦，如今这座圣城成了我们的梦想之城。确实，将近三年的旅行，充满艰难险阻和种种不测，令人身心俱疲，我们每个人都热切盼望这场苦旅尽早结束。况且我们正在穿越蒙古戈壁最荒凉的地带，干旱、炎热和风暴合起来对付我们，按部就班、日复一日地消耗着我们最后一点精力。只要谈谈从呼尔赫山向北行进时我们经常喝的水，就足以说明问题了。即将翻越这座山之前，当地下起暴雨，泥沙几乎填埋了所有水井，出现了一些临时性的湖泊，蒙古人一如既往，来到湖边放牧。这种湖有的直径不足百步，深度为两三英尺，可周围竟然会有十个蒙古包。每天都有大群牲畜来饮水，牛、羊、马、骆驼站在水里，把水搅得浑浊不堪，并

---

[1] 例如，柴达木地区有一些很好的牧场，但夏天大量蚊虫会导致牲畜严重消瘦，只有到冬天没有了这些吸血的昆虫之后，牲畜的肉才可食用。——原注

库伦的喇嘛庙

呼尔赫山脉扎木图峡谷

且直接在水里便溺。此外，这样的水饱含土壤中的盐分，经由太阳曝晒，水温达到 25℃。如果是一个新来的人，哪怕看一眼这液体，也会觉得恶心，但我们像蒙古人一样，不得不饮用这种水，不过先要烧开，再用来煮砖茶。

海市蜃楼犹如荒漠中的邪灵，几乎每天都浮现于我们眼前，欺骗性地展开一片令人激动的水泊，水面上甚至附近山崖的倒影也清晰可见。除了这些，还有酷暑和频繁的风暴，让人在白天的艰难跋涉之后，夜里也难以安睡。

但蒙古荒漠并不只对我们是敌人！8 月上旬陆续飞来的候鸟同样经受着饥渴的考验。成群的大雁和野鸭在小得不能再小的水洼上歇脚，有些小鸟直接飞进我们的帐篷，饿得全身无力，任凭我们用手捉。我们数次发现死去的候鸟。飞越沙漠显然夺去了许多羽族的生命。

候鸟大规模迁徙始于 8 月的后半月[1]，到 9 月 1 日已发现 24 种。根据我们对大雁的观察，发现候鸟不是向正南，而是向东南方向，即黄河大拐弯处飞的。

在呼尔赫山以北 130 俄里（139 公里），我们发现有一条从归化到乌里雅苏台的商道[2]。这条道路上每隔一定距离就有一口井，而且路上还通行大车，虽然商队往往骑骆驼。1870 年东干人摧毁乌里雅苏台，中国随后夺回失地，并且增派了驻防的兵力，这条道路就此繁忙起来，因为供给守城部队的军粮和给养就经由此路运送。另外还有中国商人带着各种小商品，从这条路前往蒙古进行毛皮和牲畜交易。

在这条商道以北 150 俄里（160 公里），有一条从归化通往乌里雅苏台的路。路上设有驿站，官方往来信函就通过这条路传递。乌里雅苏台驿道始于归化，先

---

[1] 9 月的上半月也是候鸟迁徙的时节，但那时我们已经远在荒漠之外的库伦。——原注
[2] 1871 年，我们的骆驼在席力图昭附近一条路上被盗，可能正是这条路。——原注

是并入张家口驿道，到萨伊尔乌苏[1]后，转向乌里雅苏台。

从乌里雅苏台驿道开始，戈壁再度改换面容，这一次是变好了，荒凉的沙漠变成了草原，越往北越丰饶。此前布满光裸地面的鹅卵石，变成了砂砾，再往后变成了沙子混杂在黏土中。地形也不再是平原，而是起伏的山峦，山丘低矮、坡势平缓，构成这一地区的特点，蒙古人称之为"杭盖"，意即山地。这种地形从乌里雅苏台驿道开始，向北延伸约160俄里。随后，在干旱荒漠与贝加尔湖流域分界线上，出现了一道道陡峭的山崖，虽然并不太高。这些山最终与冈吉达坂（音译）融合在一起，山后是北蒙古水量充足的灌溉区。

在这里，戈壁腹地的贫瘠草地变成了丰美的牧场，离库伦越近，牧场就越好。沙蓬、白刺和野葱这几种在戈壁中部常见的植物消失了，取而代之的是各种禾科、豆科和菊科植物。动物也多起来，黄羊在富饶的草原上漫步，鼠兔在洞穴间穿梭，土拨鼠（Marmota sbirica）晒着太阳，白云下飘来熟悉的歌声，这是从甘肃开始久违了的云雀在鸣唱。

但是水源依然很少，没有湖泊和河流，偶尔可以见到泉或井。像戈壁地带一样，这里的井也很浅。从阿拉善到库伦，我们沿途见到的井最深不过8英尺（2.44米）；如果挖井的地点选择得当，不用挖太深就能出水。

至于在蒙古旅行最后一个月的天气，应当说，像7月一样，8月仍是高温天气，背阴处气温可达36.6℃。

夜间同样相当暖和，有时甚至很闷热；空气干燥异常，完全没有露水。大雨也没下过一场，偶尔乌云密布，却只落下几颗雨滴。不过，在我们来到戈壁腹地之

---

[1] 萨伊尔乌苏在库伦东南，距库伦330俄里（350公里）。——原注

前，也就是 7 月，当地曾有过一场可怕的暴雨，夹带着硕大的冰雹，不少牲畜倒毙，甚至还死了几个蒙古人。

8 月的大多数时候天气晴朗，风却终日不停，有时达到暴风的强度，风向一昼夜变换几次，主要是西风和偏北或偏南风。

8 月末，天气骤然由热变冷，当月 27 日中午，背阴处气温还高达 26.3℃，第二天，就刮起猛烈的西北风，下起了雪糁，日出时，气温降至冰点。

库伦越来越近了，我们也越发急切地想要抵达终点。期盼已久的幸福已然指日可待，而不必再用月和星期来计算。越过不高的冈吉达坂后，终于来到了土拉河畔，这是我们返回途中在蒙古见到的第一条河。从甘肃出发直到现在这片地方，整个行程 1300 多俄里，未曾见过一条小溪、一个湖泊，只有一些积雨形成的咸水洼。河水流经之地出现了树林，杭乌拉山的陡坡上草木葱茏。怀着愉悦的印象，我们走完了最后一段路程，于 9 月 5 日到达库伦，受到了我国领事的热烈欢迎。

第一次听到乡音，看见同胞的面孔，回到欧洲式的氛围——在这样的时刻，我们的心情无须描述。我们贪婪地询问文明世界的新闻，读着来信，像孩子似的无比高兴，过了几天才渐渐平静。漫长的旅行让人完全脱离了文明生活，现在需要重新适应。周围的一切与不久前的境况形成了鲜明反差，过往的时光仿佛一场可怕的梦。

我们在库伦休息了整整一个星期，随后前往恰克图，1873 年 9 月 19 日，到达目的地。

我们的旅行终于结束了！收获远远超过初次跨越蒙古边境时的期望。当时我们的前方是无可预料的未来；而如今，当我们回顾以往的经历和艰辛旅程中的坎坷，不由得为到处伴随自己的幸运而惊叹。我们始终缺少资金，却屡屡凭借运气保证了事业的成功。有许多次，我们的生命危在旦夕，是幸运的机缘解救了我们，让我们在最为寂寥也最难穿越的亚洲腹地倾尽全力，完成了考察。

图书在版编目（CIP）数据

蒙古与唐古特地区：1870—1873年中国高原纪行 /（俄）尼·米·普尔热瓦尔斯基著；
王嘎译.—北京：中国工人出版社，2019.7
ISBN 978-7-5008-7226-9

Ⅰ.①蒙… Ⅱ.①尼…②王… Ⅲ.①探险—中国 Ⅳ.①N 82

中国版本图书馆CIP数据核字（2019）第150567号

蒙古与唐古特地区：1870—1873年中国高原纪行

出 版 人	王娇萍
责任编辑	宋　杨
责任印制	黄　丽
出版发行	中国工人出版社
地　　址	北京市东城区鼓楼外大街45号　邮编：100120
网　　址	http://www.wp-china.com
电　　话	（010）62005043（总编室）　（010）62005039（印制管理中心）
	（010）62379038（社科文艺分社）
发行热线	（010）62005049　（010）62005042（传真）
经　　销	各地书店
印　　刷	三河市文通印刷包装有限公司
开　　本	720毫米×880毫米　1/16
印　　张	24.75
字　　数	230千字
版　　次	2019年8月第1版　2019年8月第1次印刷
定　　价	78.00元